战略前沿新技术

——太赫兹出版工程

丛书总主编 / 曹俊诚

上海出版资金项目
Shanghai Publishing Funds

超高灵敏度太赫兹超导探测器

Ultra-high Sensitivity Terahertz Superconducting Detectors

史生才 李婧 张文 缪巍 任远 / 编著

華東理工大學出版社
EAST CHINA UNIVERSITY OF SCIENCE AND TECHNOLOGY PRESS
· 上海 ·

图书在版编目(CIP)数据

超高灵敏度太赫兹超导探测器 / 史生才等编著. —
上海: 华东理工大学出版社,2021.9
战略前沿新技术: 太赫兹出版工程 / 曹俊诚总主编
ISBN 978-7-5628-6272-7

Ⅰ.①超… Ⅱ.①史… Ⅲ.①电磁辐射—超导—探测器 Ⅳ.①TN382

中国版本图书馆 CIP 数据核字(2021)第 166592 号

内 容 提 要

本书主要介绍四种超导探测器: 超导隧道结(SIS)和超导热电子(HEB)混频器,超导动态电感探测器(MKID)和超导相变边缘探测器(TES)。其中前两种主要用于高光谱分辨率相干探测,后两种主要用于大规模阵列成像探测。具体内容包括四种超导探测器的基本原理、物理特性、设计分析方法及应用等。

本书可供从事太赫兹频段高灵敏度探测的研究人员和相关工程技术人员使用,也可作为高等院校相关专业的参考用书。

项目统筹 / 马夫娇 韩 婷
责任编辑 / 李佳慧
装帧设计 / 陈 楠
出版发行 / 华东理工大学出版社有限公司
地址: 上海市梅陇路 130 号,200237
电话: 021-64250306
网址: www.ecustpress.cn
邮箱: zongbianban@ecustpress.cn
印 刷 / 上海雅昌艺术印刷有限公司
开 本 / 710mm×1000mm 1/16
印 张 / 16.5
字 数 / 267 千字
版 次 / 2021 年 9 月第 1 版
印 次 / 2021 年 9 月第 1 次
定 价 / 278.00 元

战略前沿新技术——太赫兹出版工程

丛书编委会

总序一

太赫兹是频率在红外光与毫米波之间、尚有待全面深入研究与开发的电磁波段。沿用红外光和毫米波领域已有的技术，太赫兹频段电磁波的研究已获得较快发展。不过，现有的技术大多处于红外光或毫米波区域的末端，实现的过程相当困难。随着半导体、激光和能带工程的发展，人们开始寻找研究太赫兹频段电磁波的独特技术，掀起了太赫兹研究的热潮。美国、日本和欧洲等国家和地区已将太赫兹技术列为重点发展领域，资助了一系列重大研究计划。尽管如此，在太赫兹频段，仍然有许多瓶颈需要突破。

作为信息传输中的一种可用载波，太赫兹是未来超宽带无线通信应用的首选频段，其频带资源具有重要的战略意义。掌握太赫兹的关键核心技术，有利于我国抢占该频段的频带资源，形成自主可控的系统，并在未来 6G 和空-天-地-海一体化体系中发挥重要作用。此外，太赫兹成像的分辨率比毫米波更高，利用其良好的穿透性有望在安检成像和生物医学诊断等方面获得重大突破。总之，太赫兹频段的有效利用，将极大地促进我国信息技术、国防安全和人类健康等领域的发展。

目前，国内外对太赫兹频段的基础研究主要集中在高效辐射的产生、高灵敏度探测方法、功能性材料和器件等方面，应用研究则集中于安检成像、无线通信、生物效应、生物医学成像及光谱数据库建立等。总体说来，太赫兹技术是我国与世界发达国家差距相对较小的一个领域，某些方面我国还处于领先地位。因此，进一步发展太赫兹技术，掌握领先的关键核心技术具有重要的战略意义。

当前太赫兹产业发展还处于创新萌芽期向成熟期的过渡阶段，诸多技术正处于蓄势待发状态，需要国家和资本市场增加投入以加快其产业化进程，并在一些新兴战略性行业形成自主可控的核心技术、得到重要的系统应用。

“战略前沿新技术——太赫兹出版工程”是我国太赫兹领域第一套较为完整

的丛书。这套丛书内容丰富，涉及领域广泛。在理论研究层面，丛书包含太赫兹场与物质相互作用、自旋电子学、表面等离激元现象等基础研究以及太赫兹固态电子器件与电路、光导天线、二维电子气器件、微结构功能器件等核心器件研制；技术应用方面则包括太赫兹雷达技术、超导接收技术、成谱技术、光电测试技术、光纤技术、通信和成像以及天文探测等。丛书较全面地概括了我国在太赫兹领域的发展状况和最新研究成果。通过对这些内容的系统介绍，可以清晰地透视太赫兹领域研究与应用的全貌，把握太赫兹技术发展的来龙去脉，展望太赫兹领域未来的发展趋势。这套丛书的出版将为我国太赫兹领域的研究提供专业的发展视角与技术参考，提升我国在太赫兹领域的研究水平，进而推动太赫兹技术的发展与产业化。

我国在太赫兹领域的研究总体上仍处于发展中阶段。该领域的技术特性决定了其存在诸多的研究难点和发展瓶颈，在发展的过程中难免会遇到各种各样的困难，但只要我们以专业的态度和科学的精神去面对这些难点、突破这些瓶颈，就一定能将太赫兹技术的研究与应用推向新的高度。

中国科学院院士

雷啸霖

2020 年 8 月

总序二

太赫兹频段介于毫米波与红外光之间，频率覆盖 0.1～10 THz，对应波长 3 mm～30 μm。长期以来，由于缺乏有效的太赫兹辐射源和探测手段，该频段被称为电磁波谱中的“太赫兹空隙”。早期人们对太赫兹辐射的研究主要集中在天文学和材料科学等。自 20 世纪 90 年代开始，随着半导体技术和能带工程的发展，人们对太赫兹频段的研究逐步深入。2004 年，美国将太赫兹技术评为“改变未来世界的十大技术”之一；2005 年，日本更是将太赫兹技术列为“国家支柱十大重点战略方向”之首。由此世界范围内掀起了对太赫兹科学与技术的研究热潮，展现出一片未来发展可期的宏伟图画。中国也较早地制定了太赫兹科学与技术的发展规划，并取得了长足的进步。同时，中国成功主办了国际红外毫米波-太赫兹会议(IRMMW - THz)、超快现象与太赫兹波国际研讨会(ISUPTW)等有重要影响力的国际会议。

太赫兹频段的研究融合了微波技术和光学技术，在公共安全、人类健康和信息技术等诸多领域有重要的应用前景。从时域光谱技术应用于航天飞机泡沫检测到太赫兹通信应用于多路高清实时视频的传输，太赫兹频段在众多非常成熟的技术应用面前不甘示弱。不过，随着研究的不断深入以及应用领域要求的不断提高，研究者发现，太赫兹频段还存在很多难点和瓶颈等待着后来者逐步去突破，尤其是在高效太赫兹辐射源和高灵敏度常温太赫兹探测手段等方面。

当前太赫兹频段的产业发展还处于初期阶段，诸多产业技术还需要不断革新和完善，尤其是在系统应用的核心器件方面，还需要进一步发展，以形成自主可控的关键技术。

这套丛书涉及的内容丰富、全面，覆盖的技术领域广泛，主要内容包括太赫兹半导体物理、固态电子器件与电路、太赫兹核心器件的研制、太赫兹雷达技术、超导接收技术、成谱技术以及光电测试技术等。丛书从理论计算、器件研制、系统研发到实际应用等多方面、全方位地介绍了我国太赫兹领域的研究状况和最新成果，清晰地展现了太赫兹技术和系统应用的全景，并预测了太赫兹技术未来的发展趋势。总之，这套丛书的出版将为我国太赫兹领域的科研工作者和工程技术人员等从专业的技术视角提供知识参考，并推动我国太赫兹领域的蓬勃发展。

太赫兹领域的发展还有很多难点和瓶颈有待突破和解决，希望该领域的研究者们能继续发扬一鼓作气、精益求精的精神，在太赫兹领域展现我国科研工作者的良好风采，通过解决这些难点和瓶颈，实现我国太赫兹技术的跨越式发展。

中国工程院院士

2020 年 8 月

丛书前言

太赫兹领域的发展经历了多个阶段，从最初为人们所知到现在部分技术服务于国民经济和国家战略，逐渐显现出其前沿性和战略性。作为电磁波谱中最后有待深入研究和发展的电磁波段，太赫兹技术给予了人们极大的愿景和期望。作为信息技术中的一种可用载波，太赫兹频段是未来超宽带无线通信应用的首选频段，是世界各国都在抢占的频带资源。未来6G、空-天-地-海一体化应用、公共安全等重要领域，都将在很大程度上朝着太赫兹频段方向发展。该频段电磁波的有效利用，将极大地促进我国信息技术和国防安全等领域的发展。

与国际上太赫兹技术发展相比，我国在太赫兹领域的研究起步略晚。自2005年香山科学会议探讨太赫兹技术发展之后，我国的太赫兹科学与技术研究如火如荼，获得了国家、部委和地方政府的大力支持。当前我国的太赫兹基础研究主要集中在太赫兹物理、高性能辐射源、高灵敏探测手段及性能优异的功能器件等领域，应用研究则主要包括太赫兹安检成像、物质的太赫兹"指纹谱"分析、无线通信、生物医学诊断及天文学应用等。近几年，我国在太赫兹辐射与物质相互作用研究、大功率太赫兹激光源、高灵敏探测器、超宽带太赫兹无线通信技术、安检成像应用以及近场光学显微成像技术等方面取得了重要进展，部分技术已达到国际先进水平。

这套太赫兹战略前沿新技术丛书及时响应国家在信息技术领域的中长期规划，从基础理论、关键器件设计与制备、器件模块开发、系统集成与应用等方面，全方位系统地总结了我国在太赫兹源、探测器、功能器件、通信技术、成像技术等领域的研究进展和最新成果，给出了上述领域未来的发展前景和技术发展趋势，将为解决太赫兹领域面临的新问题和新技术提供参考依据，并将对太赫兹技术的产业发展提供有价值的参考。

本人很荣幸应邀主编这套我国太赫兹领域分量极大的战略前沿新技术丛书。丛书的出版离不开各位作者和出版社的辛勤劳动与付出，他们用实际行动表达了对太赫兹领域的热爱和对太赫兹产业蓬勃发展的追求。特别要说的是，三位丛书顾问在丛书架构、设计、编撰和出版等环节中给予了悉心指导和大力支持。

这套丛书的作者团队长期在太赫兹领域教学和科研第一线，他们身体力行、不断探索，将太赫兹领域的概念、理论和技术广泛传播于国内外主流期刊和媒体上；他们对在太赫兹领域遇到的难题和瓶颈大胆假设，提出可行的方案，并逐步实践和突破；他们以太赫兹技术应用为主线，在太赫兹领域默默耕耘、奋力摸索前行，提出了各种颇具新意的发展建议，有效促进了我国太赫兹领域的健康发展。感谢我们的丛书编委，一支非常有责任心且专业的太赫兹研究队伍。

丛书共分 14 册，包括太赫兹场与物质相互作用、自旋电子学、表面等离激元现象等基础研究，太赫兹固态电子器件与电路、光导天线、二维电子气器件、微结构功能器件等核心器件研制，以及太赫兹雷达技术、超导接收技术、成谱技术、光电测试技术、光纤技术及其在通信和成像领域的应用研究等。丛书从理论、器件、技术以及应用等四个方面，系统梳理和概括了太赫兹领域主流技术的发展状况和最新科研成果。通过这套丛书的编撰，我们希望能为太赫兹领域的科研人员提供一套完整的专业技术知识体系，促进太赫兹理论与实践的长足发展，为太赫兹领域的理论研究、技术突破及教学培训等提供参考资料，为进一步解决该领域的理论难点和技术瓶颈提供帮助。

中国太赫兹领域的研究仍然需要后来者加倍努力，围绕国家科技强国的战略，从“需求牵引”和“技术推动”两个方面推动太赫兹领域的创新发展。这套丛书的出版必将对我国太赫兹领域的基础和应用研究产生积极推动作用。

曹俊诚

2020 年 8 月于上海

前言

太赫兹(THz)波段一般定义为 0.1～10 THz 的频率区间，覆盖短毫米波至亚毫米波(远红外)频段。人们早已认识到该波段在天文学、大气科学、物理学、材料科学、生命科学、信息科学等领域的重要科学意义及丰富应用前景。但长期以来，由于太赫兹探测及信号产生技术的严重缺乏，以及地球大气对太赫兹辐射的强吸收，导致该波段至今还是一个有待全面研究和开发应用的电磁波段。另一方面，随着太赫兹技术研究的深入，针对太赫兹应用的探讨也在逐渐深化。在天文学领域，太赫兹及远红外谱段观测几乎涉及当代天文学的所有基本问题，尤其在恒星及其行星系统的形成与演化、早期宇宙演化等前沿领域研究中具有不可替代的作用。近期，在宇宙微波背景、黑洞、极早期星系、原行星盘、宇宙生命环境等观测研究方面取得了突破进展。在大气科学领域，地球大气中大量臭氧、卤素化合物等微量气体分子发射谱线和水汽、氧等分子吸收谱线都位于太赫兹频段，针对这些太赫兹微量气体示踪分子的探测对于理解全球气候变化趋势有非常重要的作用。太赫兹谱段的另外两项重要应用是：太赫兹通信与太赫兹成像。太赫兹通信主要利用该频段的丰富频谱资源，但受到大气对太赫兹信号衰减影响，仍局限于大容量、近距离通信。太赫兹成像的优势在于：与光学红外谱段比有一定的穿透性，与微波比有更高的空间分辨率，此外该波段有其独特的“指纹”谱特征。因此，太赫兹成像在国家安全、生命科学，以及天文学等领域正显现其重要应用价值。针对上述太赫兹谱段的诸多应用，高灵敏度相干探测器及非相干成像探测器不可或缺。

众所周知，超导现象发现于 1911 年，但直到 1957 年，基于微观量子理论的

BCS 理论建立才较为完满地解释了超导电性的物理本质。BCS 理论引入了库珀对概念，库珀对两个电子间的相干长度为 0.1～1 μm，结合能量（即能隙）在 meV 水平。由于超导体的超低能隙，一直被认为是理想的微波至高能谱段的光子探测器。20 世纪 60 年代初期，Brian Josephson 理论预言了 Josephson 效应，Ivar Giaever 实验发现了超导体中的准粒子隧穿效应，自此才真正开始了基于超导隧穿效应的混频实验研究。20 世纪 70 年代末至 20 世纪 80 年代初，John Tucker 等建立了基于光子辅助准粒子隧穿效应的量子混频理论，并预言混频器噪声可达量子噪声、可实现变频增益，以及具有负阻效应等重要结果；Bell 实验室的 M. Gurvitch 等发明了基于标准光刻工艺的 Nb/Al－AlO_x/Nb 超导隧道结制备工艺，使得超导隧道结器件制备可靠性及质量得到大幅提升。自此以后，毫米波、亚毫米波段超导隧道结（Superconductor-Insulator-Superconductor，SIS）混频器技术研究及应用得到快速发展，特别是在国际大科学装置 SMA 和 ALMA、空间天文台 Herschel 等应用驱动下。20 世纪 90 年代末，另外一种基于纳米尺度厚超导薄膜的超导热电子（Hot-Electron-Bolometer，HEB）混频器技术又应运而生，使得此类混频器探测瞬时带宽达 GHz 水准。通过近二十年的发展，超导 HEB 混频器已可覆盖整个太赫兹谱段，且灵敏度（即噪声温度）已接近 5 倍量子噪声。超导 SIS 和 HEB 混频器是目前 1 THz 以下和 1 THz 以上谱段最灵敏的高频谱分辨率谱线探测器。在太赫兹成像探测方面，超导探测器诞生之前主要依赖于半导体 Bolometer，但探测器阵列及灵敏度都受到很大限制。得益于 21 世纪初超导相变边缘探测器（Transition-Edge Sensor，TES）和超导动态电感探测器（Microwave Kinetic Inductance Detectors，MKID）技术的发展，大规模阵列成像装置得到快速发展，已经广泛应用于宇宙微波背景观测等领域。总之，太赫兹超导探测器在天文观测领域正发挥越来越重要的作用，在大气科学、量子信息等领域也受到特别关注。本书主要介绍目前四种国际主流的超导探测器，对于太赫兹频段高灵敏度探测感兴趣的读者应有重要参考价值。

本书主要分为 5 章，分别介绍了超导隧道结（SIS）混频器，超导热电子（HEB）混频器，超导动态电感探测器（MKID），超导相变边缘探测器（TES）以及量子级联激光器（QCL）与超导热电子（HEB）混频器结合的相关理论、国内外研究进展和相关实验技术等。

本书由史生才和李婧撰写第 1 章，缪巍撰写第 2 章，李婧和石晴撰写第 3 章，张文撰写第 4 章，任远撰写第 5 章，并由石晴负责本书的编辑和整理工作。本书内容着重于基本原理的介绍和现象的理解，一些实验细节和更深入的内容未过多涉及，有兴趣的读者可以参考书后的相关参考文献。

由于编者水平有限，书中难免还存在疏漏，殷切希望广大读者批评指正。

编者

2020 年 5 月

于紫金山天文台

Contents

目录

超导隧道结混频器

1.1 引言

太赫兹频段一般定义为 0.1～10 THz 的频率区间，其对应波长为 3 mm～30 μm，覆盖短毫米波、亚毫米波段至远红外波段。太赫兹频段有强分子吸收和色散、高度空间分辨率、超宽带、快速、系统紧凑、低光子能量，以及有限传输范围等诸多特点，这些特点决定了它具有非常重要的科学意义和广泛的应用前景。但长期以来，人们对太赫兹电磁辐射的特性依然知之甚少，太赫兹频段仍是一个有待全面研究和开发的频率窗口。制约该频段发展的主要因素之一是太赫兹探测技术的缺乏，包括探测灵敏度、带宽以及响应时间等问题。20 世纪末，天体物理学、宇宙学、大气物理学等基础科学研究的发展极大地推动了太赫兹频段高灵敏度探测技术的发展，特别是基于低温超导器件的探测技术。而其在宇宙学和天体物理研究领域的应用则导致了利用宇宙背景辐射场分布精确测量宇宙学参数和 SCUBA 星系的发现等一系列重大科学突破，在太赫兹观测设备中发挥着越来越重要的作用。目前，太赫兹探测技术正在向更高频率、更高灵敏度和更大规模方向发展。

太赫兹信号探测主要分为两大类：相干和非相干探测，基本原理如图 1－1 所示。尽管两者灵敏度的表征方式不同，但仍可以用信噪比来比较两者的性能。

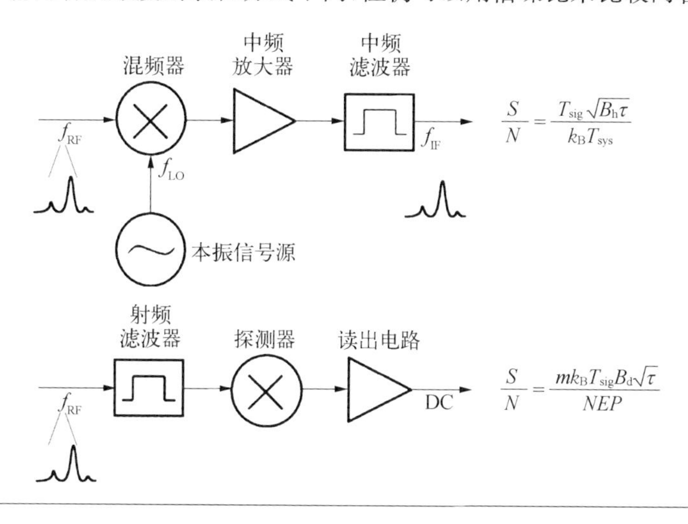

图 1－1 相干（上）和非相干（下）探测器基本原理图

两者信噪比与各自参数的关系也显示在图 1-1 中，其中，m 表示模式数，T_{sig} 是信号辐射温度，B_h 和 B_d 分别为两者的瞬时带宽，τ 是积分时间，k_B 是玻尔兹曼常数。

两者的主要特征和区别归纳如下。

1. 相干探测(外差混频)

通过对射频信号和本振信号的混频从而产生中频信号，可同时探测信号的幅度和相位信息，主要应用于高频谱分辨率(中心、波长与瞬时探测波长范围之比 $\lambda/\Delta\lambda$ 至 10^7)的分子、原子和离子谱线观测，以及具有高空间分辨率的天线干涉阵。探测器灵敏度以噪声温度 T_{sys}(K)表征，且探测器灵敏度有上限，每个模式增加半个光子噪声，即量子极限 ($\hbar\omega/2k_B$，约 24 K @ 1 THz[①])。常见超导外差混频器有隧道结混频器(SIS)和热电子混频器(HEB)。

2. 非相干探测(直接检波)

只能探测信号的幅度信息，不能获取其相位信息，主要应用于低频谱分辨率($\lambda/\Delta\lambda=3\sim10$) 的连续谱观测和中频谱分辨率的谱线观测 ($\lambda/\Delta\lambda<10^3$)。探测器灵敏度以噪声等效功率(Noise Equivalent Power，NEP)表征，受限于源于温度 T 波动噪声的热极限 ($\sqrt{4k_B T^2 G}$，其中 G 为热导)，或源于信号或背景辐射(等效温度为 T)光子统计的背景极限 (约 $2\varepsilon kT\sqrt{B_d}$，假定满足衍射极限)。直接检波器一般分为热辐射探测器和光子探测器，其中热辐射探测器主要包括辐射热计(Bolometer)和超导相变边缘探测器(TES)，光子探测器包括超导动态电感探测器(Microwave Kinetic Inductance Detectors，MKID 或 KID)等。

本章主要介绍的是超导隧道结混频器，在介绍超导隧道结之前，先简单介绍超导体及其基本电磁特性，这是该混频器工作的基本立足点。超导现象是某些金属或合金在低温条件下出现的一种奇妙现象，由荷兰物理学家 H. K. Onnes 于 1911 年最先发现。1908 年，Onnes 成功液化了地球上最后一种"永久气

① @ 1 THz 表示在 1 THz 的情况下。

体"——氦气，得到了接近绝对零度的低温(1.15～4.25 K)。之后，其研究小组把目标转向了低温下金属电阻随温度变化规律的研究，并于1911年4月取得重大突破，发现提纯的汞在温度达到4.2 K时其电阻突变为零，成为一种新的物态(图1-2)，这种新的物态被命名为"超导态"。具有从正常态(电阻不为零)转变为超导态能力的材料被称作超导体，超导体从正常导电状态变为超导状态时的转变温度则被称为临界温度(T_c)。Onnes同年还发现超导体存在一个电流密度的阈值，超过该电流密度时超导体将从超导态转变成正常态，该阈值后来被称为临界电流密度(J_c)。另外，在1914年还发现磁场可以改变超导态，其阈值被称为临界磁场(H_c)。因此，超导体的三个基本参数分别是临界温度、临界电流密度和临界磁场，且彼此之间相互关联。Onnes研究小组的上述发现开启了超导研究的新时代，相关研究在20世纪得到了飞速发展。由于超导隧道结器件主要利用低温超导体制备，接下来将主要讨论与低温超导体相关的内容。

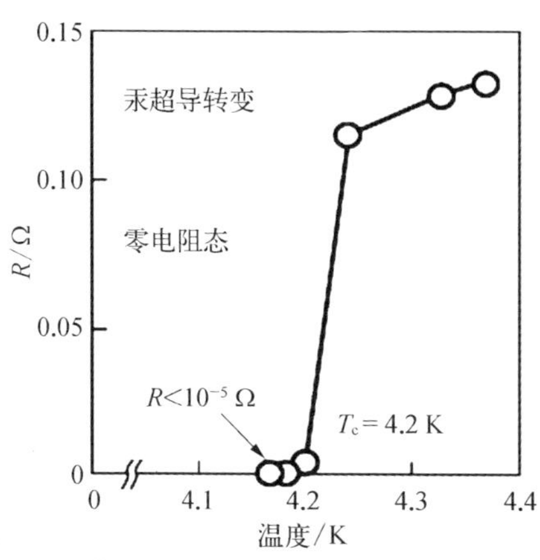

图1-2 实测汞的电阻与温度关系

注：图片摘自 http://hyperphysics.phy-astr.gsu.edu/。

零电阻是超导体的一个重要特性。超导体处于超导状态时，电阻完全消失。若用它组成闭合回路，一旦在回路中有电流，则回路中没有电能的消耗，不需要任何电源补充能量，电流可以持续存在并形成持久电流。因此，超导体内部$\rho=0$和$\boldsymbol{E}=0$，即超导体是一个等势体。但与普通导体的"零"电阻不同，超导体电阻率在其临界温度处急剧变化(图1-2)，并达到接近零的电阻率(比普通导体低几个量级)。1933年，W. Meissner和R. Ochsenfeld发现磁场不能进入超导体内部的新现象，即迈斯纳效应。这表明超导体除了理想导电性(零电阻现象)外，还具有完全抗磁性。但超导体的抗磁性与理想导体基于零电阻的抗磁性不同，从图1-3可知两者之间的区别。对于一个放置在恒定磁场中的导体，当其被冷却到零电阻态成为理想抗磁体时，其内部磁场将不会发生任何变化；而对于一个超导体，当其转变成超导态时其内部磁场将消失（超导体表面产生感应电流）。零电阻现象和完全抗磁性是超导体的两个基本特性，能否转变成为超导态，必须综合考虑这两种特性的测量结果才能予以确定。

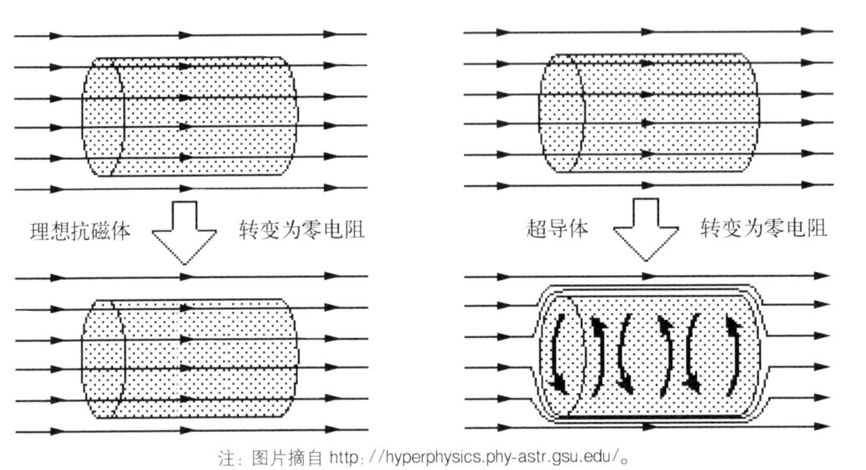

注：图片摘自 http://hyperphysics.phy-astr.gsu.edu/。

图 1-3 理想导体和超导体的不同磁性

尽管超导体的许多特性可以用宏观物理量来描述，但超导现象本身基本属于量子现象，如磁通量子化和超导隧穿效应等。1957 年，约翰·巴丁（John Bardeen）、L. N. Cooper 和 R. Schrieffer 建立了基于微观量子理论的 BCS 理论，较为全面地解释了超导电性的物理本质。BCS 理论引入了库珀对的概念，即接近费米面的电子通过与晶格的相互作用，互相吸引而形成配对。库珀对中两个电子间的平均距离被称为相干长度，结合能量被称为能带。库珀对是由电子两两成对而形成超导态，它们可共享同一能态，满足玻色统计，因而可以用单一波函数来描述。在热能低于超导能带的情形下，超导体中所有电子全部配对且相互关联，没有发生正常导体中的电子碰撞现象，因此可以携带电流而不产生电阻，即表现出零电阻特性。

1961 年，Deaver 和 Fairbank 发现了超导环中的磁通量是一个常量（$\Phi_0 = h/2e = 2.07\times10^{-15}\ \mathrm{T\cdot m^2}$，即磁通量子）的整数倍，说明了超导现象的量子特性。1962 年，B. D. Josephson 在关于隧道超流现象的著名论著中预言了超导隧穿效应，也称约瑟夫森效应，同样说明了超导的量子特性。当两个超导体被一层很薄的绝缘层分隔时形成约瑟夫森结时，超导体中的库珀对在不被拆开的情况下可以隧穿绝缘层。约瑟夫森效应包括直流和交流两种，前者指在无电压下的电流流动，而后者指约瑟夫森结电流会随一个与结电压(V)成正比的特征频率振动($2eV/h=483.6$ GHz/mV)。约瑟夫森预言的直流和交流效应随后分别被Anderson以及Shapiro实验认证。

本节简单介绍了太赫兹的主要特点，太赫兹频段主流的高灵敏度超导探测器，从而引出了超导的概念。进而，简单回顾了超导体和超导现象的发现及发展历史，并简要介绍了超导现象和超导体的基本特性。太赫兹和超导是本章内容"超导隧道结混频器"的两个基本点，考虑到这两方面的知识与本章节后续内容的相关性较强，所以在引言中先进行了重点归纳。

1.2 超导量子混频理论

1.2.1 超导基本理论

超导研究过程中诞生了许多理论及模型，这里仅给出发展过程中产生的三种主要模型：伦敦理论、金斯堡-朗道理论以及BCS理论的基本概要 。

1. 伦敦理论

伦敦方程是在电磁场方程中结合超导体的两个基本特性(零电阻特性和完全抗磁性)而建立的。尽管没有涉及超导体材料中的任何微观机理，但从统一的观点概括了零电阻和迈斯纳效应，非常成功地预言了有关超导体电磁学性质的一些基本规律。由于超导体中没有电阻效应，电场和电流密度的关系与普通导体的情况不同，一定电场下不会形成稳定电流。相反，电场对电荷的作用力将使电流的变化正比于电场，即伦敦第一方程

$$\boldsymbol{E}=\frac{\partial}{\partial t}(\Lambda \boldsymbol{J}_{\mathrm{s}}) \tag{1-1}$$

式中，Λ 是常数，等于 $m^{*}/n_{\mathrm{s}}^{*}e^{*2}$。$m^{*}$ 和 e^{*} 分别为超导电子对的质量和电量；n_{s}^{*} 为单位体积内超导电子对的数目。式(1-1)显示超导电子的运动将产生电场，进而说明超导体可以存在时变电压，而参量 Λ 可以认为是导致超流的一个

电感。应用法拉第定律 $\nabla \boldsymbol{E} = -\partial \boldsymbol{B} / \partial t$ 得到式(1-1)，并进行时间积分可以得到

$$\nabla(\Lambda \boldsymbol{J}_{s}) = -\boldsymbol{B} \tag{1-2}$$

该方程即伦敦第二方程。从该方程可以看出，超导体中磁场的存在决定了电流的流动。通过引入矢量势 $\boldsymbol{A}(\boldsymbol{B} = \nabla \boldsymbol{A})$，可以得到如下关系：

$$\Lambda \boldsymbol{J}_{s} = -\boldsymbol{A} \tag{1-3}$$

应用安培定律 $\nabla \boldsymbol{H} = \boldsymbol{J}_{s}$，式(1-2)可以写成矢量亥姆霍兹方程形式：

$$\nabla^{2} \boldsymbol{B} - \boldsymbol{B} / \lambda_{L}^{2} = 0 \tag{1-4}$$

式中，伦敦穿透深度 $\lambda_{L} = \sqrt{\Lambda / \mu_{0}}$。从式(1-4)可以知道，平行于半空间超导体的磁感应强度在超导体中将以指数衰减。换言之，超导体排斥内部磁场的存在。伦敦穿透深度的重要性在于解决了迈斯纳效应中磁场在超导体表面突变的问题。虽然伦敦理论取得了很大的成功，但仍然是一个经典模型，未能针对超导现象给出更深入的解释。另外，该理论也没有涉及超导体的一些其他特性。

2. 金兹堡-朗道理论

伦敦理论主要探讨超导的整体行为，而金兹堡和朗道的方法结合超导的电磁学、量子力学以及热力学特性研究超导态的内部详细结构。该理论后来被实验以及基于 BCS 理论的微观理论所证实，对于超导现象的解释做出了重要贡献。

伦敦理论假设超导电子对密度 n_{s}^{*} 只依赖于温度，但实际上磁场对超导电性有很大影响，将改变超导电子的数目。因此，n_{s}^{*} 不仅是温度 T 的函数，也是磁场 $\boldsymbol{B}$ 和空间位置 $\boldsymbol{r}$ 的函数。为了进一步解释伦敦理论与一些实验结果之间的差异，金兹堡和朗道引入一个假设，认为处于磁场中的超导体从正常态向超导态的转变是一个有序化过程，可以利用一个序参量 Ψ(超导电子对的波函数)来描述，其表达形式与宏观波函数类似

$$\Psi(\boldsymbol{r}) = |\Psi(\boldsymbol{r})| e^{i\theta(\boldsymbol{r})} = \sqrt{n_{s}^{*}(\boldsymbol{r})} e^{i\theta(\boldsymbol{r})} \tag{1-5}$$

式(1-5)中的指数项是与位置相关的相位。进一步假设,在临界温度 T_c附近,波函数可以表述成超导电子密度 n_s^* 的级数形式。针对超导体总自由能的最小化过程,得到了热平衡态下描述磁场感应和序参量分布的差分方程,即金兹堡-朗道方程,即

$$\alpha(T)\psi+\beta\mid\psi\mid^2\psi+\frac{1}{2m^*}(i\hbar\nabla+e^*\mathbf{A})^2\psi=0 \tag{1-6}$$

$$-\boldsymbol{J}_s=\frac{\nabla^2\mathbf{A}}{\mu_0}=\frac{ie^*\hbar}{2m^*}(\psi^*\nabla\psi-\psi\nabla\psi^*)+\frac{e^{*2}}{m^*}\mid\psi\mid^2\mathbf{A} \tag{1-7}$$

式中,$\mathbf{A}$ 为矢量势;α 和 β 是与温度有关的展开系数。金兹堡-朗道方程不仅认证了伦敦方程,而且还描述了磁通量子化和二类超导体的独特性质;引入的波函数应用于约瑟夫森效应的描述;并成功解释了磁场的穿透深度、界面能及小样品的临界磁场等问题。

3. BCS 理论

金兹堡-朗道方程在超导临界温度 T_c处实际上反映了 BCS 理论,其重要结论也与后续发展的微观理论相符。尽管如此,该理论也未能回答超导现象的最基本问题,即超导现象是如何出现的。

BCS 理论是以近自由电子模型为基础,在电子-声子弱作用前提下建立起来的理论,是解释常规超导体(非高温超导体)电性的微观理论。BCS 理论将超导现象看作一种宏观量子效应,对超导机理的基本解释如下:当一个电子在超导体晶格中运动时由于库仑力会吸引邻近格点上的正电荷,但由于其惯性远小于正电荷惯性,因此当正电荷到达该电子原位置时,该电子已经运动到其他位置,进而导致格点的局部畸变,形成一个局域的高正电荷区(或产生一定能量)。局部畸变的晶格(更高正电荷区)会吸引另外一个电子,同时也影响第一个电子的运动,即晶格振动(声子)同时影响两个电子的运动。这样自旋和动量相反的两个电子可以通过晶格振动处于相干态,即在一定的结合能下实现相互配对(称为库珀对,图 1-4)。处于相干态的库珀对中的两个电子之间的平均距离,即相干长度 ξ_0,其结合能被称为能带或能隙 2Δ(在 meV 量级,其中因子 2 代表两个电

子，Δ 是基于费米面的能带），这两个超导体的基本常数都与材料特性有关，也与温度等因素有关。

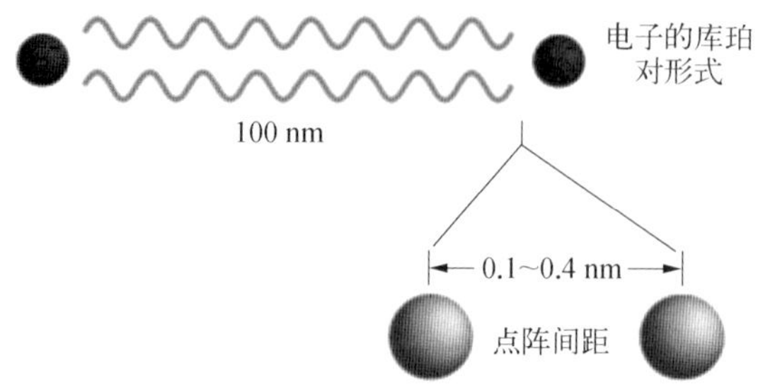

注：图片摘自 http://hyperphysics.phy-astr.gsu.edu/。

图 1-4 电子-声子相互作用及库珀对示意图

需要指出的是，超导体中库珀对结合情况不同于分子中原子紧密结合情况，库珀对的两个电子之间其实存在许多其他电子，可以与其他库珀对的电子互换（通过电子-声子相互作用）。超导体中电子相互配对的时间（平均相位相关时间）约为$\hbar/2\Delta$，温度越低，库珀对密度越高。超导体除了所有电子形成库珀对外，所有库珀对还由于电子-声子相互作用在整个超导体内处于相干态，因此可以用单一波函数或序参量描述。在极低温度下，库珀对的结合能高于晶格离子振动能量，这样电子对将不会和晶格发生能量交换，所以呈现超导体的零电阻特性。

当外加能量超过超导体的能带时，库珀对将被拆散成两个准粒子。准粒子与自由电子的区别在于其不是完全独立，相互间仍然存在一定相关性。当所有准粒子的能量超过其结合能时，库珀对不能形成，超导态随之消失。因此，过高的温度或过大的电流及磁场都可以破坏超导态。

根据 BCS 理论，超导体在温度 T 的能带和临界温度的关系如下

$$2\Delta(T)=3.52k_{B}T_{c}\sqrt{1-(T/T_{c})} \tag{1-8}$$

式中，k_B是玻尔兹曼常数，因子 3.52 随材料不同有一定差异，但是对于金属超导体其变化小于 30% 。BCS 理论给出超导体具有动量 k（或在 k 态）时产生准粒子激发所需要的能量是

$$E_{k}=\sqrt{\varepsilon_{k}^{2}+\Delta^{2}} \tag{1-9}$$

式中，$\varepsilon_k = \hbar^2 k^2/2m - \varepsilon_F$ 是相对于费米面测量的正常态动能。在超导基态(或BCS基态，$T=0$)，库珀对的平均出现概率可以表示为

$$\langle n_k \rangle = \nu_k^2 = \frac{1}{2}[1 - \varepsilon_k / E_k] \tag{1-10}$$

图1-5(a)给出了超导基态库珀对平均出现概率与 k 参量的关系。显然，超导体基态库珀对平均出现概率在费米面上的分布与金属导体不同，不是从1突变为0，而是存在一定延展($k=k_F$ 时等于0.5)，这是由于库珀对相干性导致。根据 E 和 ε 之间的一一对应原理，有下列关系 $N_s(E)dE = N_n(\varepsilon)d\varepsilon$ 成立，其中 $N_s(E)$ 和 $N_n(\varepsilon)$ 分别代表超导和正常金属的态密度。假定 $N_n(\varepsilon)$ 是一个常数 $N(0)$，而且超导能带的能量不相关，可以得到超导态密度的表达式如下：

$$\frac{N_s(E)}{N(0)} = \frac{d\varepsilon}{dE} = \begin{cases} \dfrac{E}{\sqrt{E^2 - \Delta^2}} & (E > \Delta) \\ 0 & (E < \Delta) \end{cases} \tag{1-11}$$

图1-5(b)和图1-5(c)分别给出了超导基态准粒子激发能与 k 参量的关系和态密度 $N_s(E_k)$ 与准粒子激发能的关系。从图1-5(b)可以看出，在费米面上($k=k_F$)激发一个单粒子所需的最小能量是 Δ(拆散一个库珀对需 2Δ)，激发的准粒子部分属于电子态，部分属于空穴态。从图1-5(c)则可以看出，超导体能带的概念与半导体能带类似，但其量级远小于半导体的 eV 量级。另外，两者的态密度分布特性有很大不同，超导体在能带边缘(即 $E=\Delta$)处的态密度趋于无

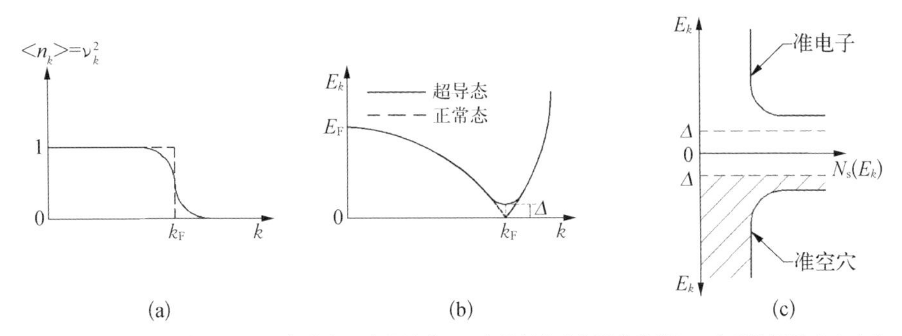

图1-5 (a) 超导基态库珀对平均出现概率与 k 参量关系；(b) 超导基态准粒子激发能与 k 参量的关系；(c) 态密度 $N_s(E_k)$ 与准粒子激发能的关系

穷大。

在表征材料超导态以及正常态的物理特性时，常用到多种特征长度，如波长、穿透深度 λ、相干长度 ξ 和平均自由程 l 等。这些特征长度对于理解超导体电磁特性有重要作用，这里简单介绍一下。

(1) 超导体相干长度

如前所述，超导体具有零电阻特性（或理想电导率）。但是超导体中电子还是存在散射现象，只是因为所有电子配对以相干态方式散射，所以没有表现出正常导体中因为电子散射产生的电阻。BCS 理论给出了纯超导体在基态（$T=0$）时库珀对的本征相干长度 ξ_0（即库珀对两电子间平均距离）

$$\xi_0=\frac{\hbar\nu_F}{\pi\Delta(0)}=0.18\frac{\hbar\nu_F}{k_BT_c} \tag{1-12}$$

考虑超导体中存在的材料不纯情况，皮帕德给出了一个与超导体纯度有关的有效相干长度 ξ_p（也称为皮帕德相干长度），其表达式如下

$$\frac{1}{\xi_p}=\frac{1}{\xi_0}+\frac{1}{\alpha l}\quad(\alpha\approx 1) \tag{1-13}$$

式中，电子平均自由程 l 随材料纯度而变化。显然，皮帕德相干长度取决于本征相干长度 ξ_0 和电子平均自由程 l 之间的小量。需要指出的是，相干长度随电子平均自由程减小主要是由于库珀对中电子与不纯物之间的散射引起。

BCS 理论还给出了非零温度下的改正皮帕德相干长度 ξ_p'

$$\frac{1}{\xi_p'}=\frac{J(0,\ T)}{\xi_0}+\frac{1}{l} \tag{1-14}$$

式中，$J(0,\ T)$是一个内核参量，在 $T=0$ 时等于 1，$T=T_c$ 时约等于 1.33。式(1-14)在 $T=0$ 时即式(1-13)，在 l 不是特别短时是一个很好的近似。另外，与金兹堡-朗道理论一致仅适用于临界温度 T_c附近区域的相干长度表达式为

$$\xi_{GL}(T)=\frac{\xi_{GL}(0)}{\sqrt{1-(T/T_c)}},\ \xi_{GL}(0)=\begin{cases}0.74\xi_0 & \text{(clean limit)}\\ 0.85\sqrt{\xi_0 l} & \text{(dirty limit)}\end{cases} \tag{1-15}$$

(2) 超导体的穿透深度

超导体穿透深度用于描述磁场在超导内部(近表面)的变化，其变化尺度仅为几十到几百纳米，因此磁场和电流只局限在超导体的近表面。尽管如此，其在超导薄膜传输线模型中的效应十分明显。超导体穿透深度与正常金属导体的趋附深度不同，从直流到光学波段都能观测到。

超导体穿透深度的定义是

$$\lambda = \frac{1}{B(0)}\int_0^{\infty} B(z)\mathrm{d}z \tag{1-16}$$

式中，$B(0)$是超导表面感应磁场。这里需要指出的是，在掺杂情形下磁场以非指数形式衰减，但是式(1-16)的积分项仍然可以用来计算超导体中总的磁通。

(3) 超导体穿透深度与正常态电阻率

超导体正常态电导率是计算超导表面阻抗的一个重要参量，特别是在超导能隙以上频率($>2\Delta/\hbar$)。对于超导体或正常金属导体，其正常态电阻率与超导体穿透深度间存在内在联系，这点从图 1-6 很容易理解。对于超导体，正常态电阻率与磁穿透深度满足下列关系：

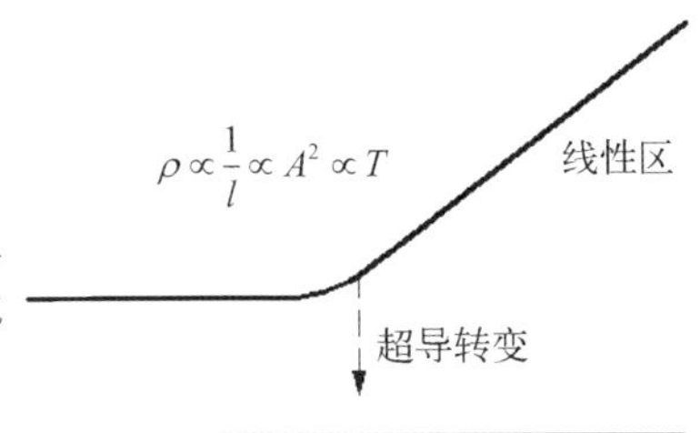

图 1-6 金属导体电阻率随温度变化关系

$$\lambda = 100\sqrt{\frac{\rho}{T_c}} \tag{1-17}$$

对于正常金属导体，正常态电阻率与电子平均自由程的乘积是一个常数。该常数随材料而变化，但基本与温度无关。

1.2.2 约瑟夫森效应

约瑟夫森效应包括直流和交流两种，主要由超导体中库珀对隧穿效应导致。库珀对隧穿效应并非本章节表述的重点：超导 SIS 混频器的理论基础(即准粒子隧穿效应)，但是其对超导隧道结混频器的量子混频特性有一定影响，特别是在亚毫米波段须抑制约瑟夫森效应。因此，有必要理解约瑟夫森效应。这里仅给出直流和交流约瑟夫森效应的基本概念以及磁场对它们的影响。

1. 直流约瑟夫森效应

如上所述，超导属于宏观量子现象，超导体中的超导电子“凝聚”在单一量子态，可以用一个波函数 $\Psi=\sqrt{n_s^*}e^{j\varphi}$ 来描述，其中 φ 是超导体中所有超导电子共同的相位。假定两个超导体，当两者处于独立状态时，各自的相位是不相关的；当两者紧密结合时，两者的相位相干；当两者被一块厚度与超导体相干长度同量级的绝缘层隔离时(即约瑟夫森结)，两者属于弱耦合状态。尽管不能实现全相位相干，但两者的超导电子已可实现交换。

约瑟夫森结弱耦合系统可以用态向量 $|\psi\rangle=\psi_R|R\rangle+\psi_L|L\rangle$ 来描述(R 和 L 分别代表左边态和右边态)。通过引入一个包含耦合的哈密顿量，利用薛定谔方程可以得到约瑟夫森结两极之间存在直流偏压 V 时的超导电流 I

$$I=I_c\sin\varphi \tag{1-18}$$

式中，I_c是超导临界电流，等于 $\pi\Delta/2eR_n$。这里 R_n是该结的正常态电阻，φ 是两超导体波函数的相位差，可以表达成

$$\frac{\partial\varphi}{\partial t}=\frac{2eV}{\hbar} \tag{1-19}$$

式(1-18)和式(1-19)构成了约瑟夫森效应的基本关系。当 $V=0$ 时，式(1-19)给出一个恒定的相位差 φ_0。由式(1-18)可以知道，在零电压下约瑟夫森结仍然有一个最大值为 I_c的稳态电流，这就是直流约瑟夫森效应。

2. 交流约瑟夫森效应

当 $V=V_0\neq0$ 时，式(1-19)给出一个随时间线性变化的相位差 $\varphi=\varphi_0+2eV_0/\hbar t$，进而导致一个振荡的超导电流

$$I=I_c\sin\left(\frac{2eV_0}{\hbar}t+\varphi_0\right) \tag{1-20}$$

振荡频率 $\omega_j=2eV_0/\hbar$被称为约瑟夫森频率，对应 483.6 GHz/mV，这就是交

流约瑟夫森效应。

如果除 V_0 外，还有一个高频电压（如微波辐射）存在，即 $V=V_0+V_p\cos\omega_p t$。那么根据式（1-18）和式（1-19）可以得到超导电流：

$$I=I_c\sin\left(\frac{2eV_0}{\hbar}t+\frac{2eV_p}{\hbar\omega_p}\sin\omega_p t+\varphi_0\right) \tag{1-21}$$

式（1-21）展开成傅里叶级数，可以写成

$$I=I_c\sum_{n=-\infty}^{\infty}(-1)^n J_n(2\alpha)\sin[(2eV_0/\hbar-n\omega_p)t+\varphi_n] \tag{1-22}$$

式中，$\alpha=eV_p/\hbar\omega_p$；$J_n$ 代表 n 阶贝塞尔函数。该电流的直流成分是

$$I_{dc}^{p}=i_c\sum_{n=-\infty}^{\infty}|J_n(2\alpha)|\delta(V_0\pm n\hbar\omega_p/2e) \tag{1-23}$$

式（1-23）指出，在离散电压点 $V_0=n\hbar\omega_p/2e$，约瑟夫森弱连接结的 $I-V$ 特性上将出现电流突变（即夏皮罗台阶），其高度随高频电压幅度的 n 阶贝塞尔函数而变化。因此，微波辐照辅助的库珀对隧穿效应导致夏皮罗台阶结构，该结构起源于零电压，具有相同的电压间隔 $\Delta V=\hbar\omega_p/2e$。

3. 磁场效应

约瑟夫森给出了超导体印加磁势矢 $\boldsymbol{A}$ 与处于量子态 Ψ 的超导电流密度 $\boldsymbol{J}_s$ 的关系：

$$\boldsymbol{J}_s=n_s^*\frac{e}{m}(\hbar\nabla\varphi-2e\boldsymbol{A}) \tag{1-24}$$

当施加一个平行于隧道势垒的均匀磁场时（如 H_y，假定穿过势垒的方向是 z 方向），基于式（1-24）以及关系 $\nabla\times\boldsymbol{A}=\boldsymbol{H}$，可以得到

$$\frac{\partial\varphi}{\partial x}=\frac{2\mu_0 ed}{\hbar}H_y \tag{1-25}$$

式中，d 是两超导体磁穿透深度与绝缘层厚度之和。式（1-18）成为

$$I=I_c\sin\left(\frac{2\mu_0 ed}{\hbar}H_y x+\varphi_0\right) \tag{1-26}$$

显然，超导隧穿电流（z 方向）被磁场（y 方向）在 x 方向调制，其周期特征决定了无穷大空间的总电流值为零。当考虑一个有限长度 L（分别在 x 和 y 方向）的超导隧道结时，在 x 方向积分得到最大零电压时的超导电流满足如下关系：

$$I_c(\Phi)=I_c(0)\left|\frac{\sin(\pi\Phi/\Phi_0)}{\pi\Phi/\Phi_0}\right| \tag{1-27}$$

式中，磁通 $\Phi=\mu H_y Ld$；$\Phi_0=h/2e$ 是磁通量子（2.07×10^{-15} Wb）。式(1-27)类似于夫琅禾费衍射特性曲线，最小值出现在等于磁通量子整数倍的磁通。需要指出的是，上述结论实际上仅适合于小面结隧道结。

通过改变隧道结的分布，$I_c(\Phi)$-Φ 特性曲线可以被改变。目的之一是减小夫琅禾费衍射图样的旁瓣值，这样可以减小为了抑制超导临界电流所须施加的磁场。但是，这样的控制实际上并不容易实现，主要因为超导电流自身产生的磁场未考虑，另外测试系统的回路等引入的磁场具有不确定性。

本章节所讨论的超导隧道结混频器主要采用了并联双子隧道结结构（PCTJ），其结构与直流超导量子干涉器（SQUID）相似。对于这样一个干涉结构，其两个隧道结通过一个超导回路并联连接，两个隧道结的相对相位取决于超导回路中的磁通。Jaklevic 等最早研究了这种双结结构的临界电流与外部磁通的关系，得到其最大超导电流的表达式：

$$I_c(\Phi)=2I_c(0)\left|\frac{\sin(\pi\Phi/\Phi_0)}{\pi\Phi/\Phi_0}\right|\,|\cos(\pi\Phi_e/\Phi_0)|,\ \Phi_e=LI_c(0)+\Phi_x \tag{1-28}$$

式中，Φ_e 和 Φ_x 分别是超导环路总的和外加磁通；L 是超导环路电感。从式(1-28)可以看出，在单结的夫琅禾费衍射图样上存在干涉调制。

1.2.3 经典混频理论

对于一个非线性器件，当施加两个角频率分别为 ω_p 和 ω_s 的信号时，将产生一系列互调频率分量：$m\omega_p\pm n\omega_s$，其中包含通常所需要的中频频率 $\omega_0=|\omega_p-\omega_s|$（图 1-7），这就是混频现象。理论上，任何非线性器件都具有混频效应，其

非线性越明显，变频效率越高。

假定一个非线性器件，其在大信号状态下的伏安（$I-V$）特性是 $i=f(v)$。需要指出的是，器件的大信号 $I-V$ 特性在经典情况与其直流 $I-V$ 特性相同，但存在量子效应时则不同。当该器件的两端被施加一个时变电压时，可以表达为

$$v(t)=v_0+v_p(t)+v_s(t),\ v_p(t)\gg v_s(t) \tag{1-29}$$

式中，v_0 是直流偏置电压；$v_p(t)$ 是大信号电压；$v_s(t)$ 是小信号电压。将该时变电压代入器件的 $I-V$ 特性并进行泰勒展开，可以得到如下时变电流：

$$\begin{aligned}i(t)&=f[v_0+v_p(t)]+f'[v_0+v_p(t)]\times v_s(t)\\&\quad+\frac{1}{2}f''[v_0+v_p(t)]\times v_s^2(t)+\cdots\\&\approx f[v_0+v_p(t)]+f'[v_0+v_p(t)]\times v_s(t)\end{aligned} \tag{1-30}$$

因为 $v_s(t)\ll v_p(t)$，所以其二次以上的高阶项可以省略，式(1-30)近似成立。式(1-30)的右边第一项和第二项分别代表大信号时变电流 $i_p(t)$ 和大信号泵浦下的小信号电流 $i_s(t)$。$i_s(t)$ 又可以写成

$$i_s(t)=f'[v_0+v_p(t)]\cdot v_s(t)=g(t)\cdot v_s(t) \tag{1-31}$$

引入的时变函数 $g(t)$ 通常被称为器件的非线性导纳。

实际上，大信号电压 $v_p(t)$ 可以被看成是由其基波频率(ω_p)及谐波分量组成，能被展开成傅里叶级数：

$$v_p(t)=\sum_{k=-\infty}^{\infty}V_{p,k}e^{jk\omega_p t},\ V_{p,k}=V_{p,-k}^* \tag{1-32}$$

考虑到大信号电流 $i_p(t)$ 和非线性导纳 $g(t)$ 都随 $v_p(t)$ 同步变化，两者也可表达成类似式(1-32)的形式：

$$i_p(t)=\sum_{k=-\infty}^{\infty}I_{p,k}e^{jk\omega_p t},\ I_{p,k}=I_{p,-k}^* \tag{1-33}$$

$$g(t)=\sum_{k=-\infty}^{\infty}g_k e^{jk\omega_p t},\ g_k=g_{-k}^* \tag{1-34}$$

显然，如果小信号电压 $v_s(t)$ 也由多个频率分量组成（如 $n\omega_s$，$n=0$，1，

2，…），式(1－31)将产生频率为 $m\omega_p \pm n\omega_s$ 的小信号分量。

1. 混频大信号分析

式(1－31)是分析混频小信号特性的基础。但是，非线性导纳 $g(t)$必须首先被求解。实际上，$g(t)$的求解又和大信号电压 $v_p(t)$及大信号电流 $i_p(t)$的求解联系在一起。这三个非线性参量的求解即为混频大信号分析。

混频大信号分析多采用谐波平衡法，即将非线性器件和其外部线性系统分开处理，前者采用时域非线性方法，后者采用频域线性处理方法，通过比较两者的结果得到最后的收敛解(图 1－7)。谐波平衡法的基本原理及步骤说明如下。

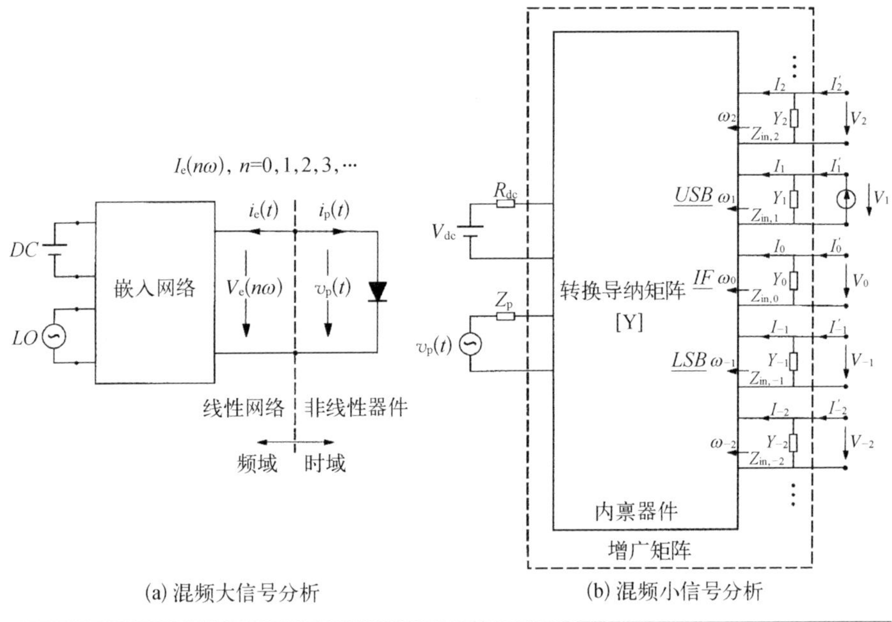

(a) 混频大信号分析　(b) 混频小信号分析

图 1－7 混频大信号分析和小信号分析示意图

(1) 给出非线性器件两端时域大信号电压 $v_p(t)$的初始波形，根据非线性器件的 $I-V$ 特性计算相应的时域大信号电流 $i_p(t)$，然后将 $v_p(t)$和 $i_p(t)$展开成傅里叶级数。

(2) 根据本振电压 $v_p(t)$的傅里叶系数 $V_p(n\omega p)$ ($n=1$, 2, 3, …) 计算非线性器件的外部线性系统分别在本振频率及其谐波频率(至少取 6 或 7 次)电流

的频域解 $I_e(n\omega p)$（$n=1, 2, 3, \cdots$）。

（3）比较 $I_e(n\omega p)$和 $I_p(n\omega p)$，如果在容差范围内达到一致，即得到 $v_p(t)$的稳态解；否则，修改 $v_p(t)$，重复步骤(1)～(3)，并进行多次迭代，直到收敛。

显然，这样的大信号分析需要有能够实现收敛的初始解和可靠快速的算法。另一方面，还需要掌握非线性器件外部电路在本振频率及其谐波频率的嵌入阻抗，这点在实际混频器中非常困难(即使利用现代电磁场分析软件进行模拟仿真)。一旦得到大信号电压 $v_p(t)$和电流 $i_p(t)$的稳态解，可以通过式(1-31)计算非线性导纳的时域波形及其傅里叶系数。

2. 混频小信号分析

1）小信号边带频率

通过大信号分析得到非线性导纳 $g(t)$的傅里叶系数后，就可以基于式(1-31)进行混频小信号分析。假定小信号电压只有基波分量，高次谐波忽略不计，混频产生的小信号电流 $i_s(t)$就由多个频率分别为 $m\omega_p \pm \omega_s$($m=0, 1, 2, 3, \cdots$)的分量组成。相应地，能够产生频率为 ω_0的中频信号的小信号频率 ω_s可以是 $m\omega_p \pm \omega_0$($m=0, 1, 2, 3, \cdots$)。Saleh 首先采用如下方式标记小信号边带频率：

$$\omega_m = m\omega_p + \omega_0,\ m = \cdots, -2, -1, 0, 1, 2, \cdots \tag{1-35}$$

显然，当 m 小于零时，小信号边带频率为负频率(方便建立小信号混频模型，解释参见参考文献[14-16])。负频率最重要的特征是其对应的阻抗 $Z(\omega)=Z^*(\omega)$。

2）转换导纳矩阵

根据式(1-35)标记方式，可以将小信号时域电压 $v_s(t)$和电流 $i_s(t)$写成

$$v_s(t) = \sum_{m=-\infty}^{\infty} V_m e^{j\omega_m t} \tag{1-36}$$

$$i_s(t) = \sum_{m=-\infty}^{\infty} I_m e^{j\omega_m t} \tag{1-37}$$

注意式(1-36)和式(1-37)并非傅里叶展开形式，只是多个频率项的合成。

当利用向量$[V]$和$[I]$代表小信号边带电压(V_m)和电流(I_m)向量时,两者的关联由如下矩阵方程决定:

$$[I]=[Y][V] \tag{1-38}$$

式中,正方矩阵$[Y]$被称为转置导纳矩阵(图 1-7),其矩阵元素值可以通过式(1-31)计算得到[即非线性导纳$g(T)$的傅里叶系数,$Y_{mn}=g_{m-n}$]。

当考虑非线性器件的外部电路(嵌入阻抗或导纳)时,矩阵式(1-38)可以扩展成

$$[I']=[Y'][V'],\ Y'_{mn}=Y_{mn}+Y_m\delta_{mn} \tag{1-39}$$

式中,Y_m是非线性器件外围电路在第m个边带频率的等效导纳(嵌入导纳,从器件朝电路看);δ_{mn}是狄拉克δ函数。显然,扩展导纳矩阵$[Y']$的逆矩阵即扩展阻抗矩阵$[Z']$。

3) 变频增益

从边带频率为ω_m的小信号到频率为ω_0的中频信号的转换效率即变频增益,定义为中频端口负载吸收功率与小信号频率端口m的资用功率之比。小信号频率端口m的资用功率可以表达成

$$P_{av}=\frac{1}{8}\cdot\frac{|I_{s,m}|^2}{Re(Y_m)} \tag{1-40}$$

式中,$I_{s,m}$是端口m的小信号电流;Y_m是该端口的源导纳(嵌入导纳)。式(1-40)右边项的1/8因子中1/2来自电流的有效值,另外1/4来自资用功率定义。中频端口负载吸收功率的表达式是

$$P_{av}=\frac{1}{2}|V_0|^2Re(Y_0)=\frac{1}{2}|I_{s,m}|^2|Z'_{0m}|^2Re(Y_0) \tag{1-41}$$

因此,可以得到端口$m\to 0$的变频增益:

$$G_{0m}=4|Z'_{0m}|^2Re(Y_0)Re(Y_m) \tag{1-42}$$

4) 瞬时带宽

混频瞬时带宽即变频损耗的-3 dB带宽,也即非线性器件的响应时间,主要

取决于非线性器件的物理机制及特性。对于超导隧道结混频器，可以达到几十GHz；对于超导热电子混频器，可以达到约5 GHz。

5）输入阻抗

小信号频率端口 m 的输入阻抗的定义是：当该端口外接阻抗（嵌入阻抗）开路时，混频扩展网络的输入阻抗。因此，它就是 $Y_m=0$ 情况下扩展阻抗矩阵 $[Z']$ 的第 mm 个元素，即

$$Z_{\mathrm{in},\,m}=Z'_{mm}\big|_{Y_m=0}=\frac{1}{(Z'_{mm})^{-1}-Y_m} \tag{1-43}$$

6）混频噪声分析

混频噪声主要包括：非线性器件本振电流波动引入的散粒噪声；小信号频率端口端接阻抗（电阻部分）引入的热噪声；输入信号的量子波动，即探测量子极限。这里主要讨论前两种，它们都可以等效成与非线性器件并联的噪声电流源，因此可以直接利用前面所述的小信号分析方法进行处理。

（1）散粒噪声

电流流动是离散粒子流的流动，是一种非连续流动现象。粒子到达率的波动导致电流波动，进而产生散粒噪声。该种噪声属于静态白噪声，与频率和温度无关。散粒噪声出现在许多固态器件中（如隧道结、肖特基势垒器件，以及pn结），但不存在于宏观金属线或电阻等欧姆接触中。因为在宏观物理系统中，电子-声子间散射或离散粒子间的相干使得离散粒子流导致的电流波动变得平滑。

统计分析表明，测量时间 τ 内粒子数波动的均值 $\langle\Delta n\rangle$ 为零，但是其均方值等于流动粒子的均值，即 $\langle\Delta n^2\rangle\approx\langle n\rangle$。因此，在测量时间 τ 内电流波动的均方值 i_{rms}^2 即 $\langle\Delta i^2\rangle$ 可以表达成

$$\langle\Delta i^2\rangle=\frac{e^2}{\tau^2}\langle n\rangle=\frac{eI}{\tau} \tag{1-44}$$

式中，I 代表平均直流电流，等于 $e\langle n\rangle/\tau$。由于测量时间 τ 内平均所对应的响应函数是 $\Delta f=1/2\tau$，因此散粒噪声的功率谱密度是 $S(f)=2eI$。

对于一个无泵浦（即无外加本振信号）的非线性器件，如隧道结和肖特基势

垒器件等，其散粒噪声谱密度 $S(f)=2eI_{sub}$，这里 $I_{sub}=f(v_0)$ 是器件的直流漏电流（或暗电流）。显然，各小信号边带频率 $\omega_m(m=0,\pm1,\pm2,\cdots)$ 对应的噪声电流分量相等，而且互不相关；当非线性器件处于泵浦状态，本振电流 $i_p(t)=f[v_0+v_p(t)]$ 波动所产生的散粒噪声可以被认为是受本振电压信号调制的非泵浦散粒噪声。假定本振电压 $v_p(t)$ 由频率为 $n\omega_p(n=0,1,2,\cdots)$ 的分量组成，受其调制的散粒噪声仍然包含频率为 $\omega_m(m=0,\pm1,\pm2,\cdots)$ 的小信号分量，但它们不再等幅，而且相关（因为与本振信号关联）。本振电流 $i_p(t)$ 导致的散粒噪声可以表达为

$$i_{s,\,rms}^2=\langle|\,i_p(t)-\langle i_p(t)\rangle\,|^2\rangle=2e\langle i_p(t)\rangle\Delta f \tag{1-45}$$

考虑到 $\langle i_p(t)\rangle$ 的频率依存性及频率之间相关性，式(1-45)可以改写成

$$i_{sm,\,rms}^2=2eI_{s,\,m}\Delta f\quad(m=0,\pm1,\pm2,\cdots) \tag{1-46}$$

$$i_{sm,\,rms}i_{sn,\,rms}^*=2eI_{s,\,m-n}\Delta f\quad(m,\,n=0,\pm1,\pm2,\cdots) \tag{1-47}$$

式中，$I_{s,\,m}$ 和 $I_{s,\,m-n}$ 分别是 $i_p(t)$ 的第 m 阶和第 $(m-n)$ 阶傅里叶系数。

(2) 热噪声

热噪声又称为奈奎斯特(Nyquist)噪声，是温度不为零时欧姆电阻在平衡态下（无外加电压和平均电流流动）的电流波动。换言之，温度不为零时，电阻中粒子相互间及与晶格原子之间碰撞（类似布朗运动）产生热噪声，其本身与电压无关。根据奈奎斯特定理，电阻 R 在温度 T 时产生的热噪声可以等效成一个内阻无穷大的电流源与一个无噪电阻的并联：

$$i_{t,\,rms}^2=\frac{4\hbar\omega\Delta f}{R}\cdot\frac{1}{\exp(\hbar\omega/k_BT)-1}\approx\frac{4k_BT\Delta f}{R},\hbar\omega\ll k_BT \tag{1-48}$$

当满足条件 $\hbar\omega\ll k_BT$ 时，热噪声功率谱密度 $S_T(f)=k_BT$。

(3) 混频噪声温度

混频噪声温度定义成混频产生的噪声等效到其信号输入端的一个外加噪声温度。如前面所述，混频信号端口对应边带频率 $\omega_m(m=0,\pm1,\pm2,\cdots)$。等效到第 m 个频率端口的情况称为单边带噪声温度，同时等效到第 m 和第 $-m$

两个频率端口的情况称为双边带噪声温度(通常混频实验所测噪声温度)。大部分混频器都属于基波混频,因此感兴趣的只是 $m=1$ 端口。基于混频输出噪声功率不变原理,单边带噪声温度 $T_{SSB,1}$ 和双边带噪声温度 T_{DSB} 可以根据以下公式实现互换:

$$G_{01}T_{SSB,1}=G_{01}T_{DSB}+G_{0-1}T_{DSB} \tag{1-49}$$

式中,G_{01} 和 G_{0-1} 是基波上下边带的变频增益,当两者相等时,有 $T_{SSB,1}=2T_{DSB}$。

下面讨论如何从等效散射和热噪声电流源计算混频噪声温度。首先定义两个噪声电流向量:

$$[I_s]=[\cdots, I_{s,1}, I_{s,0}, I_{s,-1}, \cdots]^T, [I_t]=[\cdots, I_{t,1}, I_{t,0}, I_{t,-1}, \cdots]^T \tag{1-50}$$

矩阵中元素分别代表伪正弦散粒噪声电流和热噪声电流在各边带频率分量的复幅度。通过混频,这些小信号噪声电流分量会变成中频分量。根据式(1-39),可以得到中频端的复输出噪声电压:

$$V_{N0}=[Z'_0]\{[I_s]+[I_t]\} \tag{1-51}$$

式中,矩阵$[Z'_0]$是扩展阻抗矩阵$[Z']$中对应第 0 阶的行。针对 $V_{n,0}$ 均方值平均得到

$$\begin{aligned}\langle|V_{N0}|^2\rangle &=[Z'_0]\{\langle[I_s][I_s]^\dagger\rangle+\langle[I_t][I_t]^\dagger\rangle\}[Z'_0]^\dagger\\ &=[Z'_0]\{[H^s]+[H^t]\}[Z'_0]^\dagger\end{aligned} \tag{1-52}$$

式中,符号 † 代表针对矩阵(或向量)的复共轭转置;正方矩阵 $[H^s]=\langle[I_s][I_s]^\dagger\rangle$ 和$[H^t]=\langle[I_t][I_t]^\dagger\rangle$ 分别称为散粒噪声和热噪声电流相关矩阵,而后者又是一个对角矩阵。需要指出的是,当计算第 m 阶频率端口的等效噪声温度时,热噪声相关矩阵的第 mm 和 00 个元素须变成零(因为此时这两个端口分别代表信号的输入和输出端)。

假定计算第 m 阶频率端口的等效噪声温度,为了得到式(1-49)的输出均方噪声电压,在该端口(嵌入导纳为 Y_m)需要引入一个等效均方噪声电流源,根

据式(1-39)可知：

$$\langle | I_{Nm} |^2 \rangle = \langle | V_{N0} |^2 \rangle / | Z'_{0m} |^2 \tag{1-53}$$

根据奈奎斯特定理，该噪声电流源可以等效成单边带噪声温度 $T^m_{\mathrm{m,SSB}}$[这里上标 m 代表第 m 阶频率端口(其他参量都用下标)，下标 m 代表混频器]，即 $Re(Y_{\mathrm{m}})$在温度 $T^m_{\mathrm{m,SSB}}$下产生的热噪声，其表达式为

$$T^m_{\mathrm{m,SSB}} = \frac{\langle | I_{\mathrm{N}m} |^2 \rangle}{4k_{\mathrm{B}}\Delta f Re(Y_m)} = \frac{[Z'_0]\{\langle [I_{\mathrm{s}}][I_{\mathrm{s}}]^{\dagger} \rangle + \langle [I_{\mathrm{t}}][I_{\mathrm{t}}]^{\dagger} \rangle\}[Z'_0]^{\dagger}}{4k_{\mathrm{B}}\Delta f Re(Y_m) \, | Z'_{0m} |^2} \tag{1-54}$$

1.2.4 超导隧道结准粒子隧穿效应

从上面介绍的经典混频理论知道，任何非线性器件都可以用于混频。根据器件基本特性，主要分为经典混频(半导体)和量子混频(超导)两类。本章介绍的超导隧道结混频属于量子混频，其机制及特性都与经典混频有很大不同。首先，介绍超导隧道结的基本特性以及光子辅助准粒子隧穿效应，两者都是构成超导量子混频理论的基础。

1. 超导隧道结及特性

如图 1-8(a)所示，超导隧道结是由两块超导体及其中间薄绝缘层(势垒层，一般厚几十 Å)构成，其半导体型激发能与准粒子激发态密度关系和典型 Nb/AlO_x/Nb 超导隧道结的 $I-V$ 特性分别如图 1-8(b)和图 1-8(c)所示。需要指出的是，这里显示的超导隧道结的 $I-V$ 特性是基于准粒子隧穿效应。它除了取决于其超导和绝缘层材的本征特性外，还与制备工艺密切相关。根据隧穿理论，超导隧道结的本征 $I-V$ 特性可以由下列方程表示：

$$I(V) = \frac{G_{\mathrm{n}}}{e}\int_{-\infty}^{\infty} \frac{N_{\mathrm{L}}(E)N_{\mathrm{R}}(E+eV)}{N^2(0)}\{f_{\mathrm{L}}(E)[1-f_{\mathrm{R}}(E+eV)] - [1-f_{\mathrm{L}}(E)]f_{\mathrm{R}}(E+eV)\}\mathrm{d}E \tag{1-55}$$

式中，f_{L}，f_{R}是费米函数；G_{n} 是正常态电导。其他参量定义与前面所述的 BCS

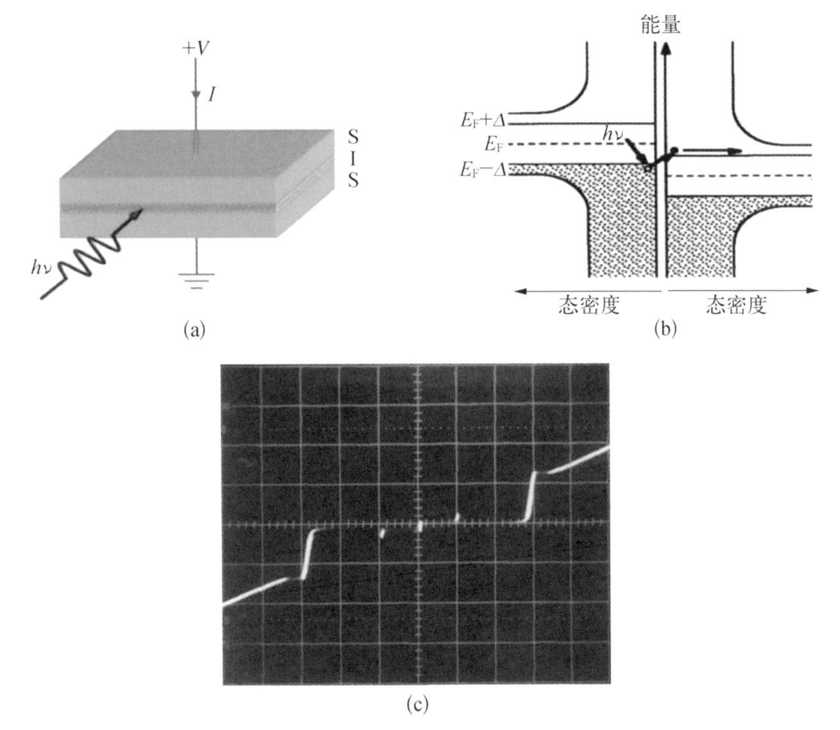

图 1-8 (a) 超导隧道结示意图；(b) 超导隧道结的半导体型激发能与准粒子激发态密度关系示意图；(c) 一个典型的 Nb/AlO$_x$ /Nb 超导隧道结的 $I-V$ 特性[横坐标为电压(1 mV/格)，纵坐标为电流(0.1 mA/格)]

理论相同。

从图 1-8(c)可以看出，超导隧道结的 $I-V$ 特性有两个基本特征：超低暗电流和强非线性(电流突变)，两者直接影响超导隧道结的混频特性，前者决定噪声温度，后者决定变频增益。超低暗电流主要是因为 $k_B T \leqslant \Delta$ 导致热激发粒子数极少，而强非线性主要是因为离开费米面 Δ 处能态的态密度趋于无穷大[图 1-8(b)]。超导隧道结的主要参数归纳如下。

(1) 能隙电压 V_{gap}

能隙电压 V_{gap} 是超导隧道结电流出现突变的电压，主要取决于超导材料能带、温度，以及制备工艺。对于常用的铌结，$V_{gap} \approx 2.8$ mV；对于高能隙氮化铌结，$V_{gap} \approx 5.6$ mV。能隙电压对应的角频率为 $\omega_{gap} = eV_{gap}/\hbar$。由于超导隧道结的对称性[图 1-8(a)和 1-8(c)]，其本身工作频率上限可达 $2f_{gap}$(在负偏压状态下，图 1-8(b)中右边超导体费米面将高于左边)。但是，在 f_{gap} 以上频率，超导体损耗会急剧增加。

(2) 能隙转变宽度 ΔV_{gap}

能隙转变宽度 ΔV_{gap} 反应超导隧道结的非线性强度，其值越小，量子特性越明显。能隙转变宽度 ΔV_{gap} 的大小取决于很多因素，包括制备技术。

(3) 特征电压 V_c

特征电压 $V_c = I_c R_n$，式中 I_c 和 R_n 分别是超导隧道结的临界电流和正常态电阻。特征电压是一个常量，与超导隧道结的几何尺寸和临界电流密度 J_c 无关，只与其能隙电压有关。对于弱耦合超导隧道结，在非零温度下一个良好近似是 $I_c R_n \approx 0.2\pi V_{gap}$。但是，特征电压 V_c 随材料和制备工艺而变化。一般情况，高特征电压对于实际应用更有利。特征电压 V_c 也是决定超导隧道结参数的基本前提。

(4) 漏电流 I_{sub} 和特征电压 V_m

漏电流 I_{sub} 是能隙电压以下的电流值，主要由热激发电流和制备缺陷导致电流两部分组成，其中热激发电流 $\propto \sqrt{T}\exp(-\Delta/k_B T)$。用来衡量超导隧道结品质的是特征电压 $V_m = I_{sub} R_n$ 或品质因子 R_{sub}/R_n，其中 I_{sub} 和 R_{sub} 都是在一定电压下测得，对于铌结该电压一般取 2 mV，对于氮化铌结取 4 mV。漏电流 I_{sub} 对基于超导隧道结的检波器及混频器特性都至关重要。对于检波器，小漏电流 I_{sub} 意味着更低噪声和更高电流响应率；对于混频器，小漏电流 I_{sub} 意味着更低散粒噪声、更高变频效率以及更低本振功率需求。

(5) 临界电流密度 J_c

临界电流密度 J_c 随超导隧道结的绝缘层厚度 d 的改变而呈负指数变化，可以通过测量同一芯片上不同面积隧道结正常态电流与面积的关系得到。J_c 是决定超导隧道结混频带宽的重要参数。J_c 越高，超导隧道结混频器带宽越宽，但一般隧道结的漏电流也随之增大，进而严重影响超导隧道结的混频特性。

(6) 正常态电阻 R_n

正常态电阻 R_n 是超导隧道结 $I-V$ 特性能隙电压以上线性部分斜率的倒数，与隧道结几何参数的关系为 $R_n \propto A^{-1}\exp(d)$（$A$ 代表隧道结面积）。在超导隧道结混频器中，R_n 可以近似等于其射频阻抗。因此，R_n 是衡量超导隧道结混频器阻抗匹配的重要参量。

(7) 特征电容 C_s 和结电容 C_j

特征电容 C_s 定义为超导隧道结单位面积电容，主要与结电流密度有关（随 J_c 增加，但非线性），与结面积无关。特征电容 C_s 的值一般通过实验方法测量。超导隧道结的结电容 $C_j = AC_s$。

(8) $\omega R_n C_j$ 乘积

超导隧道结的 $\omega R_n C_j$ 乘积代表其 Q 因子（$Q = f_0/\Delta f$），主要用于判断混频带宽。该乘积与结面积无关，只与 J_c、ω 和 C_s 有关，具体关系为 $\omega R_n C_j = I_c R_n / J_c \omega C_s$。在同一频率，带宽随 J_c 增大；在不同频率下，为了保持相对带宽，更高频率需要更高 J_c。

2. 光子辅助准粒子隧穿效应

(1) 准粒子隧穿效应

如前面介绍 BCS 理论部分所述，超导体由于强电子—声子相互作用导致其中电子在接近费米面处配对。这些库珀对在超导体中形成无损耗超电流，在超导隧道结中则形成约瑟夫森电流。拆开库珀对形成准粒子需要的能量是 2Δ，可以是热能 $k_B T$、光子能量 $h\nu$ 或电势能 eV。

如图 1-8 (b)所示，超导隧道结中准粒子隧穿可以用半导体模型来描述，即能量（纵轴）与单粒子激发态密度（横轴）的关系。超导体态密度在费米面附近的分布与正常金属导体有很大不同，首先是有一个宽度为 2Δ 的能带，其次是在这个能带的上下边缘态密度呈奇异点。当 $T=0$ 时，能带下面的能态全占满，而能带上面的能态全空。当分隔两块超导体的势垒具有合适厚度时（小于超导体本征相干长度），而且当一边（假定左边）的填充态的能量与另外一边（右边）空态的能量相等时，准粒子隧穿现象可以发生，所需的能量 2Δ 可以是热能 $k_B T$、光子能量 $h\nu$ 以及电势能 eV。进一步的理解是，当一边的填充态的能量与另外一边空态的能量相等时，具有足够的能量（2Δ）拆开左边超导体接近费米面的库珀对，其中一个准粒子隧穿势垒到达右边超导体能带以上的导带，而另外一个准粒子保留在左边的价带（成为部分准粒子空态）。

（2）光子辅助准粒子隧穿效应

光子辅助准粒子隧穿效应就是超导隧道结（偏置在 V_0）基于吸收或发射光子产生的隧穿效应，需要满足的条件是：$eV_0 \pm n\hbar\omega = 2\Delta$，（$n = 1, 2, 3, \cdots$）。Dayem 和 Martin 首先通过实验观察到该现象，Tien 和 Gordon 解释其为光子辅助准粒子隧穿效应。需要指出的是，尽管该现象的发现早于约瑟夫森效应，但是直到 20 世纪 70 年代末期才被应用于超导混频实验和理论研究。光子辅助准粒子隧穿效应源于结的能隙电压（偏压低于该电压时属于吸收，反之是发射，第一个光子台阶位于紧邻能隙电压的左边或右边，参见图 1－9），每个光子台阶对应的电压宽度是$\hbar\omega/e$，其高度与 $J_n(eV/\hbar\omega)$ 有关（V 是结上微波辐照电压幅度，n 对应于吸收/发射光子数）；而微波辐射约瑟夫森效应源于零电压，每个光子台阶电压宽度是$\hbar\omega/2e$，其高度与 $J_n(2eV/\hbar\omega)$ 有关。

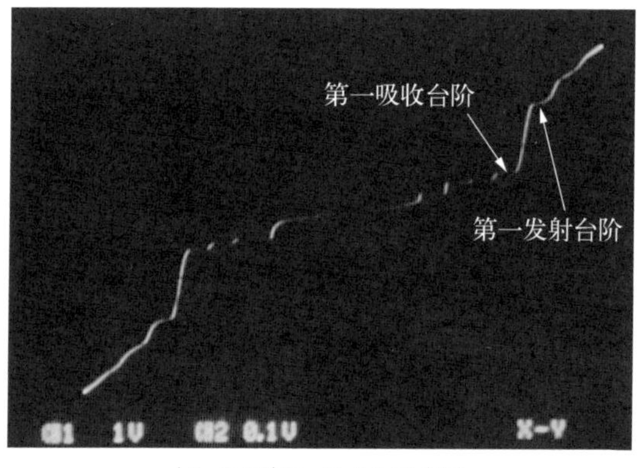

（X：1 mV/div；Y：0.1 mA/div）

图 1－9 一个 Nb/AlO$_x$/Nb 超导隧道结在 95 GHz 微波辐射时的 $I-V$ 特性

尽管两种微波辐照隧穿效应看起来很类似，但两者的物理机制不同，混频特性也非常不同。对于约瑟夫森弱连接结，由于结电容几乎为零，其基波到高次谐波分量的噪声贡献都存在；而对基于光子辅助准粒子隧穿效应的超导隧道结，由于结电容的存在，主要噪声贡献来自基波分量。需要指出的是，在超导隧道结混频器中，库珀对隧穿效应和准粒子隧穿效应同时存在。随着频率的提高，两者之间的重叠现象更明显。这种重叠效应会减小超导隧道结混频器光子台阶的有效工作电压区间，也会干扰混频器工作稳定性。减小库珀对隧穿效应干扰的方法有：利用外加磁场抑制约瑟夫森效应，以及利用高能隙电压超导隧道结来降低两者之间的重叠效应。

1.2.5 量子混频理论

基于超导隧道结的准粒子调谐机制和经典混频理论，由 J. Tucker 于 1979 年建立，并预言了超导隧道结的若干量子混频特性。Tucker 量子混频理论是超导隧道结混频器的理论基础，在其论文中已经有详细的描述，这里仅给出其主要结果。需要指出的是，Tucker 所建立的量子混频理论主要针对单个超导隧道结的情况。本章节讨论的内容仅涉及超导隧道结的本征特性，不涉及结电容的影响。

1. 超导隧道结隧穿电流响应

如前面所述，分析混频器特性首先要了解其大信号时变电压和电流特性。考虑到超导隧道结中结电容的存在，可以假定大信号（本振）电压二次以上谐波分量被短路，即超导隧道结上施加的本振信号时变电压为

$$v_{\mathrm{p}}(t)=V_0+V_{\mathrm{p}}\cos\omega_{\mathrm{p}}t \tag{1-56}$$

式中，V_0和 V_{p}分别是直流偏置电压和本振信号电压幅度；ω_{p}是本振信号角频率。需要指出的是，该假定在单个隧道结情况下基本合理，即使混频调谐电路的引入至少也不会有二次谐波的影响存在。但是对于多隧道结并联或非线性长结情况，该假定的合理性需要研究。当然，也可以通过在式(1-56)中引入本振信号的高次谐波量进行大信号分析。

超导隧道结隧穿电流响应的推导是基于 Werthamer 发展的平均隧穿电流公式（库珀对电流没有包含，下同）：

$$\langle I(t)\rangle=\mathrm{Im}\int_{-\infty}^{\infty}\mathrm{d}\omega\mathrm{d}\omega' W(\omega)W^{*}(\omega')I_{\mathrm{qp}}\left(\omega'+\frac{1}{2}\omega_0\right) \tag{1-57}$$

式中，$\omega_0=2eV_0/\hbar$；$I_{\mathrm{qp}}(V)=I_{\mathrm{kk}}(V)+jI_{\mathrm{dc}}(V)$（$I_{\mathrm{kk}}$是 I_{dc}的 Kramers - Kronig 变换），Werthamer 相位因子的傅里叶变换与施加时变电压的关系如下：

$$\int_{-\infty}^{\infty}\mathrm{d}\omega W(\omega)e^{-j\omega t}=\exp\left\{-\frac{je}{\hbar}\int^{t}\mathrm{d}t'\left[V(t')-V_0\right]\right\} \tag{1-58}$$

将式(1-57)代入式(1-58)中可以得到相位因子的表达式,再代入式(1-57)进而得到相应的隧穿电流的表达式(电流 I_{qp} 的变量用电压形式代替)如下:

$$\begin{aligned}\langle I(t)\rangle &= \mathrm{Im}\left[\sum_{n,\,m=-\infty}^{\infty} J_n(\alpha)J_{n+m}(\alpha)e^{jm\omega_p t}I_{qp}(V_0+n\hbar\omega_p/e)\right] \\ &= I_{dc}^{p}(V_0,\,\omega_p)+\sum_{m=1}^{\infty}Re\left[I_m^{p}(V_0,\,\omega_p)e^{jm\omega_p t}\right]\end{aligned} \tag{1-59}$$

式中,$\alpha\equiv eV_p/\hbar\omega_p$,称为归一化本振电压幅度,其直流项和第 m 次谐波本振电流幅度分别为

$$I_{dc}^{p}(V_0,\,\omega_p)=\sum_{n=-\infty}^{\infty}J_n^2(\alpha)I_{dc}(V_0+n\hbar\omega_p/e) \tag{1-60}$$

$$\begin{aligned}I_m^{p}(V_0,\,\omega_p) &= \sum_{n=-\infty}^{\infty}J_n(\alpha)\left[J_{n-m}(\alpha)+J_{n+m}(\alpha)\right]I_{dc}(V_0+n\hbar\omega_p/e) \\ &\quad +j\sum_{n=-\infty}^{\infty}J_n(\alpha)\left[J_{n-m}(\alpha)-J_{n+m}(\alpha)\right]I_{KK}(V_0+n\hbar\omega_p/e)\end{aligned} \tag{1-61}$$

式(1-60)代表通常实验观测到的微波辐照 $I-V$ 特性(图 1-9),而式(1-61)主要用于分析本振信号在超导隧道结电路中的传输特性,包括计算本振功率需求。

2. 超导隧道结小信号导纳矩阵和噪声电流相干矩阵

(1) 超导隧道结小信号导纳矩阵

超导隧道结小信号导纳矩阵的定义与方程(1-28)相同。当施加到超导隧道结上的电压包括一个小信号电压 $v_s(t)$时,即

$$v(t)=V_0+V_p\cos\omega_p t+v_s(t) \tag{1-62}$$

Werthamer 相位因子在不包含小信号电压 $v_s(t)$时的形式是

$$W(\omega)=\sum_{n=-\infty}^{\infty}J_n(\alpha)\delta(\omega-n\omega_p) \tag{1-63}$$

包含小信号电压 $v_s(t)$时,需要在式(1-63)基础上引入小信号电压的相关

量，当只保留小信号边带电压V_m的一次项时，Werthamer 相位因子变为

$$W(\omega)=\sum_{n=-\infty}^{\infty}J_n(\alpha)\Big\{\delta(\omega-n\omega_{\mathrm{p}})+$$

$$\sum_{m=-\infty}^{\infty}\frac{e}{2\hbar\omega_m}\left[V_m^*\delta(\omega-n\omega_{\mathrm{p}}-\omega_m)-V_m\delta(\omega-n\omega_{\mathrm{p}}+\omega_m)\right]\Big\}\quad(1-64)$$

将式(1－64)代入式(1－57)，并仍然只保留小信号边带电压V_m的一次项，根据$I_m=\sum Y_{mm'}V_m{}'$可以得到小信号导纳矩阵元素$Y_{mm'}=G_{mm'}+jB_{mm'}$表达式。

与非量子器件的小信号导纳矩阵相比，超导隧道结的小信号导纳矩阵同时包含电导和电纳，后者被称为量子电纳。量子电纳来自光子的吸收和发射效应，而该效应在非量子器件中消失。

(2) 超导隧道结噪声电流相干矩阵

如在经典混频理论中所描述，混频噪声主要包括散粒噪声和热噪声两种。对于超导隧道结混频器，热噪声与经典混频没有区别，这里就不再重复。超导隧道结混频器的散粒噪声同样可以用与无噪混频器并联连接的噪声电流源$[I(t)-\langle I(t)\rangle]$来描述，其中均值$\langle I(t)\rangle$即式(1－59)。该噪声电流源同样可以等效成对应各小信号边带频率ω_m的一组噪声电流分量。但在量子混频中，等效噪声电流源的均方值不是简单等于$2e\langle I(t)\rangle\Delta f$，需要通过计算前向和逆向电流运算符得到。具体推导公式及噪声电流相干矩阵元素$H^s_{mm'}$的表达式在量子混频理论中有详细描述。

当得到超导隧道结小信号导纳矩阵$[Y]$和噪声电流相干矩阵$[H]$后，其混频特性分析完全可以根据经典混频理论的处理方法进行。

(3) 多超导隧道结情形

如前面所述，Tucker 建立的量子混频理论主要针对单个超导隧道结的情况，以及忽略结间连接效应的多结串联情况。并联隧道结混频电路由于其良好混频噪声和带宽特性，在毫米波亚毫米波超导隧道结混频器中得到广泛应用。无论是何种形式的并联隧道结混频电路，其主要特征是其中的单隧道结被施加了不同本征电压，进而表现出不同的量子混频特性。

Tucker的量子混频理论假定本振信号相位为零，非零相位（假定为φ_p）情况其实也可采用同样处理手法，只是Werthamer相位因子包含一个附加的相位量：

$$W(\omega)=\sum_{n=-\infty}^{\infty}J_n(\alpha)e^{jn\varphi_p}\delta(\omega-n\omega_p) \tag{1-65}$$

相对应的，超导隧道结的小信号导纳矩阵和噪声电流相关矩阵也需要做修改：

$$Y'_{mm'}=Y_{mm'}e^{j(m-m')\varphi_p},\ H'_{mm'}=H_{mm'}e^{j(m-m')\varphi_p} \tag{1-66}$$

有了上述关系，就可以方便地处理并联隧道结混频电路，只要将其看成是一个多频率单路径信号传输网络，单隧道结可看成是信号传输路径上的节点。根据信号传输理论，可以方便地推导出任意形式并联隧道结混频电路的等效小信号导纳矩阵和噪声电流相关矩阵。

(4) 超导量子混频基本特性

超导量子混频与经典混频的一些特征区别是：前者的$I-V$特性呈强非线性，而后者呈有限的非线性；超导量子混频的大信号电流特性不连续，且有量子结构，特征阻抗可以趋于无穷大，甚至是负值。经典混频情况下，大信号电流特性是连续的，且特征阻抗值有限；超导量子混频的小信号非线性电流与外加电压不同相位，进而产生量子电纳，而经典混频情况总是同相。

以上区别导致两者混频特性有很大差异，主要包括：前者可以有变频增益，而后者总是损耗，这主要是因为光子辅助隧穿效应导致的动态阻抗可以趋于无穷大，甚至是负值；量子混频噪声温度可以接近量子极限（$\hbar\omega/k_B$），除了极低温工作导致的极低热噪声，接近于零的隧道结漏电流是重要原因；负阻现象可以出现在量子混频中，但从不会发生在经典混频中；超导量子混频具有极低的本振功率需求，这与隧道结的毫伏特电压尺度有关。相比较而言，半导体器件的电压尺度一般在伏特量级。

本节主要介绍了超导隧道结混频器的核心理论——超导量子混频理论。考虑到超导量子混频理论是基于光子辅助准粒子隧穿效应和经典混频原理而建立，所以本节首先系统介绍了经典混频原理及其相关大信号、小信号和噪声特性处理方法，以及光子辅助准粒子隧穿效应。最后介绍了Tucker量子混频理论和非单隧道结情况下如何应用量子混频理论。另外，还简单介绍了超导隧道结的基本特性、量子混频与经典混频特性区别和超导隧道结混频器基本概念。

1.3 超导隧道结单片集成调谐技术

1.3.1 Mattis - Bardeen 理论及表面阻抗

表面阻抗是导体材料的一个重要参数，在表征高频导波系统及谐振腔特性时有重要作用。导体表面阻抗主要与导体的电导率相关。超导体电导率是复数，而且与温度、频率及超导材料特性有关。这里首先讨论基于简单二流体模型给出的超导复电导率，然后讨论 Mattis 和 Bardeen 基于微观理论建立的包含超导能带效应的一个复电导率模型——二流体模型。

如前所述，超导体中存在超导态电子及正常态电子，但是其总电子数不随温度变化，可以表达成如下形式：

$$n_t = n_n(T) + n_s(T) = n_t(T/T_c)^4 + n_t[1-(T/T_c)^4] \tag{1-67}$$

由式(1-67)可知，当 $T=0$ 时，超导体中载流子全是超导态电子；当 $T>T_c$ 时，超导体中载流子全是正常态电子；当 $0<T<T_c$ 时，两种电子并存。因此，当 $0<T<T_c$ 时，超导体中电流密度是未配对电子的正常态电流密度 J_n 和超导电子的超导电流密度 J_s 之和，超导体因此可以被等效成两个简单电路的并联(即二流体模型)。

假定外加电场随时间正弦变化，超导体中正常态电子的电流密度与电场关系为

$$\boldsymbol{J}_n = -n_n(T)e\langle \boldsymbol{v}_n \rangle = \sigma_n(T)\frac{1}{1+j\omega\tau}\boldsymbol{E},\ \sigma_n(T) = n_t e^2\tau/m(T/T_c)^4 \tag{1-68}$$

而超导体中超导态电子的电流密度与电场关系根据伦敦第一方程可以写成

$$\boldsymbol{J}_s = -n_s(T)e\boldsymbol{v}_s = \frac{1}{j\omega\Lambda(T)}\boldsymbol{E},\ \Lambda(T) = \mu_0\lambda_L^2(T) \tag{1-69}$$

根据二流体模型，两并联电流分支之一是电阻[式(1-68)]，另外是电感分支[式(1-69)]。将式(1-68)和式(1-69)相加并应用欧姆定律，得到复电导率的表达式如下：

$$\sigma = \sigma_1 - j\sigma_2 = \sigma_n(T) - j\,\frac{1}{\omega\mu_0\lambda_L^2(T)} \tag{1-70}$$

复电导率的实部在温度低于超导临界温度时迅速减小，而电感分支的并联效应则变得更强，进而使得传导损耗更小。

Mattis 和 Bardeen 基于 BCS 弱耦合理论，推导出了包含超导能带效应的复电导函数。复电导函数实部和虚部的表达式分别如下：

$$\begin{aligned}\frac{\sigma_1}{\sigma_n} &= \frac{2}{\hbar\omega}\int_{\Delta}^{\infty}[f(E)-f(E+\hbar\omega)]g(E)\mathrm{d}E \\ &\quad + \frac{1}{\hbar\omega}\int_{\Delta-\hbar\omega}^{-\Delta}[1-2f(E+\hbar\omega)]g(E)\mathrm{d}E\end{aligned} \tag{1-71}$$

$$\frac{\sigma_2}{\sigma_n} = \frac{1}{\hbar\omega}\int_{\Delta-\hbar\omega,\,-\Delta}^{\Delta}\frac{[1-2f(E+\hbar\omega)][E^2+\Delta^2+\hbar\omega E]}{\sqrt{\Delta^2-E^2}\,\sqrt{(E+\hbar\omega)^2-\Delta^2}}\mathrm{d}E \tag{1-72}$$

式中，σ_n是超导体的正常态电阻率（$T > T_c$）；$f(\eta)=[1+\exp(\eta/k_B T)]^{-1}$ 是费米函数；$g(E)$的表达式是 $g(E)=\dfrac{E^2+\Delta^2+\hbar\omega E}{\sqrt{E^2-\Delta^2}\,\sqrt{(E+\hbar\omega)^2-\Delta^2}}$。需要指出的是，式(1-71)中第二项仅在$\hbar\omega > 2\Delta$ 存在，两个积分中的 $g(E)$都是正实数。另外，能隙 Δ 与温度有关。式(1-71)中第一个积分项代表热激发准粒子效应，而第二个积分项代表光子激发准粒子的效应。式(1-72)是超导态电子运动导致的动态电感。针对电导率 σ_1 的计算发现，尽管超导体态密度在离开费米面$\pm\Delta$处是奇异点，但是电导率 σ_1 只是大约按 $\sigma_1(\omega)/\sigma_n = 1-(\hbar\omega/k_B T_c)^{-1.65}$ 平稳增加。电导率 σ_1 的峰值出现在很低频率，当$\hbar\omega \geqslant \Delta/2$ 时已完全消失；针对电导率 σ_2 在不同温度的计算则发现，在低温处 $\sigma_2(T)/\sigma_n$ 出现饱和值 $\pi\Delta(0)/\hbar\omega$：

$$\frac{\sigma_2(T)}{\sigma_n} \approx \frac{\pi\Delta(T)}{\hbar\omega}\tanh\left[\frac{\Delta(T)}{2k_B T}\right] \approx \lim_{T\to 0}\frac{\pi\Delta(0)}{\hbar\omega} \tag{1-73}$$

1.3.2 超导隧道结调谐和阻抗变换电路

关于超导隧道结的结电容调谐和阻抗变换电路设计，首先需要确定构成结电容调谐和阻抗变换电路的超导薄膜微带线（有的情况也会采用共面波导传输线）的结构。由于较低的介电常数，通常 SiO_2 会被选择为超导薄膜微带线的绝缘层。从晶格匹配角度考虑，超导薄膜微带线的下层电极要选择与衬底晶格匹配的超导薄膜，而其顶电极则通常选择 Nb 超导薄膜或与底电极相同材料的超导薄膜。

1. 隧道结调谐电路

这里主要介绍 PCTJ 调谐电路，其结构是两个被一段超导薄膜微带线分隔并联连接的超导隧道结（结构形式类似于 SQUID），是 20 世纪 90 年代早期发展起来的一种新型结电容集成调谐技术，已经被广泛应用于 Nb 及 NbTiN 超导隧道结混频器中，特别是被应用于近年来快速发展的太赫兹频段超导隧道结混频器中。与另外两种超导隧道结集成调谐电路（即单结并联电感和单结串联电感）相比，PCTJ 形式有结构简单、输入阻抗适中、频率响应相对平坦、良好射频及中频耦合效率、有利于抑制约瑟夫森效应等优点。

2. 阻抗变换电路

由于波导型超导隧道结混频器信号耦合电路的嵌入阻抗（馈点阻抗）与 PCTJ 的等效电阻 $R_{n,e}$ 之间须实现宽带匹配，通常会在信号馈点与 PCTJ 结区之间采用一段阻抗变换线。一般情况下，线段数越多，阻抗匹配带宽越宽。但实际上更多段阻抗变换线的引入需要采用高特征阻抗变换线，而这里采用的超导薄膜微带线因为绝缘层很薄，其微带线的 W/h 比一般微带线的大，难以实现高于 40 Ω 的特征阻抗。

1.4 超导隧道结混频器芯片制备工艺

超导隧道结混频器芯片的图案部分是一个三维立体结构，其制备过程一般需要三到四个步骤，每一步骤都需要相应的掩模板。三层掩模板对应的制备工艺分别如下。

第一层：空间上的最底层，该层主要用于对三层薄膜进行光刻，定义出波导-微带线转换的蝴蝶结型波导探针及射频滤波电路等结构。

第二层：主要对超导隧道结进行图案定义，同时形成绝缘层的淀积区域。该层在曝光中使用时，对精度要求最高。

第三层：空间上的最顶层，该层主要用来曝光形成薄膜超导微带线的顶电极。

需要说明的是，超导隧道结芯片制备时通常会造成实际形成尺寸比掩模板设计尺寸收缩的现象。所以在掩模板绘制过程中，通常需要考虑实际的工艺精度，而放入一定的供收缩余量。超导隧道结制备是一个多层薄膜淀积的过程，涉及直流磁控溅射、射频磁控溅射、反应离子刻蚀等多种工艺。图 1-10 是氮化铌超导隧道结制备工艺流程示意图，主要分为四个步骤：三层薄膜生成、隧道结定义、SiO_2绝缘层淀积和剥离，以及引线层成膜。

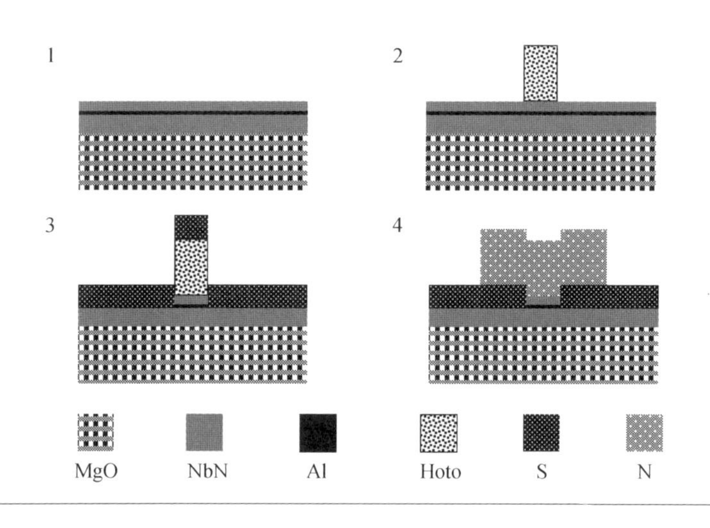

图 1-10 氮化铌超导隧道结制备工艺流程示意图

1.5　毫米波和亚毫米波超导隧道结混频器

本节将以 0.5 THz 频段波导型氮化铌超导隧道结混频器为例，介绍超导隧道结混频器的特性研究。

1. 噪声温度测试系统

0.5 THz 频段波导型氮化铌超导隧道结混频器噪声温度特性测试采用常规的 Y 因子法。图 1-11(a)是测试系统的整体框图，可以看出射频信号（常温或液氮黑体辐射）和本振（LO）信号经波束分离器合成后进入 4 K 杜瓦到超导隧道结混频器，混频产生的中频信号首先经一个含隔离器的低温制冷 HEMT（高电子迁移率晶体管）低噪声放大器放大，然后输出到常温中频链继续放大，放大后的中频信号可以被滤波后由检波器或功率计读出。

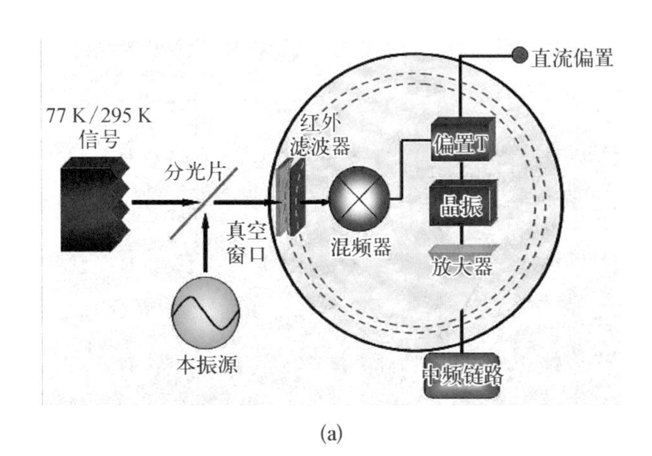

(a)

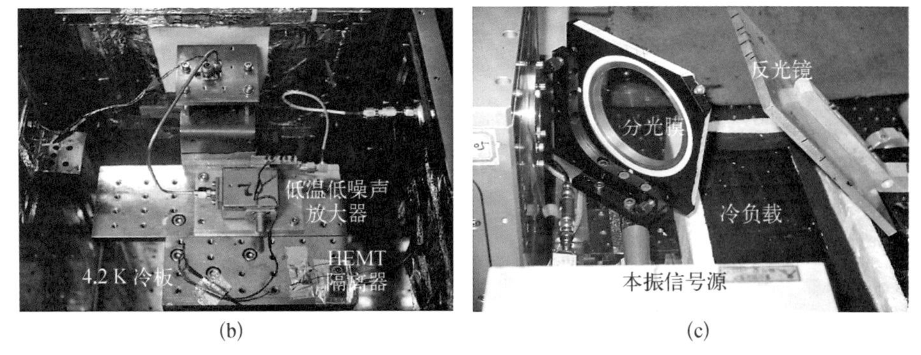

(b) (c)

图 1-11 (a) 0.5 THz 频段波导型氮化铌超导隧道结混频器噪声温度特性测试系统的整体框图；(b) 实际测试系统 4 K 杜瓦内部实物照片；(c) 实际测试系统 4 K 杜瓦外部光路耦合部分的实物照片

图 1-11(b)是实际测试系统 4 K 杜瓦内部实物照片。从图 1-11(b)可以看出，0.5 THz 波导型氮化铌超导隧道结混频器基座经由一个铜质弯头直

接连接到制冷机的 4 K 冷级上，以确保超导隧道结工作于 4.2 K 温度。选择这样连接方式的主要目的是因为在冷、热负载和超导隧道结混频器的对角喇叭之间没有采用抛物镜或透镜进行波束聚焦，可使氮化铌超导隧道结混频器尽可能靠近 4 K 杜瓦真空窗口。低温制冷 HEMT 低噪声放大器也安装在 4 K 冷级上，为防止其热耗散经由中频电缆传输，它和超导隧道结混频器之间的连接电缆以及其输出电缆均采用低热传导率的不锈钢电缆。图 1－11(c)是实际测试系统 4 K 杜瓦外部光路耦合部分的实物照片。本振信号源是一个工作在 0.5 THz 频段的返波管振荡器(或半导体倍频链)，射频信号即常温和低温(液氮)黑体辐射。本振信号通过波束分离器反射，而射频信号通过其透射。

2. 准光学射频/本振信号传输光路

上面已经基本介绍了准光学射频/本振信号传输光路的基本构成。为了便于分析整个光路的信号传输特性，这里对所有涉及的准光学部件进行总结。测试系统中涉及的准光学部件包括：波束分离器(12.5 μm 厚 Kapton 薄膜)、真空窗(36 μm 厚 Mylar 膜)和红外滤波器(0.5 mm 厚 Zitex A155 薄膜)。

3. 系统等效噪声温度

利用上面介绍的噪声温度测试系统，对 0.5 THz 波导型氮化铌超导隧道结混频器的量子混频特性进行了实验测量。为了抑制超导隧道结中的约瑟夫森效应，在混频器基座的磁铁安放孔内放置了表面磁场约 2 500 高斯的永磁铁。图 1－12 为一个典型 0.5 THz 频段波导型氮化铌超导隧道结混频器实测接收机噪声温度的频率特性。需要指出的是，由于本振信号源 BWO 的输出频率限制，在 455～470 GHz 频段内无实测结果。从图 1－12 可以看出该氮化铌超导隧道结器件的中心频率接近 0.5 THz，与设计较为一致。475～515 GHz 带宽内的无校准双边带接收机噪声温度约为 160 K。但噪声温度带宽明显偏窄，超导隧道结临界电流密度偏低可能是主要影响因素。

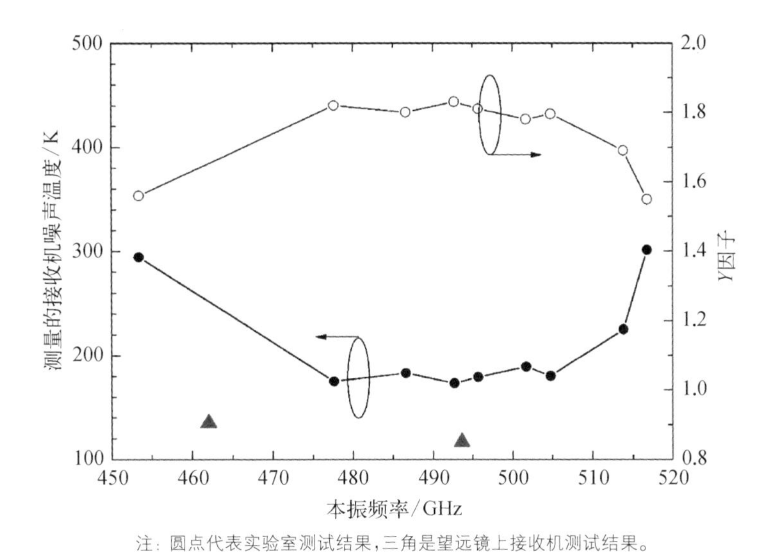

图 1-12 一个典型0.5 THz频段波导型氮化铌超导隧道结混频器实测接收机噪声温度的频率特性

4. 射频输入噪声 T_{RF}和中频噪声 T_{IF}

前面所述的实测接收机噪声温度 T_{rx}主要由以下三部分构成：混频器前射频端噪声 T_{RF}，混频器自身噪声温度 T_{m}，以及后端中频系统噪声 T_{IF}。三者之间存在关系如下：

$$T_{rx}=T_{RF}+(T_{m}+T_{IF}/G_{m})L_{RF} \tag{1-74}$$

式中，G_{m}和 L_{RF}分别代表超导隧道结混频器的变频增益和混频器前端射频损耗。射频噪声温度 T_{RF}可以通过文献提出的方法进行实测。混频器前端射频损耗 L_{RF}和射频噪声温度 T_{RF}是关联的，但是两者的组成其实很复杂。除了一些已知的准光学部件（如波束分离器和真空窗）损耗及可估计的混频器输入波导损耗外，可能还有一些其他未知因素（如反射效应）存在，因为实际测量的射频噪声温度 T_{RF}往往远高于已知损耗的噪声贡献。

为进一步了解 0.5 THz 频段波导型氮化铌超导隧道结混频器自身的噪声温度，有必要研究分析整个实测接收机系统噪声温度的来源。首先利用实验测试系统在 475 GHz 频率实测了该氮化铌超导隧道结混频器的射频噪声温度，相关测试数据如图 1-13(a)(b)所示。从图中可见，射频噪声温度约为 95 K，是接收机系统噪声温度(约为 189 K)的一半。为了进一步了解射频噪声温度的起源，我们人为将冷、热负载移到离波束分离器更远的地方(波束分离器和 BWO 本振信号源位置不变)，在同一频率重测该氮化铌超导隧道结混频器的射频噪声温度和相应的接收机系统噪声温度，相关测试数据示如图 1-13(c)所示。这种情况下，实测射频噪声温度和接收机系统噪声温度分别为 190 K 和 290 K。这个结果非常有趣，因为射频噪声温度的增量与接收机系统噪声温度的增量基本相等。如前面所述，超导隧道结混频器的输出波束非平行波束，有一定发散，射频噪声温度的增加应该与混频器波束发散有关。因此可以得出以下结论：接收机系统噪声温度和射频噪声温度是直接相关的，减小射频噪声温度可以改善接收机系统噪声性能；射频噪声温度可能与混频器测试系统的光路有关，如波束遮挡导致实际接收的冷负载温度高于液氮温度，但常温负载不会受到影响[比较图 1-13(a)和 1-13(c)对应冷/热负载的中频输出功率可得这一事实]。

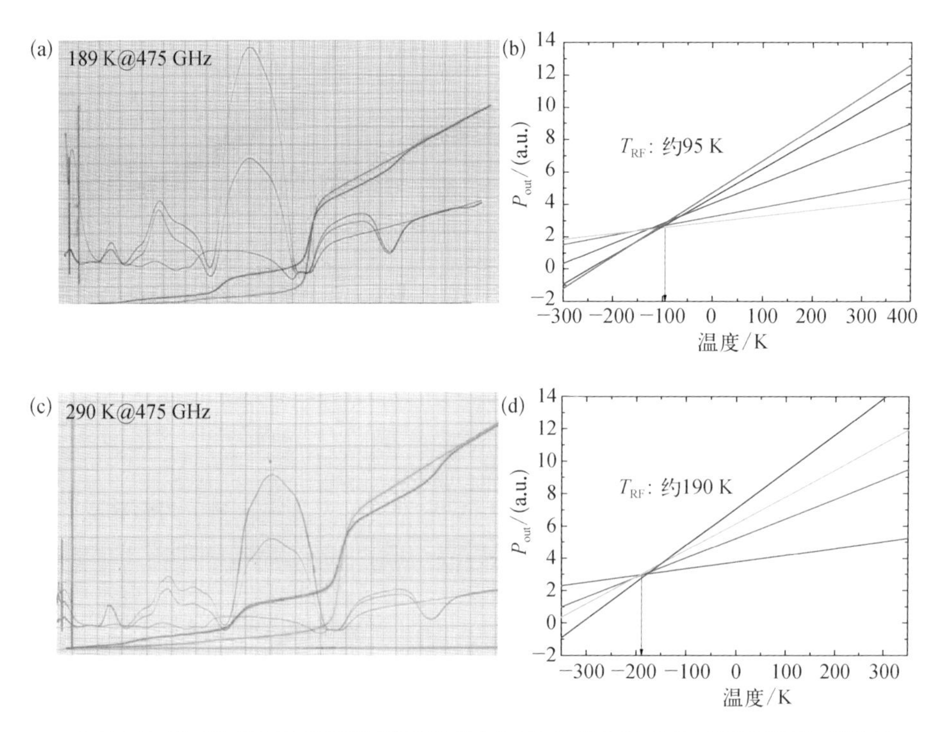

图 1-13 (a)(c) 0.5 THz 频段波导型氮化铌超导隧道结混频器在 475 GHz 频率的接收机噪声温度(两者的区别是测量所用冷热负载离开波束分离器的距离不同)；(b)(d) 相应的实测射频噪声温度

在研究了混频器的射频噪声温度之后，研究人员还对系统中频链路的噪声温度进行了测试，以判定其对整个系统的噪声贡献。中频链路中包含的部件有低温制冷隔离器和 HEMT 低噪声放大器、常温放大器、滤波器和检波器等，而中频噪声温度主要取决于低温制冷隔离器和 HEMT 低噪声放大器的噪声温度，以及它们与隧道结混频器之间的阻抗失配和连接电缆损耗所导致的噪声贡献。利用超导隧道结正常态散粒噪声法，我们测试了三个不同低温制冷 HEMT 低噪声放大器的中频输出功率（图 1－14），其中 HEMT2 性能最好，约为 11.5 K。

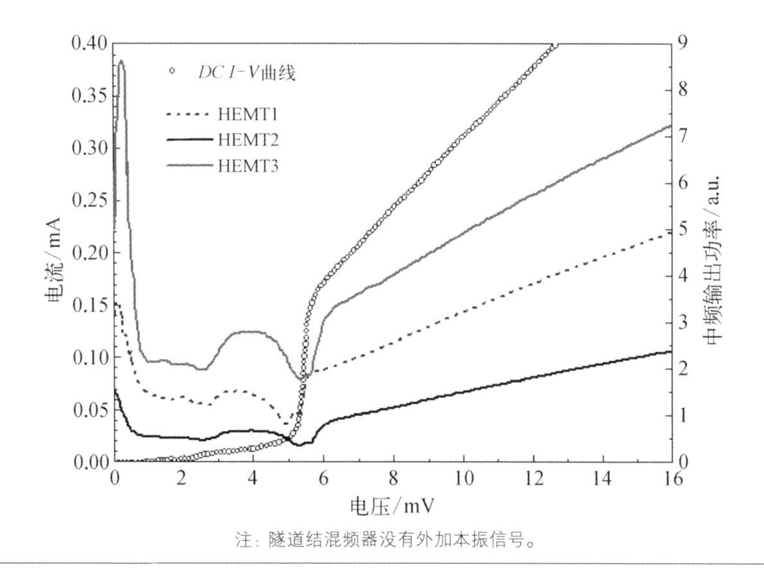

注：隧道结混频器没有外加本振信号。

图 1－14 利用超导隧道结正常态散粒噪声法测试的三个不同低温制冷 HEMT 低噪声放大器的中频输出功率

1.6 小结与展望

本章主要介绍了超导隧道结（SIS）混频器的基本原理、物理特性、设计分析方法以及应用等。经过近四十年的发展，超导 SIS 混频器的工作频率已经覆盖了 0.1～1 THz 频段，灵敏度（即混频器噪声温度）已经达到 3 倍量子噪声，成为推动太赫兹天文（特别是高空间分辨率干涉阵观测）发展的核心技术。未来该研究方向的发展主要包括：进一步理解超导隧道结噪声机理，实现更逼近量子极限的探测灵敏度；基于更高临界温度的超导隧道结混频器技术，并拓宽工作频率及工作温度区间;基于更高临界电流密度的超导隧道结混频器技术,并拓宽工作带宽;基于新型超导混频电路实现更宽探测瞬时带宽;发展100像元以上的多波束超导SIS接收机。

2 超导热电子混频器

2.1 引言

超导热电子混频技术是基于微米和纳米尺度超导薄膜的强非线性电阻-温度($R-T$)效应实现高灵敏度和宽瞬时带宽的一种外差混频技术。超导热电子混频技术具有射频频率相关性弱和需求本振功率低的优点，是目前 1 THz 以上频段灵敏度最高的微弱信号检测技术。超导热电子混频技术自 20 世纪 90 年代初期发展至今在混频性能和物理机制方面均取得了巨大进步。近年来，超导热电子混频器已成功应用于很多太赫兹天文望远镜，如 Herschel 空间望远镜、SOFIA 天基望远镜、APEX 地面望远镜等。

本章首先介绍超导热电子混频器的基本原理和理论模型，包括一维热点模型和非均匀吸收热点模型，然后阐述超导热电子混频器物理特性与射频频率、环境温度、临界温度和外加磁场的相关性，最后介绍 1.3 THz 频段和 0.1～1.5 THz 频段高灵敏度超导热电子混频器的研制。

2.2 超导热电子混频器基本原理

2.2.1 超导热电子混频器原理

1. 辐射计简介

辐射计(Bolometer)是一种热探测器，可将吸收辐射信号转化为热功率，1881 年由美国天文学家 Langley 发现并应用于太阳红外谱线观测。根据读出方式不同，辐射计可分为以下几类：超导辐射计、高莱辐射计和热释电辐射计。本章讨论的超导热电子混频器属于超导辐射计。辐射计主要由热容和热导组成，热容代表入射功率和辐射计之间热功率耦合，热导代表辐射计和热沉之间热传导。辐射计有三个基本特征参数：响应率、噪声等效功率 NEP 和响应时间，这些参数与辐射计自身热性质和工作环境密切相关。

辐射计工作原理简单如下。假设辐射计吸收信号功率为 $P(T)=P_0+$

$P_1 e^{iwT}$，P_0 为吸收信号稳态部分，P_1 和 w 分别为吸收信号时变部分幅度和角频率，则辐射计温度相应变化为 $T_B(T) = T_0 + T_1 e^{iwT}$，$T_0$ 为辐射计温度稳态部分，T_1 为辐射计温度时变部分幅度。如果辐射计采取恒流偏置，则辐射计内部产生直流加热功率，为 $I^2 R(T) = I^2[R(T_0) + (dR/dT) T_1 e^{iwT}]$。辐射计通过热导将热量转移到热沉，转移功率为 $G_{ave}(T_B - T_S)$，G_{ave} 和 T_S 分别为辐射计热导和热沉温度。根据热平衡方程，辐射计输入功率（吸收辐射信号功率和直流功率）等于积蓄在热容内功率和转移到热沉功率之和：

$$P_0 + P_1 e^{i\omega T} + I^2 \left[R(T_0) + \left(\frac{dR}{dT} \right) T_1 e^{i\omega T} \right] = G_{ave}(T_0 - T_s) + (G + i\omega C) T_1 e^{i\omega T} \tag{2-1}$$

式中，G 是温度 T_0 时辐射计动态热导（dP/dT）；C 是辐射计热容。提取式（2-1）两边加热功率和转移功率的时变部分并除以 $T_1 e^{i\omega T}$ 可得

$$P_1 / T_1 = G + i\omega C - I^2 dR/dT \tag{2-2}$$

辐射计电压响应率定义为单位吸收功率产生电压，根据式（2-2）我们可以推得辐射计电压响应率为

$$S_V = \frac{V_1}{P_1} = \frac{I\left(\frac{dR}{dT}\right) T_1}{P_1} = \frac{I\left(\frac{dR}{dT}\right)}{G - I^2\left(\frac{dR}{dT}\right) + i\omega C} \tag{2-3}$$

辐射计电压响应率通常会受到电热反馈效应影响，也就是当辐射信号功率加热辐射计引起温度和电阻改变，其中电阻改变会导致焦耳直流功率也随之改变。因此，辐射计实际有效热导为 $G_e = G - I^2 R\alpha$，其中，$\alpha = R^{-1}(dR/dT)$，$I^2 R\alpha$ 代表电热反馈效应。对于半导体辐射计，α 值为负值（$G_e > G$）；对于超导辐射计，α 值为正值（$G_e < G$）。相应地，辐射计电压响应率也可表示为 $S_V = IR\alpha / G_e(1 + iw\tau)$，式中，$\tau = C/G_e$，为辐射计响应时间。实际上，辐射计电压响应率 S_V 与响应时间 τ 之间是相互影响的。通常当辐射计作为直接检波器时，需要优化辐射计响应率至最高（通过减小辐射计实际有效热导 G_e），当辐射计作为外差混频器时，则需要增大辐射计实际有效热导 G_e 以获取更快响应速度和更宽

瞬时中频带宽。

噪声等效功率定义为 1 Hz 输出带宽内信噪比为 1 时输入辐射功率。根据信噪比公式 $SNR = P_s(2T_{int})^{0.5}/NEP$ 和 Rayleigh - Jeans 极限定义 $P_s = 2k_B T_s \Delta\nu$（因子 2 代表两个极化方向），辐射计噪声等效功率 NEP 可表示为

$$NEP = 2k_B T_s \Delta\nu \sqrt{2T_{int}} \tag{2-4}$$

式中，辐射计噪声等效功率 NEP 与电压响应率之间关系为 $NEP = V_n/S_V$，V_n 是电压噪声谱密度，单位为 $V/\sqrt{Hz}$。

2. 超导热电子混频器原理

当辐射计被用作外差混频器时，其工作原理如下。频率相近射频信号（频率为 ω_S）和本振信号（频率为 ω_{LO}）同时作用于辐射计，辐射计两端电压为 $V(T) = V_{LO}\cos(\omega_{LO}T) + V_S\cos(\omega_S T)$，$V_{LO}$和 V_S分别为本振信号和射频信号电压幅度。作为平方律探测器，辐射计吸收功率为 $P(T) = V^2(T)/R_0$，其中 R_0为辐射计电阻。将辐射计两端电压 $V(T)$代入可得

$$P(T) = P_{LO} + P_S + P_{LO}\cos(2\omega_{LO}t) + P_S\cos(2\omega_S t) + 2\sqrt{P_{LO}P_S}\cos[(\omega_{LO} + \omega_S)t] + 2\sqrt{P_{LO}P_S}\cos[(\omega_{LO} - \omega_S)t] \tag{2-5}$$

式中，$P_{LO} = V_{LO}^2/2R_0$ 和 $P_S = V_S^2/2R_0$ 分别为本振和射频信号平均功率。作为外差混频器，射频信号功率 P_S通常远小于本振信号功率 P_{LO}，因此式(2 - 5)中 P_S项可以忽略。由于辐射计自身响应时间 τ 较慢，难以响应射频 $2\omega_S$、本振 $2\omega_{LO}$以及 $\omega_{LO}+\omega_S$ 频率的信号，只能响应中频信号 $\omega_{IF} = |\omega_S - \omega_{LO}|$。于是，式(2 - 5)可简化为

$$P(T) = P_{LO} + 2\sqrt{P_{LO}P_S}\cos(\omega_{IF}t) \tag{2-6}$$

基于辐射计的混频效应，Arams 等 1996 年提出了基于 InSb 材料的半导体热电子混频器。InSb 半导体热电子混频器具有很高的灵敏度，但 InSb 半导体热电子混频器响应时间相对较长，限制了混频器中频瞬时带宽，仅为 MHz 量级，

难以满足实际天文观测的 GHz 量级需求。1990 年，Gershenzon 等提出了基于超导 Nb 材料的热电子混频器。超导热电子混频器电子响应时间可达皮秒级，进而扩展了混频器中频瞬时带宽。

如图 2-1 所示，超导热电子混频器主要由超导微桥和射频耦合电路构成。超导微桥是一层几纳米厚超导薄膜，两端通过金属电极与射频耦合电路连接实现射频信号耦合和直流偏置，图 2-1 中射频耦合电路为宽带螺旋天线。从热力学角度看，超导热电子混频器可分为超导微桥电子系统、声子系统以及介质基板声子系统三部分。在常温下，由于超导微桥电子系统和声子系统之间热阻很小，并且声子密度很大，电子和声子的热交换时间很短。当吸收辐射信号后，吸收的辐射能量会很快被转移到声子系统，再被声子转移到介质基板声子，整个混频器被均匀加热，处于热平衡态。在低温环境下，超导微桥电子系统吸收辐射信号后，电子系统温度会因加热而很快升高。由于低温下超导微桥内声子密度很小，且电声系统之间热阻较大，导致电子声子热交换时间变长。因此，超导微桥电子系统能量不能快速传递至声子系统，超导微桥电子系统温度 T_e 会显著高于声子系统温度 T_{ph}，整个系统将处于非平衡态，这种现象被称为热电子效应。

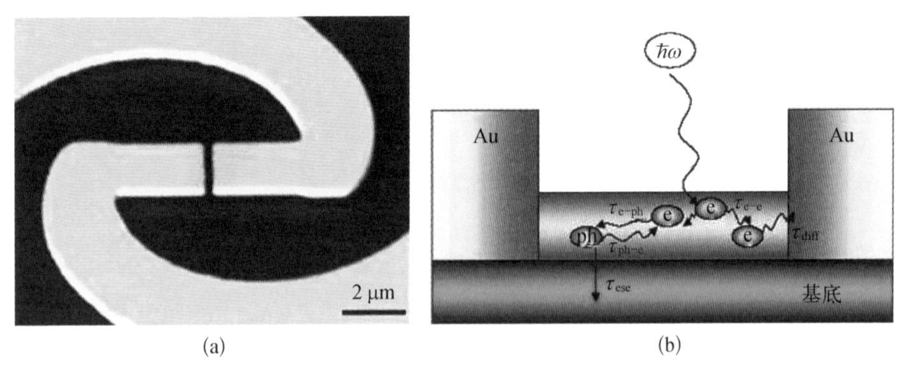

(a) 电子扫描显微镜下螺旋天线耦合超导热电子混频器；(b) 超导热电子混频器剖视图 图 2-1

根据冷却机制不同，超导热电子混频器可以分为两类，即声子制冷型超导热电子混频器和扩散制冷型超导热电子混频器。在声子制冷型超导热电子混频器中，超导微桥中电子吸收射频和直流功率后，电子系统内部先进行热交换，然后再将吸收热量传递至声子系统，最后声子系统将热量传至介质基板声子系统，并保持与介质基板相同的温度。声子制冷型超导热电子混频器热响应时间 τ_θ 由电子声子交换时间 τ_{e-ph} 和声子逃逸到基板时间 τ_{esc} 共同决定：

$$\tau_\theta = \tau_{e-ph} + \frac{C_e}{C_{ph}} \tau_{esc} \qquad (2-7)$$

式中，c_e 和 c_{ph} 分别为电子和声子比热，电子声子交换时间 τ_{e-ph} 与超导薄膜中电子温度相关，而声子逃逸时间 τ_{esc} 与超导薄膜材料以及厚度相关。目前，声子制冷型超导热电子混频器通常采用氮化铌、铌钛氮化合物超导薄膜，要求超导薄膜与介质基板具有良好晶格匹配，超导薄膜吸收热量可以很快逃逸至介质基板。

在扩散制冷型超导热电子混频器中，超导微桥吸收热量会在电子声子相互作用之前就扩散至超导微桥两端金属电极。扩散制冷型超导热电子混频器电子扩散时间 τ_{diff} 由超导微桥长度 L 和电子扩散系数 D 共同决定：

$$\tau_{diff} = \frac{L^2}{\pi^2 D} \qquad (2-8)$$

扩散制冷型超导热电子混频器通常采用 Nb 等纯金属超导材料，要求超导薄膜具有较大电子扩散系数 D，并要求超导微桥很短，使得热量能够迅速传递至超导微桥两端金属电极。

图 2 - 2 是超导热电子混频器内部能量交换图。当电子扩散时间 τ_{diff} 大于电子声子交换时间 τ_{e-ph} 时，超导热电子混频器吸收能量主要通过声子系统传递至介质基板，属于声子制冷型超导热电子混频器；当电子扩散时间 τ_{diff} 小于电子声子交换时间 τ_{e-ph} 时，超导热电子混频器吸收能量主要通过电子扩散传递至超导微桥两端金属电极，属于扩散制冷型超导热电子混频器。

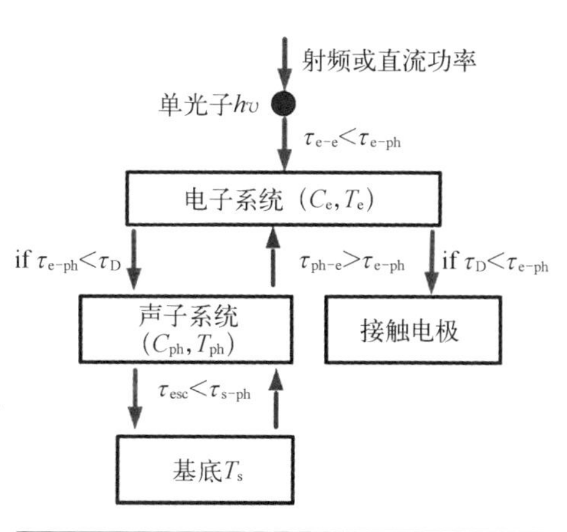

图 2-2 超导热电子混频器内部能量交换图

2.2.2 超导热电子混频器特性

1. 直流特性

图 2-3 是超导热电子混频器未吸收本振功率时的电流-电压($I-V$)特性曲线。超导热电子混频器 $I-V$ 曲线可简单划分为三个区间,对应超导热电子混频器三个不同状态,即超导态、电阻态和正常态。在较低偏置电压区间,超导热电子混频器处于超导态。在超导态中,超导热电子混频器电流随偏置电压增大而急剧增大(残余电阻一般来源于混频器超导微桥与金属电极间接触电阻),直至达到超导热电子混频器临界电流 I_c。随后超导热电子混频器进入负阻区电阻态,超导微桥开始吸收焦耳直流功率。处于电阻态时,超导热电子混频器电阻会随温度急剧变化。电阻态是超导热电子混频器灵敏度最高的一个区间,也是超导热电子混频器正常工作区间。当偏置电压继续增大,超导热电子混频器的超导特性消失,超导热电子混频器进入正常态,此时超导热电子混频器相当于一个正常态电阻。

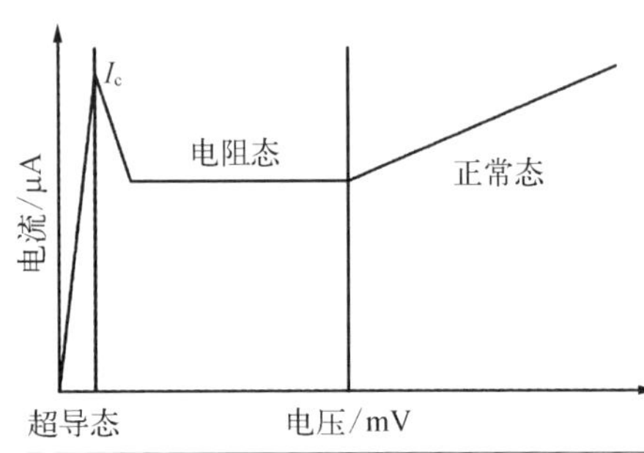

图 2-3 超导热电子混频器未吸收本振功率时的电流-电压($I-V$)特性曲线

2. 变频增益

变频增益是外差混频器的重要参数之一。变频增益定义为外差混频器中频输出信号功率与射频入射信号功率之比:

$$\eta = P_{IF}/P_S \tag{2-9}$$

式中,P_S为外差混频器吸收的射频信号功率;P_{IF}为外差混频器输出到负载的中频信号功率。需要指出的是,外差混频器系统变频损耗通常包含射频损耗、混频器自身损耗和中频损耗三部分,而式(2-9)仅表示混频器自身变频损耗。超导热电子混频器变频增益理论模型最早由 Arams 等提出。该模型简单假定超导热电子混频器是均一集总元件,当吸收辐射功率时,整个超导热电子混频器电子系统被加热且温度相同,其中射频和直流功率对超导热电子混频器中电子加热

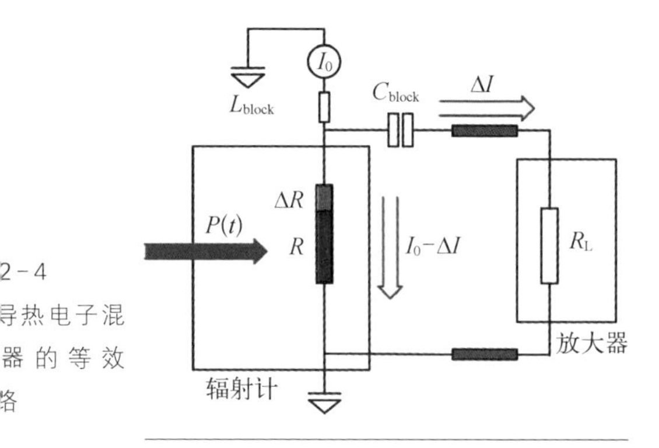

图 2-4 超导热电子混频器的等效电路

效果相同。在该理论模型中，超导热电子混频器被看作随功率(包括直流功率和射频功率)变化的电阻。图 2-4 是超导热电子混频器的等效电路。如果式(2-6)中直流分量被中频电路滤除，传递到超导热电子混频器有效射频信号功率为

$$\Delta P_{\mathrm{RF}}=2\sqrt{P_{\mathrm{LO}}P_{\mathrm{S}}}\,\mathrm{e}^{i\omega_{\mathrm{IF}}t} \tag{2-10}$$

假设超导热电子混频器偏置电流为 I_0，偏置电压为 V_0，超导热电子混频器电阻为 $R_0=V_0/I_0$。当超导热电子混频器吸收外加辐射信号后，超导热电子混频器由于热效应将产生电阻变化 ΔR，该电阻变化使得超导热电子混频器电流也发生变化 ΔI。当变化的电流流过中频负载 R_L，将会受到中频调制，该效应被称作电热反馈。于是，超导热电子混频器的直流功率变化在忽略较小项时可以表示为

$$\Delta P_{\mathrm{dc}}=(V_0+\Delta V)(I_0-\Delta I)=I_0R_L\Delta I-V_0\Delta I \tag{2-11}$$

式中，$R_L=\Delta V/\Delta I$，为负载电阻。同时，外加射频功率变化 ΔP_{RF} 和直流功率变化 ΔP_{dc} 引起的超导热电子混频器电阻变化 ΔR 可表示为

$$\Delta R=C_{\mathrm{RF}}\Delta P_{\mathrm{RF}}+C_{\mathrm{dc}}\Delta P_{\mathrm{dc}} \tag{2-12}$$

式中，C_{RF} 和 C_{dc} 定义为 $C_{\mathrm{RF}}=\Delta R/\Delta P_{\mathrm{RF}}\mid\Delta P_{\mathrm{dc}}=0$ 和 $C_{\mathrm{dc}}=\Delta R/\Delta P_{\mathrm{dc}}\mid\Delta P_{\mathrm{RF}}=0$，分别对应射频功率和直流功率引起的超导热电子混频器电阻变化。由于超导热电子混频器电压变化等于中频负载电压变化，则有 $\Delta V=I_0(C_{\mathrm{RF}}\Delta P_{\mathrm{RF}}+C_{\mathrm{dc}}\Delta P_{\mathrm{dc}})-R_0\Delta I=R_L\Delta I$。将式(2-11)代入展开并忽略小项，则可求得负载电阻 R_L 上电流变化 ΔI：

$$\Delta I=\frac{I_0C_{\mathrm{RF}}\Delta P_{\mathrm{RF}}}{(R_0+R_L)\left(1+C_{\mathrm{dc}}I_0^2\dfrac{R_0-R_L}{R_0+R_L}\right)} \tag{2-13}$$

考虑到输出到负载电阻的中频功率为 $P_{IF}=R_L\Delta I^2/2$，将式(2-13)代入可求得超导热电子混频器变频增益：

$$\eta=\frac{P_{IF}}{P_S}=\frac{2(I_0C_{RF})^2R_LP_{LO}}{(R_0+R_L)^2}\left(1+C_{dc}I_0^2\frac{R_0-R_L}{R_0+R_L}\right)\tag{2-14}$$

需要指出的是，C_{RF}和 C_{dc}与超导热电子混频器电子响应时间 τ_θ 相关，可以表示为

$$C_{RF}(\omega)=\frac{C_{RF}(\omega=0)}{1+i\omega\tau_\theta}，C_{dc}(\omega)=\frac{C_{dc}(\omega=0)}{1+i\omega\tau_\theta}\tag{2-15}$$

将式(2-15)再代入式(2-14)可得与频率相关的超导热电子混频器变频增益：

$$\eta=\frac{P_{IF}}{P_S}=\frac{2(I_0C_{RF})^2R_LP_{LO}}{(R_0+R_L)^2}\left(1+C_{dc}I_0^2\frac{R_0-R_L}{R_0+R_L}\right)\left(\frac{1}{1+\omega_{IF}^2\tau_{mix}^2}\right)\tag{2-16}$$

式中，τ_{mix}是超导热电子混频器时间常数，它决定超导热电子混频器的中频增益带宽 $\Delta f_{IF}=1/2\pi\tau_{mix}$。超导热电子混频器时间常数 τ_{mix}可表示为

$$\tau_{mix}=\frac{\tau_\theta}{1+C_{dc}I_0^2\dfrac{R_0-R_L}{R_0+R_L}}\tag{2-17}$$

在式(2-16)右半部分中，第一项是输入功率与负载消耗功率之比，第二项是混频器中频电路电热反馈项。需要指出的是，当 $R_0=R_L$ 时电热反馈作用将被完全抑制。由式(2-16)和式(2-17)可以看出，增大 $C_{dc}I_0^2(R_0-R_L)/(R_0+R_L)$ 可以提高超导热电子混频器变频增益，但超导热电子混频器中频增益带宽会相应减小，因此超导热电子混频器变频增益和中频增益带宽之间存在折中关系。需要指出的是，式(2-16)给出的超导热电子混频器变频增益与 Arams 给出的变频增益区别在于考虑了 C_{RF}和 C_{dc}的区别，即 $C_{RF}\neq C_{dc}$。超导热电子混频器正常工作时，其变频增益会受到很多外部因素影响，例如环境温度、吸收本振功率和直流偏置等。

3. 噪声特性

在超导热电子混频器中，主要噪声贡献来源于热噪声和热起伏噪声。当超导热电子混频器工作于最佳偏置点时，热起伏噪声占主导作用。另外，随着超导热电子混频器工作频率不断往高频发展，量子噪声贡献将显著增加。

热噪声是无源器件（如电阻）中电子布朗运动引起的噪声。在一个处于热平衡态的系统中，只要系统工作温度大于绝对零度，处于热运动中的载流子都会产生热噪声。虽然系统的电流运动没有规律，平均值为零，但电流或电压的均方根不为零，用于表征热噪声大小。一般情况下，电阻的物理温度越高，热噪声越大。在超导热电子混频器中，热噪声与电子温度相关，可以表示为一个电压噪声源：

$$\langle v_n^2 \rangle = 4k_B T_e B R_0 \tag{2-18}$$

式中，k_B 为波尔兹曼常数；T_e 为超导热电子混频器内电子温度；B 为工作带宽；R_0 为超导热电子混频器直流电阻。考虑热噪声后，超导热电子混频器内消耗直流功率为

$$P_0 + \Delta P = (R_0 + \Delta R)(I_0 - \Delta I)^2 + v_n(I_0 - \Delta I) \tag{2-19}$$

将式(2-19)展开并略去二阶小项，可求得超导热电子混频器电阻变化 ΔR：

$$\Delta R = \frac{-2C_{dc}I_0R_0\Delta I + C_{dc}v_nI_0}{1 - C_{dc}I_0^2} \tag{2-20}$$

超导热电子混频器两端电压可表示为 $V_0 + \Delta V = (I_0 - \Delta I)(R_0 + \Delta R) + v_n$，将式(2-20)代入可求得超导热电子混频器中电流变化 ΔI：

$$\Delta I = \frac{v_n}{(R_L + R_0)\left(1 - C_{dc}I_0^2 \dfrac{R_L - R_0}{R_L + R_0}\right)} \tag{2-21}$$

于是，超导热电子混频器输出热噪声功率为

$$P_{Jn}^{out} = R_L \langle \Delta I^2 \rangle = \frac{\langle v_n^2 \rangle R_L}{(R_L + R_0)^2\left(1 - C_{dc}I_0^2 \dfrac{R_L - R_0}{R_L + R_0}\right)^2} = k_B T_{Jn}^{out} \tag{2-22}$$

超导热电子混频器输出热噪声为白噪声，与中频频率无关。将输出热噪声变换到超导热电子混频器输入端(除以超导热电子混频器变频增益)，超导热电子混频器等效输入热噪声可表示为

$$T_{Jn}^{\text{in}} = \frac{R_0 T_e}{C_{\text{RF}}^2 I_0^2 P_{\text{LO}}} (1 + \omega_{\text{IF}}^2 \tau_{\text{mix}}^2) \tag{2-23}$$

由于超导热电子混频器变频增益随中频频率增大而减小，所以超导热电子混频器等效输入热噪声温度随中频频率增大而增加。

超导热电子混频器中另一噪声来源是热起伏噪声。超导热电子混频器吸收热功率后，电子声子系统将与热沉之间进行热交换，从而实现冷却，热交换过程中系统会产生无规则热波动，即热起伏噪声。根据热动力学波动理论，并考虑到超导热电子混频器热起伏噪声受限于混频器响应时间 τ_θ，超导热电子混频器内电子温度波动谱密度可表示为

$$\langle \Delta T_{\text{FL}}^2 \rangle = \frac{4k_B T_e^2}{G} \cdot \frac{1}{1 + \omega_{\text{IF}}^2 \tau_\theta^2} \tag{2-24}$$

如果本振功率保持不变，超导热电子混频器内功率变化等于直流功率变化和热起伏噪声功率之和：

$$\begin{aligned}\Delta P &= \Delta P_{\text{dc}} + P_{\text{FL}} = (V_0 + \Delta V)(I_0 - \Delta I) - V_0 I_0 + \frac{\Delta R}{C_{\text{dc}}} \\ &= I_0 \Delta I (R_L - R_0) + \frac{1}{C_{\text{dc}}} \left(\frac{\partial R}{\partial T_e} \right) \Delta T_e \end{aligned} \tag{2-25}$$

把式 $\Delta V = R_L \Delta I = I_0 \Delta R - R_0 \Delta I$ 和 $\Delta P = \Delta R / C_{\text{DC}}$ 代入，可求得超导热电子混频器内电流变化 ΔI：

$$\Delta I = \frac{I_0 \dfrac{\partial R}{\partial T_e} \Delta T_{\text{FL}}}{(R_L + R_0) \left(1 - C_{\text{dc}} I_0^2 \dfrac{R_L - R_0}{R_L + R_0} \right)} \tag{2-26}$$

于是，耗散在负载电阻 R_L 上的热起伏输出噪声功率为

$$P_{\mathrm{FL}}^{\mathrm{out}}=R_{\mathrm{L}}\langle\Delta I^{2}\rangle=\frac{I_{0}^{2}\left(\dfrac{\partial R}{\partial T_{\mathrm{e}}}\right)^{2}\langle\Delta T_{\mathrm{e}}^{2}\rangle_{f}R_{\mathrm{L}}}{(R_{\mathrm{L}}+R_{0})^{2}\left(1-C_{\mathrm{dc}}I_{0}^{2}\dfrac{R_{\mathrm{L}}-R_{0}}{R_{\mathrm{L}}+R_{0}}\right)^{2}}=k_{\mathrm{B}}T_{\mathrm{FL}}^{\mathrm{out}}$$

(2-27)

将热起伏噪声归算到超导热电子混频器输入端(除以超导热电子混频器变频增益)可得

$$T_{\mathrm{FL}}^{\mathrm{in}}=\frac{1}{C_{\mathrm{RF}}^{2}P_{\mathrm{LO}}}\left(\frac{\partial R}{\partial T_{\mathrm{e}}}\right)^{2}\frac{T_{\mathrm{e}}^{2}}{G} \tag{2-28}$$

显然,超导热电子混频器输入端热起伏噪声与中频频率无关。另外,热起伏噪声与电子温度平方成正比关系,而热噪声也与电子温度成正比关系,参考式(2-23)。因此,当超导热电子混频器正常工作时(超导微桥内电子温度接近临界温度),热起伏噪声占主导地位,比热噪声约大一个量级。

量子噪声也称为零点起伏噪声,是外差混频器的极限噪声,遵从海森堡不确定原理。对于一个理想外差混频器,输入端噪声为 hf/k_{B}。当超导热电子混频器工作频率较低时,量子噪声远低于热噪声和热起伏噪声,可以忽略不计。但随着超导热电子混频器工作频率增加,量子噪声就变得越来越重要。最近实验结果表明,当超导热电子混频器工作频率高于 4 THz 时,量子噪声占超导热电子混频器总噪声的 30%~50%,成为超导热电子混频器的重要噪声来源。

4. 中频带宽

超导热电子混频器中频增益带宽定义为混频器变频效率降低为最大值一半时对应的中频频率。根据式(2-17),中频增益带宽主要由超导热电子混频器响应时间 τ_{mix}决定 $\left(\Delta f_{\mathrm{gain}}=\dfrac{1}{2}\pi\tau_{\mathrm{mix}}\right)$。对于声子制冷型超导热电子混频器,响应时间主要由以下五个参数决定。

(1) 电子与电子相互作用时间 $\tau_{\mathrm{e-e}}$,辐射功率进入超导热电子混频器后,首先被电子吸收并很快传递给其他电子。电子与电子相互作用时间 $\tau_{\mathrm{e-e}}$非常短,整个电子系统会很快达到热平衡。对于超导氮化铌薄膜,电子与电子相互作用

时间 τ_{e-e}与电子温度 T_e相关：

$$\tau_{e-e}=\frac{1}{10^8 R_{sq} T_e} \tag{2-29}$$

式中，R_{sq}是超导薄膜方块电阻，对于 5.5 nm 厚超导氮化铌薄膜方块电阻 R_{sq}约为 500 Ω。当电子温度为 10 K 时，电子与电子相互作用时间 τ_{e-e}约为 2 ps①。

(2) 电子与声子相互作用时间 τ_{e-ph}，表示从电子系统到声子系统的温度响应时间，与电子温度 T_e相关。超导氮化铌薄膜中电子与声子相互作用时间 τ_{e-ph}可表示为

$$\tau_{e-ph}=\frac{5}{10^{10} T_e^{1.6}} \tag{2-30}$$

当超导氮化铌薄膜中电子温度为 10 K 时，电子与声子相互作用时间 τ_{e-ph}约为 10 ps。

(3) 声子与电子相互作用时间 τ_{ph-e}，热量从声子系统反向传递至电子系统的时间。声子与电子相互作用时间 τ_{ph-e}和电子与声子相互作用时间 τ_{e-ph}之间关系是 $C_e/\tau_{e-ph}=C_{ph}/\tau_{e-ph}$，其中 C_e和 C_{ph}分别为电子和声子比热。当超导氮化铌薄膜中电子温度为 10 K 时，C_e/C_{ph}约为 0.2。因此，声子与电子相互作用时间 τ_{ph-e}明显长于电子与声子相互作用时间 τ_{e-ph}，可以忽略不计。

(4) 声子逃逸时间 τ_{esc}，表示热量从声子系统逃逸到基板的时间。声子逃逸时间 τ_{esc}与超导薄膜厚度 d、超导薄膜与基板之间透明系数 α、超导薄膜中声速 ν 有关，可以表示为 $\tau_{esc}=4d/\alpha\nu$。

(5) 声子回流时间 τ_{s-ph}，表示热量从基板回流至声子系统的时间。当超导薄膜宽度小于基板中声子平均自由程时，τ_{s-ph}可以忽略。

综上所述，声子制冷型超导热电子混频器响应时间主要由电子与声子相互作用时间 τ_{e-ph}和声子逃逸时间 τ_{esc}决定，参见式(2-7)。为了提高混频器中频增益带宽，就需要减小超导热电子混频器响应时间。常用方法是采用高临界温度超导薄膜或减小超导薄膜厚度。然而，当减小超导薄膜厚度时，超导薄膜临界温

① 1 ps(皮秒)$=10^{-12}$ s(秒)。

度也会相应减小,因此需要一个折中选择。另外,还可以通过优选基板材料或者在超导薄膜与基板之间增加缓冲层来提高超导薄膜与基板之间透明度(晶格匹配),进而减小超导热电子混频器响应时间,提高超导热电子混频器中频增益带宽。

对于扩散制冷型超导热电子混频器,响应时间主要由超导微桥长度 L 和电子扩散系数 D 决定,参见式(2-8)。提高扩散制冷型超导热电子混频器中频增益带宽的主要方法就是采用高扩散系数的超导材料来制备超导热电子混频器。目前主要采用的高扩散系数超导材料是超导 Nb,其电子扩散系数 D 约为 1.6 cm^2/s。基于超导 Nb 薄膜的扩散制冷型超导热电子混频器中频增益带宽可达 10 GHz。

当中频频率升高后,超导热电子混频器噪声温度也会增加。超导热电子混频器噪声带宽定义为噪声温度增加到最小值两倍时对应中频频率,其与中频增益带宽之间关系为

$$f_{\text{noise}} = f_{\text{gain}} \sqrt{\frac{T_{\text{FL}}^{\text{out}} + T_{Jn}^{\text{out}} + T_{\text{IF}}}{T_{Jn}^{\text{out}} + T_{\text{IF}}}} \tag{2-31}$$

由式(2-31)可以看出,超导热电子混频器噪声带宽总大于增益带宽,原因是当中频频率增大到变频增益的截止频率后,热噪声不变,而热起伏噪声开始减小。

5. 射频和中频阻抗

超导热电子混频器在不同频率会呈现不同阻抗特性,分析超导热电子混频器射频和中频阻抗特性有助于获取最佳射频和中频阻抗匹配。下面将推导超导热电子混频器在小信号功率条件下的阻抗特性表达式。为了简化推导,这里只分析直流功率变化对超导热电子混频器阻抗特性的影响。假设在小信号功率条件下,超导热电子混频器工作点(V_0, I_0)有微小变化,超导热电子混频器电阻变化 ΔR 和直流功率变化 ΔP 分别为

$$\Delta R \approx \frac{\Delta V I_0 - V_0 \Delta I}{I_0^2}, \ \Delta P \approx \Delta V I_0 + V_0 \Delta I \tag{2-32}$$

于是，直流功率引起的超导热电子混频器电阻变化 C_{dc} 可以表示为

$$C_{dc}=\frac{\Delta R}{\Delta P}=\frac{\Delta VI_0-V_0\Delta I}{I_0^2(\Delta VI_0+V_0\Delta I)}=\frac{Z(0)-R_0}{I_0^2[Z(0)+R_0]} \tag{2-33}$$

式中，$Z(0)=\mathrm{d}V/\mathrm{d}I$ 为超导热电子混频器直流微分电阻；R_0 为直流电阻。根据式(2-33)，可以求得超导热电子混频器直流微分电阻 $Z(0)$。考虑到 C_{dc} 包含频率变量，超导热电子混频器直流微分电阻随频率变化表达式为

$$Z(\omega)=Z(0)\frac{1+\dfrac{i\omega\tau_\theta}{1+C_{dc}I_0^2}}{1+\dfrac{i\omega\tau_\theta}{1-C_{dc}I_0^2}}=Z(0)\frac{1+i\omega\tau_{imp}\dfrac{R_0}{Z(0)}}{1+i\omega\tau_{imp}} \tag{2-34}$$

式中，$\tau_{imp}=\tau_\theta/(1-C_{dc}I_0^2)$ 为阻抗时间常数；τ_θ 为超导热电子混频器自身响应时间。注意上述公式仅适用于工作频率小于超导材料能隙频率 $f<2\Delta/h$。当工作频率大于超导材料能隙频率 $f>2\Delta/h$ 时，超导热电子混频器的电阻等于正常态电阻。图 2-5 是超导热电子混频器电阻随频率变化关系图。当频率小于 $1/2\pi\tau_{imp}$ 时，电阻 $Z(\omega)$ 等于 $Z(0)$，超导热电子混频器电阻为工作点微分电阻（只有实部）。随着频率升高到 $1/2\pi\tau_{imp}<f<2\Delta/h$，超导热电子混频器电阻与频率相关项很小，可以忽略，因此电阻 $Z(\omega)$ 为超导热电子混频器工作点直流电阻 R_0。当频率继续升高至 $f>2\Delta/h$，超导热电子混频器转变为正常态，超导热电子混频器电阻为正常态电阻 R_n。

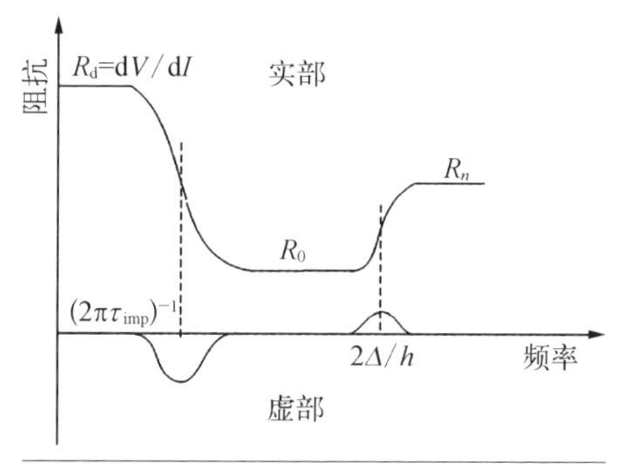

图 2-5 超导热电子混频器电阻随频率变化关系图

2.3 超导热电子混频器热点模型

2.3.1 一维热点模型

超导热电子混频器首个理论模型是 Arams 等提出的标准模型。标准模型

假定超导热电子混频器是一个集总元件，整个超导热电子混频器微桥上电子温度相同。模型同时假定超导热电子混频器对直流和射频功率响应相同 $C_0 = C_{dc} = C_{RF}$。这就意味着总吸收直流和射频功率一定的情况下，超导热电子混频器的电子温度和电阻相同。基于这个假定，超导热电子混频器吸收的本振功率可以通过绝热模型从实测超导热电子混频器 $I-V$ 曲线计算获得。标准模型能够简单解释超导热电子混频器最佳工作点附近变频增益和噪声特性，却不能解释超导热电子混频器变频增益与直流偏置的相关性。另外，标准模型仅能解释工作频率低于超导材料能隙频率时超导热电子混频器的混频特性。当工作频率高于超导材料能隙频率，直流功率仅能在电子温度高于临界温度的区域被吸收，标准模型不能用于估算超导热电子混频器吸收本振功率。

由于标准模型不能很好地解释超导热电子混频器的混频特性，Floet 等在前人研究基础上提出了超导热电子混频器热点模型。热点模型假设当超导热电子混频器吸收本振功率和直流功率后，仅有超导微桥中间部分被加热温度升高，超导微桥两端靠近金属电极部分由于良好散热作用仍保持超导特性。热点模型认为超导热电子混频器的混频特性可以通过射频、本振和直流功率引起的热点长度变化来解释。也就是说，当超导热电子混频器吸收本振和直流功率后，超导微桥中间会形成一个温度热点，此时若再施加射频信号就会调制超导热电子混频器吸收功率，超导微桥中间热点长度随之调制，调制频率为中频频率。相比于标准模型，热点模型能够更准确解释超导热电子混频器的混频特性以及直流偏置相关性。

在一维热点模型中，假设电子温度沿着超导微桥长度方向分布不均匀，沿着超导微桥长度方向一小段 $\mathrm{d}x$ 范围内，热平衡方向可以写为

$$K_e S \left.\frac{\mathrm{d}T_e}{\mathrm{d}x}\right|_x - K_e S \left.\frac{\mathrm{d}T_e}{\mathrm{d}x}\right|_{x+\mathrm{d}x} + c_e S \mathrm{d}x \frac{\mathrm{d}T_e}{\mathrm{d}x} = dp_{\text{heating}} - dp_{\text{cooling}} \tag{2-35}$$

式中，K_e 为电子热导率；S 为超导微桥截面积；$c_e S$ 为电子热容；公式左边两项代表向超导热电子混频器两端电极扩散功率；dp_{heating} 为超导微桥吸收功率；dp_{cooling} 为耗散功率。

令 $K_e S=\lambda_e$，$c_e S=C_e$，$(dp_{\text{heating}}-dp_{\text{cooling}})/d_x=P$，并将电子和声子系统温度分开考虑，则热平衡方程可分解为

$$-\frac{\mathrm{d}}{\mathrm{d}x}\left(\lambda_e\frac{\mathrm{d}T_e}{\mathrm{d}x}\right)+C_e\frac{\mathrm{d}T_e}{\mathrm{d}t}+P_{e-p}=P_{\text{heating}}+P_{p-e}$$

$$-\frac{\mathrm{d}}{\mathrm{d}x}\left(\lambda_p\frac{\mathrm{d}T_p}{\mathrm{d}x}\right)+C_p\frac{\mathrm{d}T_p}{\mathrm{d}t}+P_{p-e}+P_{p-s}=P_{e-p} \tag{2-36}$$

式中，T_e为电子温度；T_p为声子温度；P_{e-p}为电子传递到声子系统的热功率；P_{p-e}为声子系统回流至电子系统的热功率；P_{p-s}为声子系统传递到基板的热功率；C_e和 C_p分别为电子和声子的热容；λ_e和 λ_p分别为电子和声子的热导。图 2-6给出了超导微桥一小段 dx 范围内热功率传递示意图。

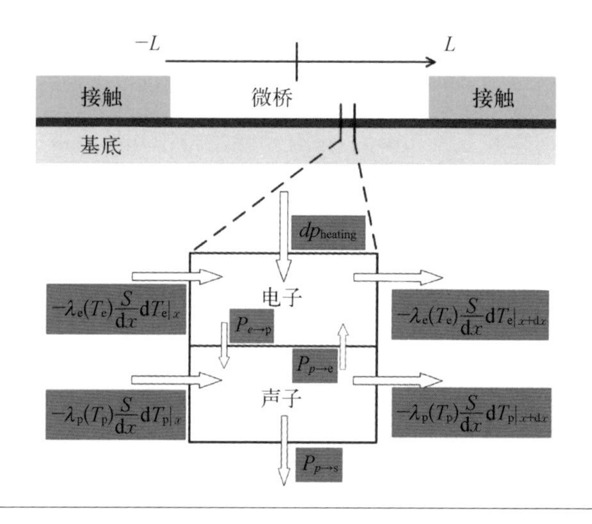

图 2-6 超导微桥一小段 dx 范围内热功率传递示意图

直接数值解上述电子和声子系统热平衡方程比较困难，在热点模型理论计算中通常需要简化并忽略一些微小项。由于声子扩散功率相比声子系统传递到基板热功率一般较小，可以忽略不计。同时，在稳态情况下，超导热电子混频器内电子和声子温度将不随时间变化。于是，式(2-36)可以简化为

$$-\frac{\mathrm{d}}{\mathrm{d}x}\left(\lambda_e\frac{\mathrm{d}T_e}{\mathrm{d}x}\right)+P_{e-p}-P_{p-e}=P_{\text{heating}}$$

$$P_{p-s}=P_{e-p}-P_{p-e} \tag{2-37}$$

式中，$P_{heating}$为超导热电子混频器吸收射频和直流功率之和，其中射频功率又包括本振功率和信号功率(信号功率相比本振功率可以忽略)。需要指出的是，一维热点模型通常简单假定本振功率 P_{LO}在整个超导微桥上是均匀吸收的，与本振信号频率无关。该假设导致其不能解释超导热电子混频器的频率相关性，后续会详细介绍。

$P_{e-p}-P_{p-e}$为电子与声子的热耦合功率，一般与 $T_e^n-T_p^n$ 成正比。对于超导氮化铌材料，指数 n 等于 3.6。与电子与声子热耦合相类似，声子系统传递到基板的热功率为 $P_{p-s}=T_p^4-T_s^4$。于是，式(2-36)可以改写为

$$\frac{\mathrm{d}}{\mathrm{d}x}\left(\lambda_e\frac{\mathrm{d}T_e}{\mathrm{d}x}\right)-\sigma_e(T_e^{3.6}-T_p^{3.6})+\frac{P_{LO}}{2L}+\frac{I_0^2\rho(T_e)}{S}=0$$

$$\sigma_e(T_e^{3.6}-T_p^{3.6})=\sigma_p(T_p^4-T_s^4) \qquad (2-38)$$

式中，σ_e和 σ_p分别为电子至声子耦合系数和声子至基板耦合系数，$\rho(T_e)$为超导热电子混频器电阻随电子温度关系式。早期一维热点模型假定电阻与电子温度之间关系为阶跃函数，导致热点模型无法解释热点形成之前超导热电子混频器的混频特性。为了解决该问题，Khosropanah 等提出了超导热电子混频器电阻与电子温度关系式，即满足费米形式：

$$\rho(T_e)=\frac{\rho_N}{1+e^{\frac{T_c-T_e}{\Delta T}}} \qquad (2-39)$$

式中，ρ_N为超导热电子混频器正常态电阻率；T_c和 ΔT 分别为超导热电子混频器临界温度和转变宽度。

使用费米形式电阻与电子温度关系的热点模型可以定性解释热点形成之前超导热电子混频器的混频特性，但模拟计算中频增益与实测结果相比偏大，计算超导热电子混频器 $I-V$ 曲线在低偏压区与实测结果相差较大。近年来，Barends 及 Miao 等提出超导热电子混频器中存在电流引起的涡旋-涡旋对拆散非热混频效应，在热点模型中采用实测电阻温度转变代替费米形式电阻温度转变。根据 Ginzburg-Landau 理论，偏置电流会引起涡旋-涡旋对拆散非热效应，该效应导致超导微桥临界温度变化为

$$T_c(I_0) = \left[1 - \left(\frac{I_0}{I_c}\right)^{\frac{1}{\gamma}}\right] T_c(0) \qquad (2-40)$$

式中，I_0 和 I_c 分别偏置电流和温度为零时超导热电子混频器临界电流；$T_c(0)$ 是偏置电流为零时超导热电子混频器临界温度。在考虑上述效应后，热点模型在超导材料能隙以上频率计算结果与实测结果基本吻合。

式(2-38)是一维热点模型的核心，数值解式(2-38)可得超导微桥内电子温度分布，如图2-7所示。根据超导微桥内电子温度分布，可以计算出超导热电子混频器电阻和 $I-V$ 曲线，并可以利用小信号模型得到超导热电子混频器变频增益和噪声温度等。一维热点模型可以解释超导能隙以上频率超导热电子混频器直流和混频特性，但一维热点模型未考虑超导热电子混频器混频特性的频率相关性，依然不能解释超导能隙以下频率超导热电子混频器直流和混频特性，因此需要寻找更合理的理论模型。

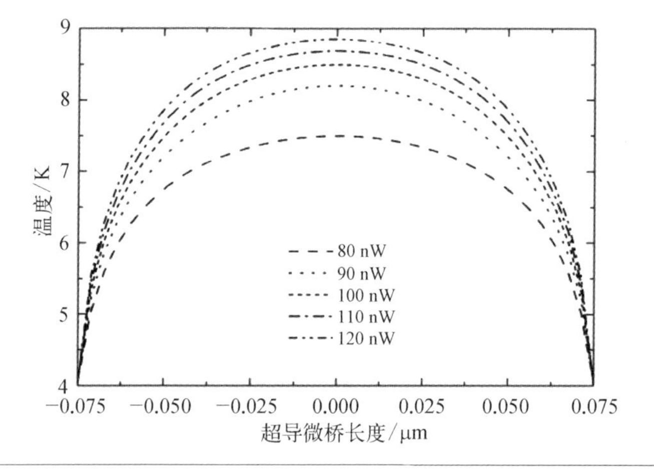

图2-7 超导微桥内电子温度分布图

2.3.2 非均匀吸收热点模型

一维热点模型假设本振功率 P_{LO} 在超导微桥内是被均匀吸收，该假设适用于超导材料能隙以上频率。在超导材料能隙以上频率，本振信号可以直接拆散超导微桥内库珀对，本振信号在超导微桥内是被均匀吸收。在超导材料能隙以下频率，本振信号将不能直接拆开超导微桥内库珀对，本振信号将被热激发准粒子吸收，其吸收行为与本振信号频率 ω 和超导微桥电子温度 $T_e(x)$ 密切相关。

换句话说，超导热电子混频器正常工作时，超导微桥上会形成电子温度分布，本振功率 P_{LO} 在超导微桥内是非均匀吸收。因此，一维热点模型只能解释超导能隙以上频率超导热电子混频器的混频特性，不能解释超导热电子混频器混频特性的频率相关性。

考虑到本振信号吸收 $P_{LO}[T_e(x), \omega]$ 与本振信号频率 ω 和超导微桥电子温度 $T_e(x)$ 相关，非均匀吸收热点模型中电子和声子热平衡方程可改写为

$$\frac{d}{dx}\left(\lambda_e \frac{dT_e(x)}{dx}\right) - \sigma_e[T_e^{3.6}(x) - T_p^{3.6}(x)] + \frac{P_{LO}[T_e(x), \omega]}{2L} + \frac{I_0^2 \rho[T_e(x), I_0]}{S} = 0$$

$$\sigma_e[T_e^{3.6}(x) - T_p^{3.6}(x)] = \sigma_p[T_p^4(x) - T_s^4] \tag{2-41}$$

事实上，超导微桥内本振信号吸收 $P_{LO}[T_e(x), \omega]$ 与超导微桥表面阻抗实部成正比。当垂直穿透深度大于相干长度(coherence length)时，超导微桥表面阻抗可以表示为

$$Z_s = \sqrt{\frac{i\omega\mu_0}{\sigma_s(T_e, \omega)}} \coth\left[t\sqrt{i\omega\mu_0\sigma_s(T_e, \omega)}\right] \tag{2-42}$$

式中，t 为超导微桥厚度；μ_0 为磁导率；$\sigma_s[T_e(x), \omega]$ 为超导微桥复电导率。这里超导微桥复电导率 $\sigma_s[T_e(x), \omega]$ 与电子温度 $T_e(x)$ 和本振信号频率 ω 相关，可根据前述 Mattis - Bardeen 理论计算[式(1 - 71)、式(1 - 72)]。根据式(2 - 42)及复电导率计算公式，可以理论计算超导微桥表面阻抗 Z_s。图 2 - 8 是理论计算 5.5 nm 厚、临界温度为 9 K 的超导氮化铌微桥表面阻抗。可以看出，如果本振频率低于超导微桥能隙频率(临界温度 9K 对应超导能隙频率 659 GHz)，超导微桥表面阻抗实部与 T_e/T_c 强相关。本振频率越低，超导微桥表面阻抗实部随 T_e/T_c 转变宽度越窄，同时超导相干峰(coherence peak)越靠近 $T_e/T_c = 1$。当本振频率低于超导微桥能隙频率两倍时，超导微桥表面阻抗实部都与归一化电子温度 T_e/T_c 相关。由于超导微桥内本振信号吸

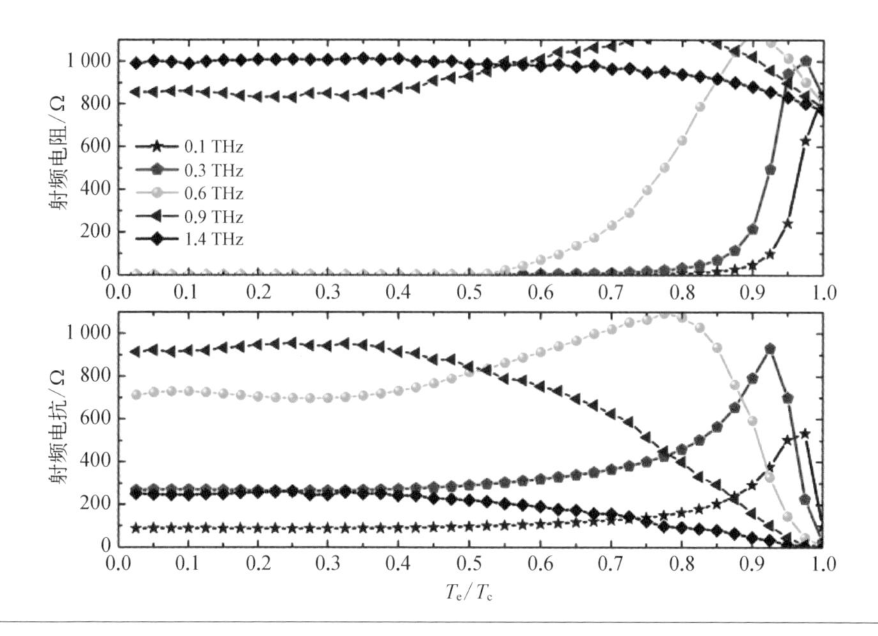

图 2-8 5.5 nm 厚、临界温度为 9 K 的超导氮化铌微桥表面阻抗理论计算结果

收 $P_{LO}[T_e(x), \omega]$与超导微桥表面阻抗实部成正比，这说明在很宽频率范围内(小于超导微桥能隙频率两倍时)超导微桥内本振信号都是非均匀吸收的。

图 2-9 是根据非均匀吸收热点模型理论计算和实测超导热电子混频器 $I-V$ 和 $R-T$ 特性曲线结果对比。可以看出，非均匀吸收热点模型理论计算结果与实测结果很好地吻合。当本振频率远小于超导微桥能隙频率时，非均匀吸收热点模型理论计算和实测超导热电子混频器 $R-T$ 曲线(在低本振功率时)均出现了明显电阻跳变。该电阻跳变的产生是由于超导热电子混频器中两个亚稳态的相互转换。当环境温度低于超导微桥临界温度时，超导微桥处于完全超导态，此时超导微桥两端超导特性相对较弱，本振功率将首先被超导微桥两端吸收。随着温度升高或本振功率加强，超导微桥两端热耗散增加，在某特定温度超导微桥转换至双峰超导态，于是超导热电子混频器 $R-T$ 曲线出现电阻跳变。

非均匀吸收热点模型是目前超导热电子混频器相对完备的理论模型，可以很好地解释能隙以上和以下频率超导热电子混频器的直流和混频特性。然而，非均匀吸收热点模型也存在一些问题。例如，模型所用基本物理参数一般借鉴

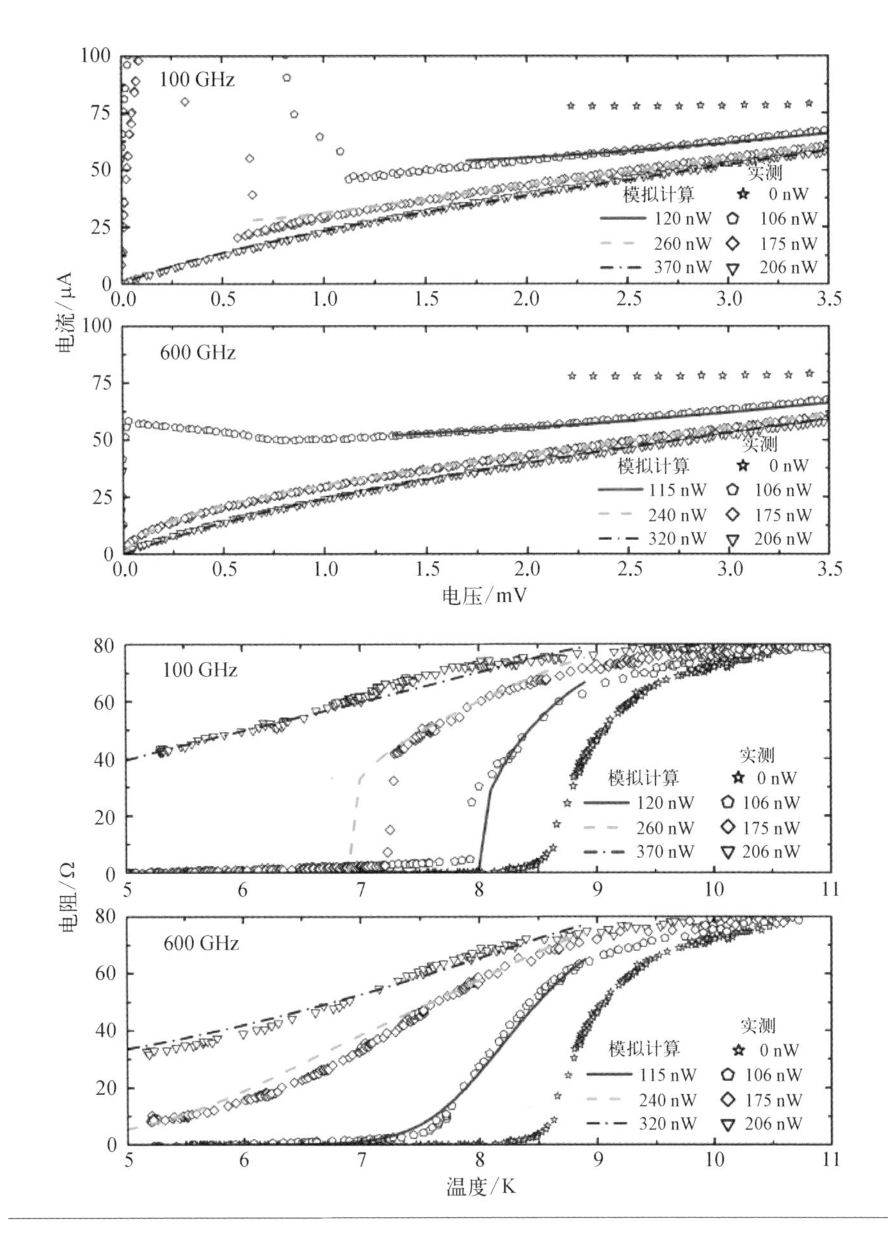

图 2-9 理论计算和实测超导热电子混频器 I-V 和 R-T 特性曲线结果对比

于经验值或经验公式计算,模拟计算过程中仍须适时调整。另外,非均匀吸收热点模型忽略了超导微桥电极区临界效应等因素,预测超导热电子混频器特性的结果与实测结果相比仍有差异。因此,非均匀吸收热点模型未来仍须进一步改进和完善。

2.4 超导热电子混频器物理机制及特性

2.4.1 超导热电子混频器量子噪声

量子噪声是超导热电子混频器的极限噪声，遵从海森伯不确定性原理。当超导热电子混频器工作频率较低时，量子噪声远小于超导热电子混频器内经典噪声（热噪声和热起伏噪声），可以忽略不计。如果超导热电子混频器工作于太赫兹高频段（如大于 4 THz），量子噪声就变得非常重要。根据 Nyquist 理论，Callen 和 Welton 提出电磁场平均能量密度包含普朗克辐射功率和零点波动功率两项，于是单模电磁场辐射总功率可以表示为

$$P_{\mathrm{CW}}(T)=\frac{hfB}{\exp\left(\dfrac{hf}{k_{\mathrm{B}}T}\right)-1}+hfB/2 \tag{2-43}$$

式中，B 为电磁辐射带宽；式(2-43)右边第一项为 Planck 辐射功率，当频率高于 $k_{\mathrm{B}}T/h$ 时，Planck 辐射功率急剧减小至零；式(2-43)右边第二项为量子噪声功率，当频率高于 $k_{\mathrm{B}}T/h$ 时，量子噪声功率起主导作用。

根据外差混频器噪声温度常用表征方法（Y 因子法），超导热电子混频器双边带接收机噪声温度可以表示为 $T_{\mathrm{rec}}^{DSB}=(T_{\mathrm{eff,\,hot}}-YT_{\mathrm{eff,\,cold}})/(Y-1)$，其中 $T_{\mathrm{eff,\,hot}}$ 和 $T_{\mathrm{eff,\,cold}}$ 分别为热负载和冷负载等效辐射温度。如果在等效辐射温度中考虑量子噪声贡献，并且考虑超导热电子混频器射频损耗和自身变频损耗等因素，超导热电子混频器双边带接收机噪声温度可以表示为

$$\begin{aligned}T_{\mathrm{rec}}^{DSB}=&(L_{300}-1)T_{\mathrm{Planck}}(300\ \mathrm{K})+L_{300}(L_4-1)T_{\mathrm{Planck}}(4\ \mathrm{K})\\&+L_{300}L_4L_{\mathrm{MIX}}^{DSB}(T_{\mathrm{CL,\,mix}}^{\mathrm{out}}+T_{\mathrm{IF}})+\frac{hf}{2k_{\mathrm{B}}}(L_{300}L_4\beta-1)\end{aligned} \tag{2-44}$$

式中，L_{300} 和 L_4 分别为超导热电子混频器输入端 300 K 和 4 K 光学部件损耗；L_{MIX}^{DSB} 为超导热电子混频器自身变频损耗；$T_{\mathrm{CL,\,mix}}^{\mathrm{out}}$ 为超导热电子混频器输出热噪声和热起伏噪声之和；T_{IF} 为中频放大单元噪声。

式(2-44)所表示超导热电子混频器双边带接收机噪声温度的理论基础是

热点模型，其假定超导热电子混频器响应主要局限于超导微桥热点（hot spot）区域。式（2－44）最后一项为量子噪声项，β 因子代表超导热电子混频器的量子效率。当超导热电子混频器正常工作时，超导微桥中间温度接近临界温度，两端温度由于良好热传递仍保持环境温度。β 因子反映了超导热电子混频器正常工作时，仅有超导微桥中间热点部分参与混频，将射频信号转变为中频信号，而超导微桥两端保持超导特性不参与混频。对于一个理想超导热电子混频器，即热噪声、热起伏噪声、中频噪声均为零（$T_{\mathrm{CL,\ mix}}^{\mathrm{out}}+T_{\mathrm{IF}}=0$），并且超导热电子混频器输入端无射频损耗（$L_{300}=L_4=1$），超导热电子混频器双边带接收机噪声温度 T_{rec}^{DSB} 就只剩下量子噪声贡献 $hf/2k_{\mathrm{B}}$。

在超导热电子混频器噪声性能表征过程中，除了 β 因子和输出经典噪声（热噪声和热起伏噪声）$T_{\mathrm{CL,\ mix}}^{\mathrm{out}}$，对于给定本振频率式（2－44）中其他参数均可通过实验获得。如果在不同本振频率实验表征超导热电子混频器噪声性能，即可通过式（2－44）拟合计算获取 β 因子和输出经典噪声 $T_{\mathrm{CL,\ mix}}^{\mathrm{out}}$。

上述方法应用前提条件是 β 因子和输出经典噪声 $T_{\mathrm{CL,\ mix}}^{\mathrm{out}}$ 与本振频率无关，也就是在不同本振频率超导热电子混频器中超导微桥电子温度分布需要相同。根据非均匀吸收热点模型，本振频率必须大于超导微桥能隙频率两倍才能满足该前提条件。图 2－10 为超导热电子混频器的接收机噪声温度随本振频率变化图，图中同时给出基于式（2－44）的拟合结果。在拟合计算中，β 因子约等于

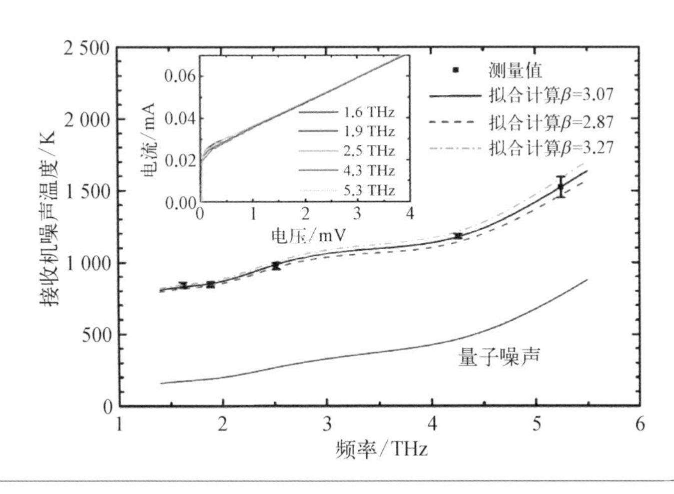

图 2－10 超导热电子混频器的接收机噪声温度随本振频率变化图

3.07,接近热点模型在超导热电子混频器最佳工作点理论计算结果(β 因子等于 2.3)。根据文献[38]描述的实验结果,如果假设超导热电子混频器射频损耗和中频噪声均为零,在 5.25 THz 频段超导热电子混频器自身噪声温度约为 526 K ($2.1\times hf/k_B$),其中 50%是来源于量子噪声。因此,随着工作频率增加,量子噪声贡献将在超导热电子混频器中占主导作用。

2.4.2 超导热电子混频器温度变化特性

目前,超导热电子混频器(如基于超导氮化铌材料)的混频特性研究的温度区大多集中于液氦温度(4.2 K)。由于地球大气对太赫兹辐射的强吸收,超导热电子混频器的天文应用将以空间或气球项目等极端环境为主,有可能工作于较高环境温度(高于液氦温度)。因此,研究超导热电子混频器的混频特性随温度变化特性对于实际天文应用具有重要意义。

首先,随着环境温度升高,超导热电子混频器的超导特性会减弱,其临界电流将相应减小。根据经验公式,超导热电子混频器临界电流与环境温度遵守如下关系:

$$I_c(T)=I_c(0)\left[1-\left(\frac{T}{T_c}\right)^2\right]\left[1-\left(\frac{T}{T_c}\right)^4\right]^{0.5} \tag{2-45}$$

式中,$I_c(0)$为超导热电子混频器绝对零度时的临界温度;T 和 T_c分别是环境温度和超导热电子混频器薄膜临界温度。根据式(2-45),可以根据临界电流随环境温度变化特性拟合超导热电子混频器的临界温度。

如前文介绍,超导热电子混频器内热起伏噪声和热噪声主要与混频器临界温度相关,环境温度的改变对混频器输出噪声影响相对较小。另一方面,超导热电子混频器变频增益与吸收本振功率成正比,如果升高环境温度将减小混频器吸收本振功率,因此环境温度的改变对混频器变频增益将产生影响。假定超导热电子混频器吸收本振功率 P_{LO}近似等于 $G(T_c^n - T_{bath}^n)$,式中,G 为超导热电子混频器电声相互作用热导。于是,超导热电子混频器噪声温度与归一化环境温度 T_{bath}/T_c之间关系可以简单表示为

$$T_{\text{rec}} \propto \frac{1}{1-(T_{\text{bath}}/T_{\text{c}})^{n}} \tag{2-46}$$

由式(2-46)可以看出，如果环境温度 T_{bath} 远小于超导热电子混频器临界温度 T_{c}，环境温度的变化对超导热电子混频器噪声温度影响相对较小；如果环境温度 T_{bath} 接近超导热电子混频器临界温度 T_{c}，超导热电子混频器噪声温度将受到较大影响；当环境温度 T_{bath} 等于超导热电子混频器临界温度 T_{c}，超导热电子混频器将失去超导特性，噪声温度趋于无限大。图 2-11 给出了三个不同临界温度的超导热电子混频器(No.1～No.3)实测噪声温度随环境温度变化特性。为了更好地理解噪声温度随环境温度变化特性，图中环境温度 T_{bath} 均归一化至超导热电子混频器临界温度 T_{c}。很明显，当归一化环境温度 $T_{\text{bath}}/T_{\text{c}}$ 小于 0.8 时，超导热电子混频器噪声温度几乎不变；而当归一化环境温度 $T_{\text{bath}}/T_{\text{c}}$ 大于 0.8 时，超导热电子混频器噪声温度急剧增加，与式(2-46)拟合计算结果基本一致。拟合结果显示随着环境温度升高，指数 n 拟合值发生了变化(从 3 到 4)，变化原因可能是当归一化环境温度 $T_{\text{bath}}/T_{\text{c}}$ 大于 0.8 时，超导热电子混频器接触电极下超导氮化铌薄膜超导特性减弱，进而影响了超导热电子混频器的噪声温度。

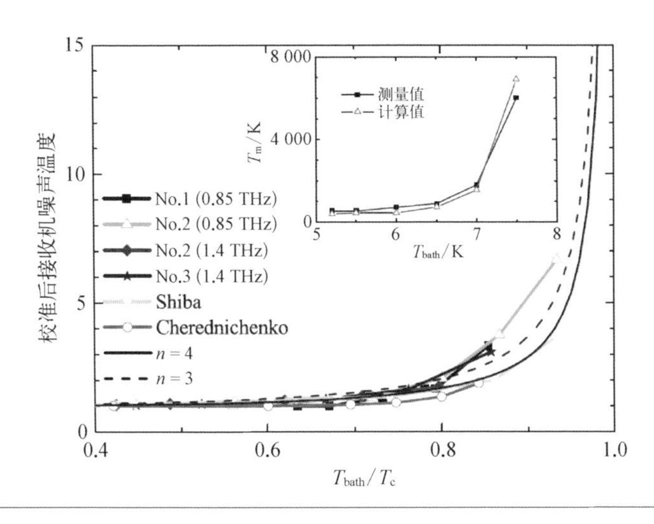

图 2-11 不同临界温度的超导热电子混频器实测噪声温度随环境温度变化特性

图 2-12 给出了三个不同临界温度的超导热电子混频器实测中频带宽随环境温度变化结果。可以看出，超导热电子混频器的中频带宽几乎与归一化环境

温度 T_{bath}/T_c不相关。这说明超导热电子混频器的中频带宽主要与混频器临界温度和器件结构相关，而环境温度变化对超导热电子混频器中频带宽影响相对较小。图中超导热电子混频器 No.2 和 No.3 的临界温度分别为 11.3 K 和 10.3 K，超导微桥长度分别为 300 nm 和 400 nm。超导热电子混频器 No.2 和 No.3 的超导微桥长度均远大于热释放长度（thermal healing length，超导氮化铌薄膜热释放长度约为 100 nm），这两个超导热电子混频器中声子制冷应占主导作用，其中频带宽主要与超导热电子混频器临界温度相关，也就是临界温度越高，中频带宽越宽。

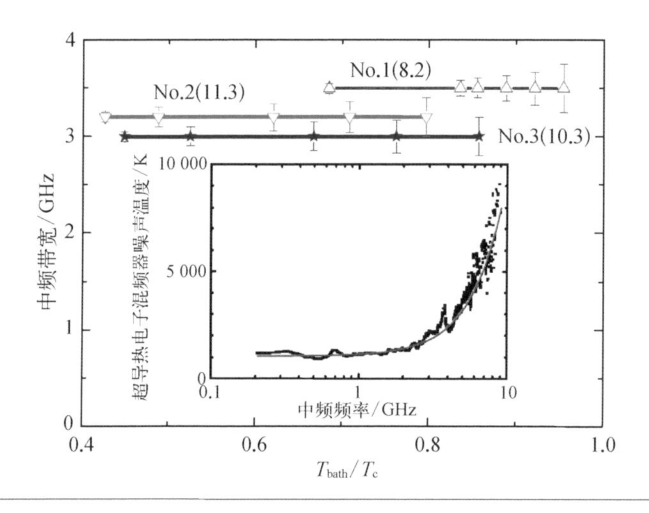

图 2-12 不同临界温度的超导热电子混频器实测中频带宽随环境温度变化图

超导热电子混频器 No.1 的临界温度为 8.2 K，超导微桥长度为 150 nm。尽管超导热电子混频器 No.1 的临界温度相对较低，但其中频带宽相对较宽，这主要是因为超导热电子混频器 No.1 的超导微桥长度接近热释放长度，扩散制冷将起主导作用。图 2-12 内嵌图是超导热电子混频器噪声温度随中频频率变化特性，与热点模型理论计算结果较为吻合。

综上所述，随着超导热电子混频器工作环境温度改变，超导热电子混频器的噪声温度在归一化环境温度 T_{bath}/T_c小于 0.8 的条件下几乎不变，在归一化环境温度 T_{bath}/T_c大于 0.8 时超导热电子混频器噪声性能急剧恶化，而超导热电子混频器的中频带宽在环境温度发生变化时却几乎保持不变。

2.4.3 超导热电子混频器 T_c变化特性

超导热电子混频器临界温度 T_c是决定混频器混频性能的关键参数之一。根据式(2-15)可知，超导热电子混频器变频增益与混频器吸收本振功率 P_{LO}呈正比，而吸收本振功率 P_{LO}与超导热电子混频器临界温度 T_c相关。一般情况下，超导热电子混频器临界温度 T_c越高，超导热电子混频器正常工作所需吸收本振功率 P_{LO}越多，超导热电子混频器变频增益也相应增加。另外，超导热电子混频器正常工作时，超导微桥中间热点部分电子温度接近临界温度。根据式(2-23)和式(2-28)可知，超导热电子混频器输出端热噪声与电子温度呈正比关系，输出端热起伏噪声与电子温度平方呈正比关系，因此超导热电子混频器输出端噪声与临界温度 T_c也密切相关。超导热电子混频器输入等效噪声等于其输出端噪声除以变频增益。本小节将重点介绍超导热电子混频器输入等效噪声如何随临界温度 T_c变化。

导致超导热电子混频器临界温度 T_c发生变化的原因有很多，例如超导薄膜厚度不同或者超导薄膜内在序参数(disorder)变化等。简单起见，这里只针对超导薄膜厚度不同引起的超导热电子混频器临界温度 T_c变化进行讨论。根据超导薄膜临近效应理论模型，超导薄膜临界温度 T_c与超导薄膜厚度 d 关系为

$$T_c(d)=T_c(\infty)\exp\left[\frac{-2\delta d}{(d-\delta d)N(0)V}\right] \tag{2-47}$$

式中，$T_c(d)$和 $T_c(\infty)$分别为有限厚度 d 和无限厚度超导薄膜的临界温度；$N(0)$为费米面态密度；V 为作用势。

对于超导氮化铌薄膜，$N(0)V$ 等于 0.32。将式(2-47)代入非均匀吸收热点模型[式(2-41)]，并计算超导热电子混频器变频增益和输出端噪声，进而可得超导热电子混频器输入等效噪声温度。图 2-13(a)是根据热点模型理论计算的超导热电子混频器输入等效噪声温度随临界温度的变化结果。图 2-13(a)内嵌图是理论计算得出的不同临界温度时超导热电子混频器内电子温度分布。可以看出，当超导热电子混频器临界温度 T_c为 7～9.5 K 时，超导热电子混频器输入等效噪声温度处于最低。当超导热电子混频器临界温度 T_c低于 7 K 时，超导热电子混频器变频增益降低导致输入等效噪声温度升高，而当超导热电子混频器临

界温度 T_c 高于 9.5 K 时，超导热电子混频器的热起伏噪声和热噪声均增加，导致输入等效噪声温度升高，如图 2-13 所示。

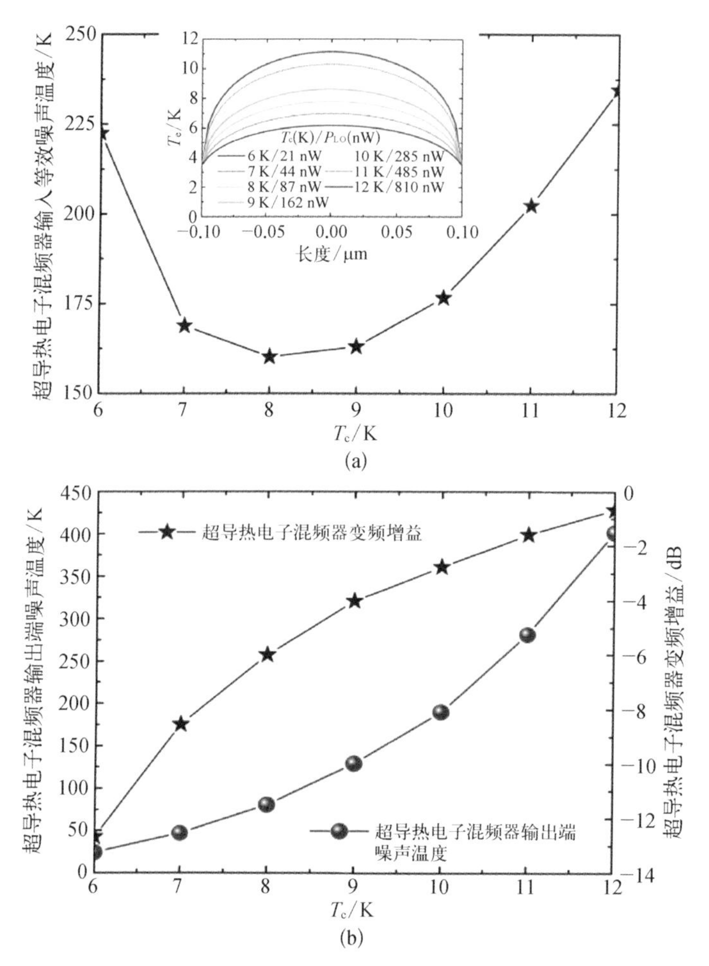

图 2-13 (a) 超导热电子混频器输入等效噪声温度随临界温度变化图；(b) 超导热电子混频器变频增益和输出端噪声温度随临界温度变化图

在声子制冷型超导热电子混频器中，混频器响应时间主要由电子与声子相互作用时间 τ_{e-ph} 和声子逃逸时间 τ_{esc} 决定，其中电子与声子相互作用时间 τ_{e-ph} 与超导热电子混频器内电子温度相关，也就是说电子温度越高，电子与声子相互作用时间 τ_{e-ph} 越短。超导热电子混频器正常工作时，超导微桥中间热点部分电子温度接近临界温度，也就是说临界温度越高，电子与声子相互作用时间 τ_{e-ph} 越短，声子制冷型超导热电子混频器中频带宽越宽。为了模拟计算超导热电子混频器响应时间，超导热电子混频器的超导微桥沿长度方向被分为 n 小段，n 小段内声子制冷时间 τ_{ph} 可以表示为

$$\tau_{ph}=\frac{n}{\sum\{1/\tau_{ph}[T_e(x)]\}} \tag{2-48}$$

而热电子从超导微桥 x 处扩散至超导微桥两端电极所需时间为

$$\tau_{diff}(x)=c_e(L-x)^3/\pi^2\cdot\int_x^L K_e(\zeta)d\zeta \tag{2-49}$$

根据式(2-48)和式(2-49)可以模拟计算超导热电子混频器的响应时间，进而获得超导热电子混频器中频带宽。图 2-14 是根据热点模型计算的超导热电子混频器中频带宽随临界温度变化特性。可以看出，超导热电子混频器中频带宽随临界温度 T_c 升高而增加。图 2-14 同时给出了三个临界温度分别为 7.5 K、8.8 K 和 10.3 K 的超导热电子混频器中频带宽实测结果。三个超导热电子混频器的中频带宽随临界温度变化趋势与模拟计算结果类似，但绝对值仅为模拟计算结果一半，可能是由于超导微桥与金属电极间界面缺陷或者超导微桥内 Andreev 反射效应导致。上述三个超导热电子混频器实测 $R-T$ 曲线均存在两个超导转变，一个超导转变来源于超导微桥自身，另一个超导转变来源于金属电极与超导微桥间临界效应。根据临近效应理论模型进行计算，可以发现超导

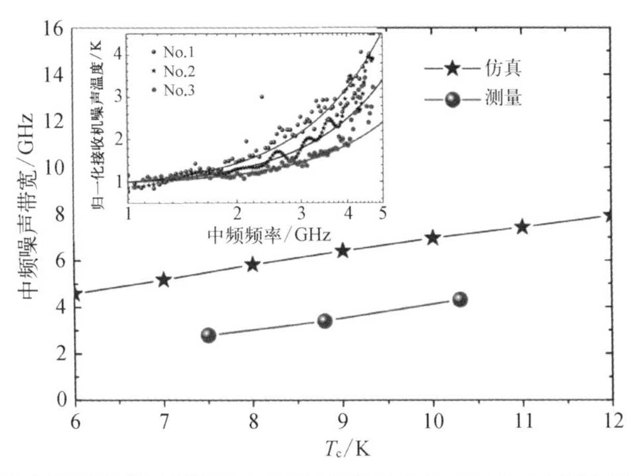

图 2-14 超导热电子混频器中频带宽随临界温度变化特性

注：内嵌图为实测三个临界温度分别为 7.5 K、8.8 K 和 10.3 K 超导热电子混频器噪声温度随中频变化结果。

微桥与金属电极间透明因子约为 0.1，小于理想界面透明因子（约为 0.15），即超导氮化铌微桥与金电极之间费米速度失配因子。

综上所述，当超导热电子混频器临界温度 T_c 为 7～9.5 K 时，超导热电子混频器存在最佳噪声温度（需要注意的是，这里超导热电子混频器工作环境温度为 4 K）。随着临界温度 T_c 升高，超导热电子混频器内电声相互作用时间缩短，超导热电子混频器中频带宽增加。

2.4.4　超导热电子混频器磁场变化特性

在实际天文应用中，超导热电子混频器不仅要具有高灵敏度，还要有高稳定性。事实上，超导热电子混频器的工作稳定性相对较差，不如超导隧道结混频器或者肖特基倍频器。针对实际应用，通常需要稳定超导热电子混频器，常用方法是施加 PID 控制的本振信号、中频信号或者外加磁场来提高其工作稳定性。本小节将重点介绍超导热电子混频器的磁场变化特性。

超导氮化铌材料属于二类超导体，存在混合态。当超导体处于混合态时，超导体内存在磁通涡旋（vortex）。在外加电流引起的洛仑兹力作用下，磁通涡旋会产生移动，进而出现电阻。超导热电子混频器正常工作时，超导微桥中间热点部分电子温度接近混频器临界温度，超导热电子混频器内电阻有可能来源于涡旋移动。图 2－15 给出了不同外加磁场时实测超导热电子混频器 $R-T$ 曲线。可以看出，随着外加磁场增加，超导热电子混频器临界温度降低，超导热电子混频器转变宽度明显变宽。这里超导转变宽度的展宽应该是由于热激发产生了涡旋。根据 Anderson－Kim 理论，热激发磁涌电阻可以表示为 $R=R_0\exp[-U_0(T,\ H)/k_BT]$，其中 $U_0(T,\ H)$ 是热激发能，与电子温度和外加磁场密切相关。图 2－15 同时给出了不同频率本振信号条件下超导热电子混频器 $R-T$ 曲线。如前面所述，低频时超导热电子混频器 $R-T$ 曲线会出现电阻跳变，该跳变是超导热电子混频器中两个亚稳态转换所致。根据实测超导热电子混频器 $R-T$ 曲线（施加外加磁场，但无本振信号），可以提取超导热电子混频器临界磁场与温度关系 $\mathrm{d}H_{c2}/\mathrm{d}T$。对于图 2－15 中超导热电子混频器，临界磁场与温度关系 $\mathrm{d}H_{c2}/\mathrm{d}T$ 等于 3.8 T/K。根据相干长度与温度的关系式 $\xi(T)=\xi(0)/(1-T/T_c)^{0.5}$ 以及临界磁场与相干

长度关系式 $H_{c2}=\Phi_0/2\pi\xi^2$，可以得到绝对零度时超导热电子混频器相干长度 $\xi(0)$ 为 3.2 nm。另外，根据临界磁场与温度关系 dH_{c2}/dT，可以提取超导热电子混频器内电子扩散常数 $D=4k_B/(\pi e dH_{c2}/dT)$。针对实测超导热电子混频器，电子扩散常数约为 0.29 cm^2/s。

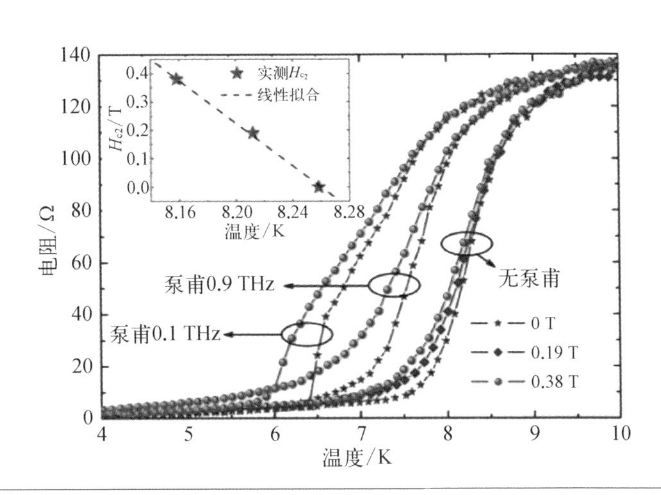

2-15
同外加磁场
不同本振信
时实测超导
电子混频器
-T 曲线

图 2-16(a)是外加不同磁场和不同本振功率时实测超导热电子混频器 $I-V$ 曲线。可以看出，如果仅给超导热电子混频器施加磁场(未加本振功率)，而且磁场强度较小(小于 87 mT)，超导热电子混频器 $I-V$ 曲线低偏压区(小于 0.2 mV)斜率保持不变，当外加磁场超过 87 mT 后，超导热电子混频器 $I-V$ 曲线斜率随磁场发生变化。产生该现象的原因可能是外加磁场导致超导热电子混频器从迈斯纳态转换至混合态，也就是说当外加磁场小于 87 mT 时，超导热电子混频器处于迈斯纳态，当外加磁场超过 87 mT 后，超导热电子混频器转换至迈斯纳态，磁通涡旋可以进入超导热电子混频器，并在电流引起的洛仑兹力作用下移动并产生电阻，进而导致超导热电子混频器 $I-V$ 曲线斜率发生变化。如果给超导电子混频器施加高本振功率，超导热电子混频器开始便进入混合态。于是，超导热电子混频器低偏压区 $I-V$ 曲线斜率总是与磁场相关。图 2-16(a)中超导热电子混频器吸收本振功率是通过绝热模型计算所得。图 2-16(b)是超导热电子混频器内磁涌电阻随磁场和本振功率变化结果。很明显，超导热电子混频器内通量流电阻与外加磁场呈线性关系，即 $R_f/R_n=H/H_{c2}$，这里 R_f 为

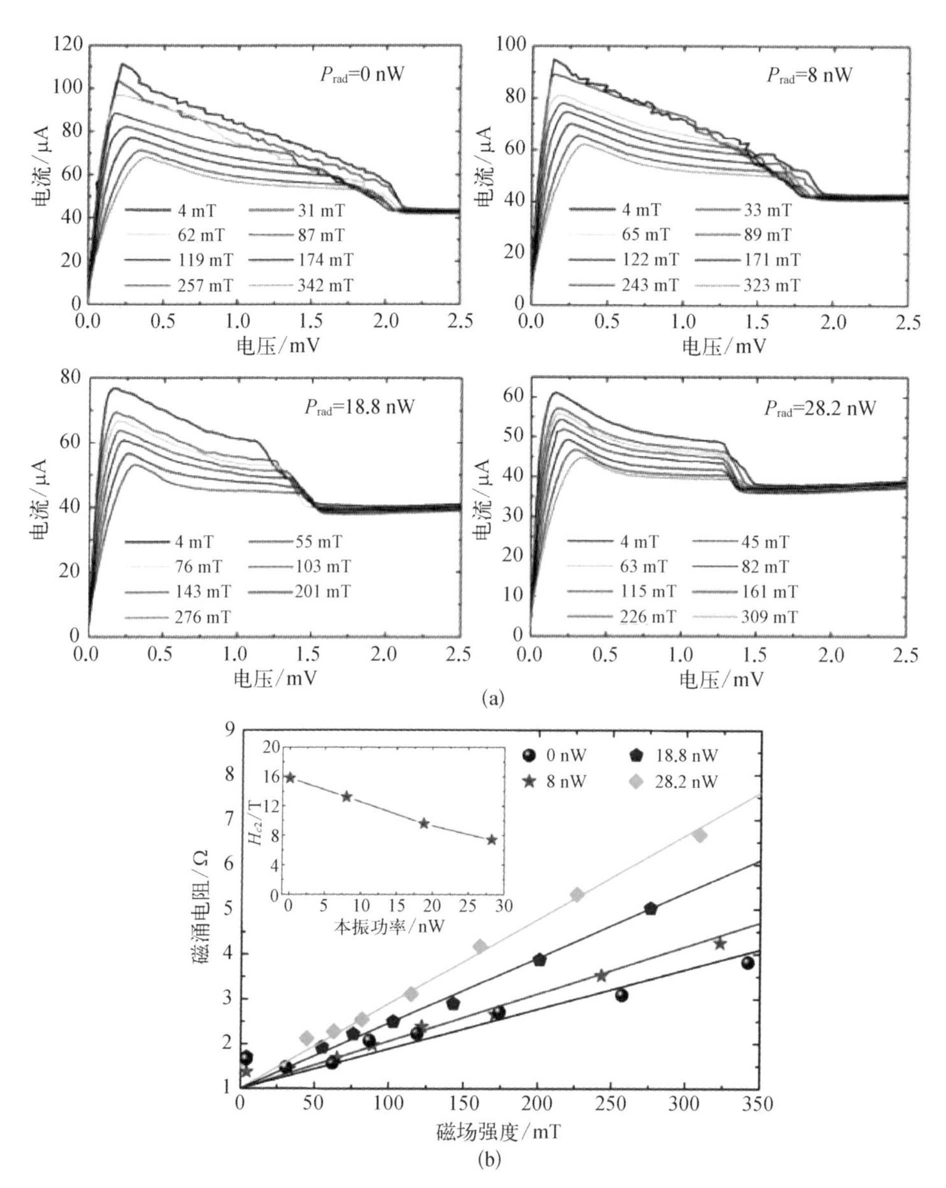

(a) 外加不同磁场和不同本振功率时实测超导热电子混频器 $I-V$ 曲线；(b) 超导热电子混频器内磁涌电阻随磁场和本振功率变化图

图 2-16

超导热电子混频器内通量流电阻，R_n 为超导热电子混频器正常态电阻，H 为外加磁场，H_{c2} 为超导热电子混频器临界磁场。图 2-16(b)结果进一步说明磁涡旋移动导致超导热电子混频器产生电阻。给超导热电子混频器施加本振功率后，该线性关系依旧成立。在不同本振功率下，通量流电阻与外加磁场关系 R_f/H 发生了变化，这主要是因为超导热电子混频器临界磁场 H_{c2} 随本振功率增加（电子温度增加）而减小导致。图 2-16(b)内嵌图是超导热电子混频器临界磁场 H_{c2} 与本振功率关系图。可以看出，超导热电子混频器临界磁场 H_{c2} 与本振功率呈近似的反比关系。当本振功率为零时，超导热电子混频器临界磁场 H_{c2} 约等于 15.8 T。该结果与相干长度理论推导结果一致，根据临界磁场与相干长度关系式 $H_{c2}=\Phi_0/2\pi\xi^2$，超导热电子混频器临界磁场 H_{c2} 约等于 16.5 T[在 4 K 环境温度下，超导热电子混频器内相干长度 $\xi(0)$ 约等于 3.2 nm]。

2.5 天线耦合超导热电子混频器

2.5.1 1.3 THz 频段超导热电子混频器

本小节重点介绍 1.3 THz 频段超导热电子混频器的设计、制备和实验表征。该 1.3 THz 频段超导热电子混频器将应用于中国天文界正积极推进的南极 Dome A 直径为 5 米的太赫兹望远镜中，用于对太赫兹分子谱线和原子精细结构谱线（如高-J CO，H_2D^+，NII 等）高分辨率观测。

在超导热电子混频器中，太赫兹频段射频信号耦合常用方法是波导喇叭或准光学平面天线。在太赫兹高频段，波导喇叭加工相对困难，金属波导传输损耗也相应增加，因此准光学平面天线的应用范围更为广泛。准光学超导热电子混频器主要包含介质透镜、平面天线和超导微桥三个部分。常用介质透镜可以为超半球透镜或椭球透镜。如果所用介质透镜材料的折射率为 n，由于其对光线的汇聚作用，入射波束宽度将减小 n 倍，天线增益将增大 n^2 倍。由于天线辐射到介质中的能量与空气中的能量之比为 n^2，因此介电常数越高，辐射到介质透镜中能量越多，目前使用最多的介质透镜材料为高阻硅。然而，高介电常数会导致超半球透镜表面有更大的反射，反射功率系数为 $[(n-1)/(n+1)]^2$。因此，可以采用 1/4 波长厚度的防反射镀层，其材料的折射率应是 $\sqrt{n}$。准光学平面天线根据工作带宽可简单分为窄带天线和宽带天线两类。窄带天线一般具有固定谐振频率，常见窄带天线有双槽天线、偶极子天线等。宽带天线一般是非谐振天线，具有很宽工作带宽，常见宽带天线有螺旋天线、对数周期天线等。准光学超导热电子混频器中常用的窄带天线和宽带天线，其相对应的分别是双槽天线和螺旋天线。

1.3 THz 超导热电子混频器将采用平面双槽天线和硅椭球透镜组合。双槽天线是一种窄带线极化天线，具有极高的波束对称性和极低的交叉极化特性，早期在亚毫米波超导隧道结混频器中得到应用。双槽天线的谐振频率一般由槽长决定，双槽天线槽宽决定了天线的输入阻抗，槽间距决定两个槽之间的相互耦合。这里，硅基板上 1.3 THz 双槽天线设计参数为：槽长 0.067 mm、槽宽 0.005 mm和槽间距 0.038 mm。在超导热电子混频器中，平面双槽天线中心是超导微桥，如图 2－17(a)所示。超导微桥两端通过 Ti/Au 接触电极与共面波导传输线(Co-planar Waveguide, CPW)和双槽天线连接，混频后中频信号通过共面波导传输线(CPW)和低通滤波器传输至低温低噪声放大器。在 1.3 THz 超导热电子混频器中，共面波导传输线(CPW)设计参数为：导带宽度 2.8 μm 和间隙宽度1.5 μm。图 2－17(b)是利用几何光学与物理光学相结合方法模拟计算的 1.3 THz 双槽天线结合硅椭球透镜的远场辐射方向图。硅椭球透镜长轴和短轴分别为 5.228 mm 和 5 mm，椭球扩展长度和混频器基板厚度为 1.549 mm。模拟计算结果显示 1.3 THz 双槽天线远场辐射方向图具有良好的对称性和低旁瓣电平，其中波束主瓣 3 dB 宽度约为 3.4 度，第一旁瓣电平低于－17 dB。

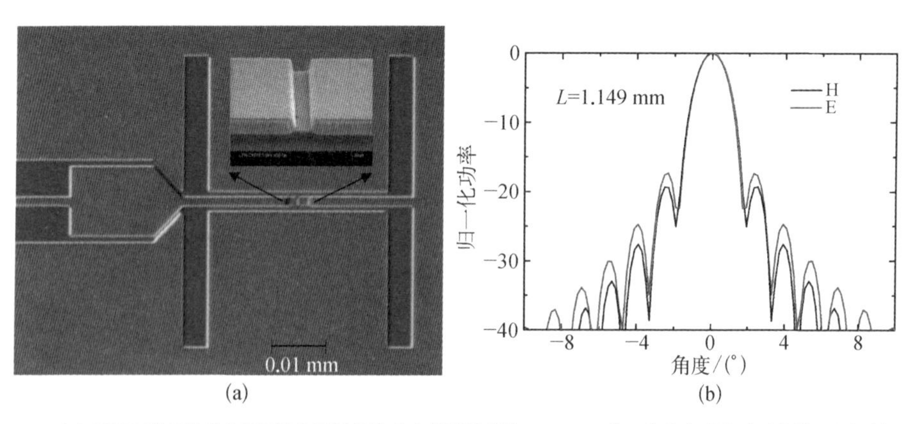

(a) 平面双槽天线耦合超导热电子混频器；(b) 模拟计算的 1.3 THz 双槽天线结合硅椭球透镜的远场辐射方向图

图 2－17

1.3 THz超导热电子混频器芯片制备主要包括超导氮化铌薄膜微桥和双槽天线两部分。超导氮化铌薄膜微桥是超导热电子混频器的核心，其厚度仅为几纳米，一般通过磁控反应溅射技术制备。该技术采用 Ar-N_2混合气体，在磁控管作用下溅射 Nb 靶进行反应沉积，N_2气体与 Nb 原子发生化学反应，沉积在硅基板上形成超导氮化铌薄膜。完成超导氮化铌薄膜沉积后，可通过电子束刻蚀、剥离工艺等方式来完成超导热电子混频器中的金属电极、双槽天线等制备。制备过程中，通常需要采用 Ar 离子刻蚀清洗超导氮化铌薄膜表面，以确保接触电极与超导氮化铌薄膜间无接触损耗。

等效噪声温度是表征超导热电子混频器灵敏度的主要参数。超导热电子混频器等效噪声温度的常用表征方法是 Y 因子法。Y 因子定义为对应不同冷热负载时超导热电子混频器输出中频功率之比，超导热电子混频器等效噪声温度可以表示为 $T_{rec}=(T_{hot}-YT_{cold})/(Y-1)$，其中 T_{hot}和 T_{cold}分别为冷热负载辐射温度，低频时近似等于冷热负载物理温度(Rayleigh-Jeans 近似)。需要指出的是，如果频率很高或温度很低，Rayleigh-Jeans 近似将不再使用，则需要根据 Callen-Welton 公式计算冷热负载辐射温度。图 2-18 是实测 1.3 THz 超导热电子混频器对应冷热负载中频输出功率和等效噪声温度。测试过程中，超导热电子混频器的直接检波效应会引起冷热负载超导热电子混频器 $I-V$ 曲线不同，导致实

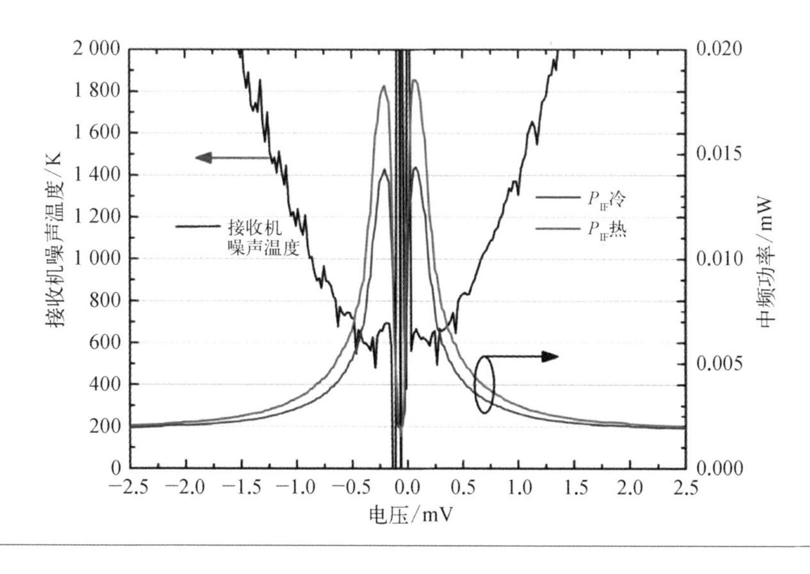

图 2-18 实测 1.3 THz 超导热电子混频器对应冷热负载中频输出功率和等效噪声温度

测超导热电子混频器噪声温度出现偏差。常用补偿方法是通过调整本振功率来确保超导热电子混频器 $I-V$ 曲线重合，从而克服冷热负载引起的直接检波效应。

从图 2-18 可以看出，1.3 THz 超导热电子混频器最佳双边带等效噪声温度仅为 600 K，该结果是目前该频段国际最佳噪声水平。对于超导热电子混频器来说，其等效噪声温度主要包含射频噪声 T_{RF}、混频器自身噪声 T_{mixer} 和中频链路噪声 T_{IF}。

$$T_{rec}=T_{RF}+\frac{T_{mixer}}{G_{RF}}+\frac{T_{IF}}{G_{RF}G_{mixer}} \tag{2-50}$$

在 1.3 THz 超导热电子混频器中，准光学系统主要包括 12.5 μm 厚 Mylar 膜（45 度角入射），2 mm 厚 HDPE 杜瓦窗口，Zitex G104 红外滤波器和硅椭球透镜。一个损耗为 L 的器件，当它的物理温度为 T 时，等效输入噪声温度为 $T_{eq}=T_{cw}(T)(L-1)$，这里 $T_{cw}(T)$ 为物理温度为 T 的黑体有效辐射温度。根据上述公式，物理温度为 300 K 的波束分离器（12.5 μm 厚 Mylar 膜）和真空窗总损耗为 1.53 dB，对应等效噪声温度为 116 K。温度在 77 K 的 ZiTex G104 红外滤波器损耗为 0.22 dB，等效噪声温度为 4.3 K。温度在 4 K 的硅椭球透镜损耗为 1.6 dB，等效噪声温度为 13.2 K。因此 1.3 THz 超导热电子混频器的总准光学损耗为 3.35 dB，对应射频噪声温度 T_{RF} 为 152.8 K。除了理论估算，超导热电子混频器射频噪声也可通过点交叉法实验测得。该方法关键在于确保不同测试点超导热电子混频器自身噪声温度与变频增益乘积 $T_{mixer}G_{mixer}$ 相同，具体方法可参考文献[62]。

超导热电子混频器中频噪声 T_{IF} 主要来源于第一级中频低温地噪声放大器，可以通过实验方法表征。实验测试中，可将超导热电子混频器加热至正常态，此时超导热电子混频器变频效应消失，超导热电子混频器变频增益为零，相当于纯电阻。假设超导热电子混频器与第一级中频低温地噪声放大器完美匹配，此时超导热电子混频器中频输出功率为 $G_{IF}k_B\Delta f(T_{IF}+T_{HEB})$，其中 Δf 为中频带宽，T_{HEB} 为超导热电子混频器器件温度。测试不同超导热电子混频器器件温度 T_{HEB} 时超导热电子混频器中频输出功率，然后通过线性拟合即可获得超导热电子混频器中频噪声 T_{IF}。在 1.3 THz 超导热电子混频器中，实验表征得到的超导热电子混频器中频噪声 T_{IF} 约为 17.4 K。

表征超导热电子混频器变频增益的方法是 U 因子法。U 因子定义为超导热电子混频器正常工作点中频输出功率与零偏压无本振功率时中频输出功率之比：

$$U=\frac{P_{295}}{P_{sc}}=\frac{T_{295}+T_{rec}}{T_{bath}+T_{IF}}2G_{total} \tag{2-51}$$

式中，P_{295} 和 P_{sc} 分别为超导热电子混频器正常工作点中频输出功率和零偏压无本振功率时中频输出功率；T_{bath} 为超导热电子混频器工作温度；G_{total} 为超导热电子混频器系统变频损耗(包含准光学损耗)。利用 U 因子法可以求得超导热电子混频器自身变频损耗 G_{mixer}。当获得超导热电子混频器射频损耗 G_{RF}、射频噪声 T_{RF}、中频噪声 T_{IF}、混频器变频损耗 G_{mixer} 后，即可求得超导热电子混频器自身等效噪声温度[式(2-50)]。

超导热电子混频器射频响应反映了混频器在不同频率的信号耦合能力，超导热电子混频器射频响应实验表征可以借助于傅里叶光谱仪。图 2-19(a)是利用傅里叶光谱仪实测 1.3 THz 超导热电子混频器射频响应。可以看出，该超导热电子混频器在 0.8～1.5 THz 均有很好的射频响应。图中超导热电子混频器射频响应中存在很多吸收谱线，这些吸收谱线是由于空气中水蒸气吸收引起。需要指出的是，图 2-19(a)实测超导热电子混频器射频响应包含了傅里叶光谱仪的频率响应。如果想得到超导热电子混频器自身射频响应，需要利用已知频率响应宽带探测器(如硅 bolometer)来校准傅里叶光谱仪的频率响应。图 2-19(b)是校准后 1.3 THz 超导热电子混频器自身射频响应，同时给出了利用三维电磁场仿真软件 FEKO 计算超导热电子混频器超导微桥与双槽天线之间耦合效率。可以看出，实验结果与模拟仿真结果能够较好地吻合，这说明超导热电子混频器自身探测性能基本与频率无关，实测 1.3 THz 超导热电子混频器射频响应主要反映了双槽天线耦合性能。

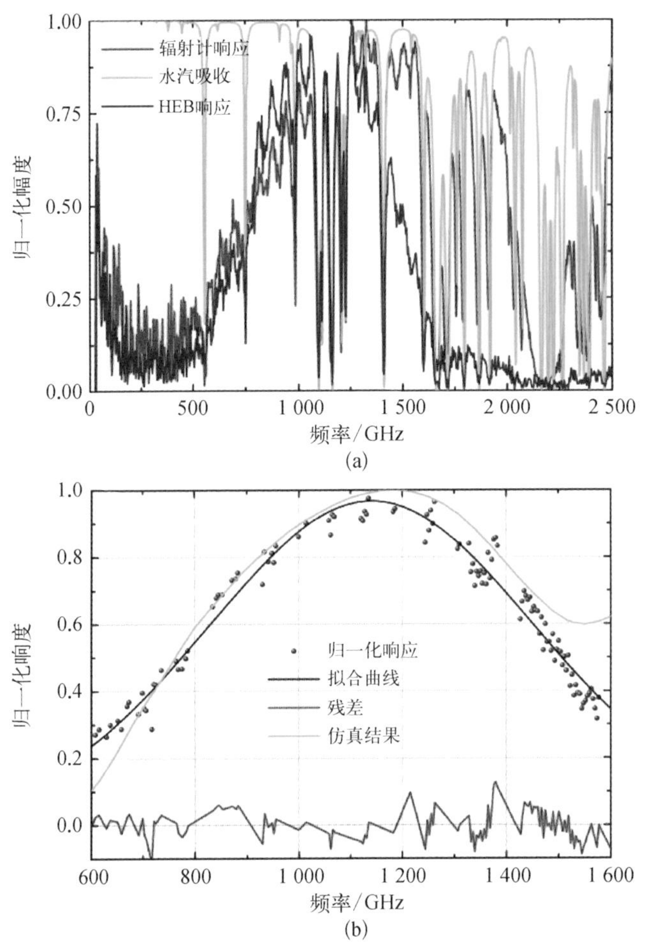

(a) 用傅里叶光谱仪实测 1.3 THz 超导热电子混频器射频响应；(b) 校准后 1.3 THz 超导热电子混频器自身射频响应

图 2-19

2.5.2 0.1～1.5 THz 超宽带超导热电子混频器

如前面所述，超导热电子混频器自身探测性能基本与频率无关（几乎可以覆盖整个太赫兹频段），超导热电子混频器射频响应主要取决于平面天线。本小节着重介绍一个基于宽带螺旋天线耦合超导热电子混频器。

螺旋天线属于非谐振天线，能够工作在很宽的频带内，为圆极化天线。螺旋天线设计基于一个简单的定律：当天线的形状完全由一个固定的角度确定时，则它的性能与频率无关。图 2-20(a)是螺旋天线结构示意图，天线的两条臂螺

旋线的方程为

$$r_1 = r_0 e^{a\varphi},\ r_2 = r_0 e^{a(\varphi-\delta)},\ r_3 = r_0 e^{a(\varphi-\pi)},\ r_4 = r_0 e^{a(\varphi-\delta-\pi)} \qquad (2-52)$$

式中，r 为螺旋线上任一点径向距离；φ 为螺旋线上任一点径向线与轴的夹角；a 为螺旋率；δ 为螺旋臂宽。螺旋天线实际上是椭圆极化，当工作频率过低或过高后，螺旋天线的极化曲线呈现明显椭圆，椭圆的长轴与短轴之比大于 2。一般定义椭圆极化的长短轴之比小于 2 的频率范围是螺旋天线的工作带宽。螺旋天线的最高工作频率由内径 d 决定，最低工作频率由天线外围直径 D 决定，如图 2-20(a)所示。螺旋天线的输入阻抗取决于 a 和 δ，一般为 50～100 Ω。螺旋天线具有宽频带高增益的优点，是目前常用的宽带平面天线。图 2-20(a)显示设计螺旋天线的内外径分别为 8.4 μm 和 300 μm，螺旋率 a 和螺旋臂宽 δ 分别为 0.32和 1.5，r_0等于 5.5 μm。图 2-20(b)是利用三维电磁场仿真软件 Microwave Studio CST 模拟计算的螺旋天线输入阻抗特性。可以看出，在 0.1～1.5 THz 频率范围内螺旋天线的电阻近似为 80 Ω，电抗可以忽略不计。

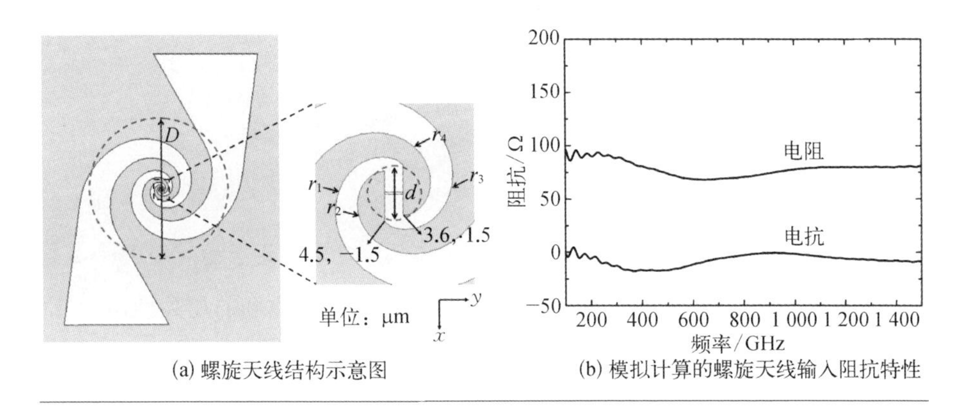

(a) 螺旋天线结构示意图 (b) 模拟计算的螺旋天线输入阻抗特性

图 2-20

图 2-21 是利用傅里叶光谱仪实测基于上述设计制备的超导热电子混频器射频响应和外差混频实测宽带超导热电子混频器不同频率 Y 因子。可以看出，该超导热电子混频器在 0.2～2 THz 频率范围内均有较强射频响应，与三维电磁场仿真软件 Microwave Studio CST 模拟计算结果一致。图 2-21 同时给出了在 220 GHz、330 GHz、500 GHz、850 GHz 和 1 300 GHz 五个频率点实测 Y 因子，不难发现不同频率点实测 Y 因子与利用傅里叶光谱仪实测超导热电子混频器射

频响应基本吻合，说明超导热电子混频器自身直接检波和混频性能具有相同频率响应，且均取决于螺旋天线与超导微桥之间的信号耦合。该结果说明超导热电子混频器具有超宽带射频响应（可大于10倍频程），可满足太赫兹天文及其他应用领域超宽带应用需求。

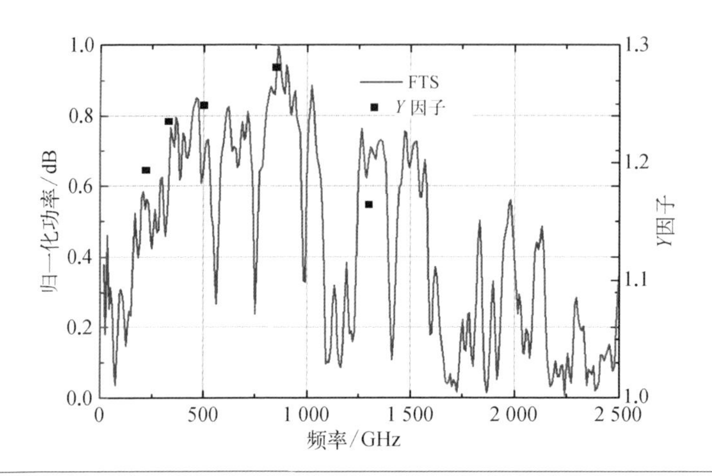

图2-21 利用傅里叶变换谱仪实测超导热电子混频器射频响应和外差混频实测宽带超导热电子混频器不同频率Y因子

2.6 小结与展望

超导热电子混频器是目前1 THz以上频段最灵敏的外差探测器，本章主要介绍了超导热电子混频器的基本原理和理论模型，着重阐述了超导热电子混频器的物理特性与射频频率、环境温度、临界温度以及外加磁场的相关性，并讨论了1.3 THz频段和0.1～1.5 THz超宽带超导热电子混频器设计、制备以及实验表征方法。目前超导热电子混频器在探测灵敏度和理论模型等方面均取得了巨大进步，但仍有很多方面有待进一步研究。例如超导热电子混频器的相对完善理论模型是热点模型，该模型仍未考虑超导微桥电极区临界效应等，预测超导热电子混频器特性与实测结果仍有差异，超导热电子混频器理论模型仍须进一步改进和完善；目前超导热电子混频器实测最佳等效噪声温度可接近5倍量子极限，但与热噪声和热起伏噪声理论值相比仍有差距，如何进一步降低超导热电子混频器噪声是未来主要研究方向之一；基于超导氮化铌薄膜制备超导热电子混频器中频带宽相对较窄，目前国际上已有研究小组开始基于高温超导材料（如MgB_2等）的超导热电子混频器技术研究，期望能进一步提高超导热电子混频器中频带宽；针对实际天文应用，超导热电子混频器仍须克服若干技术问题，如多像元超导热电子混频器本振耦合技术、多像元超导热电子混频器稳定技术，以及多像元超导热电子混频器偏置复用技术等。

3 超导动态电感探测器

经过近20年的理论与实验研究，超导动态电感探测器(Microwave Kinetic Inductance Detectors, MKID或KID)正逐步迈向成熟，成为下一代最具潜力的超高灵敏度探测器之一。MKID采用平面制备工艺，有效提高了像元成活率；利用频分复用技术，充分简化了读出电路的冗杂，极易发展为大规模像元阵列。MKID具有高灵敏度、高能量分辨率、响应时间快等特点，在宇宙学、天体物理、暗物质探测以及量子信息等研究方向具有广阔的应用前景。当前，国内外许多研究机构正开展相关研究及应用，列举如下。

(1) 以法国为主研制的NIKA2相机已于2015年10月安装到西班牙30米射电望远镜IRAM上，并成功实现天文探测，是迄今最成功的MKID天文应用。

(2) 美国Caltech的MUSIC项目已成功研制2304像元的MKID阵列，将应用到CCAT、LCT等亚毫米波望远镜。

(3) 欧洲雄心勃勃的A-MKID项目，已研制21600像元的超大规模MKID阵列，是目前国际上最大的太赫兹探测器阵列，正安装在智利阿塔卡马沙漠的APEX 12米望远镜上进行测试。

(4) 日本预计于2022年左右发射、探测CMB极化信号的LiteBIRD卫星，已将MKID阵列列为候选方案。

(5) 美国加利福尼亚大学圣塔芭芭拉分校的B. A. Mazin团队正致力研制光学、近红外MKID阵列，包括计划安装于5.1米海尔望远镜的DARKNESS、8米萨巴鲁望远镜的MEC，以及10米凯克望远镜的MKID能量探测器KRAKENS。

(6) 在Super CDMS项目中，MKID被用来作为寻找WIMPs的探测器。通过探测WIMPs与原子核的弹性碰撞产生的电离效应和晶格震动信号来寻找暗物质。

(7) 中国科学院紫金山天文台在国内率先开展MKID的研究及应用。2017年完成“太赫兹超导阵列成像系统(TeSIA)”的研制，包括32像元×32像元MKID芯片，并实现了对月探测演示。

3.1 引言

3.1.1 MKID 发展历史及应用领域

MKID 的核心是超导微波谐振器。虽然超导微波谐振器从 20 世纪 60 年代就开始使用，但 MKID 广为人知源于 2003 年由加州理工学院 Peter K. Day 等发表于 *Nature* 杂志题为“A broadband superconducting detector suitable for use in large arrays ”的论文。此后，国际上许多研究团队开展了更深入的物理机理和应用研究。例如：B. A. Mazin 等研究了 MKID 芯片薄膜厚度会对探测器噪声及灵敏度产生的影响；Gao 等揭示了 MKID 中过剩相位噪声，即薄膜与介质界面的两能级系统噪声；De Visser 等对硅基铝膜 MKID 准粒子产生复合噪声及光学噪声等效功率的测量等。MKID 之所以备受青睐，源于其简单的结构、超高的灵敏度、极高的能量分辨率，以及易构建类似于 CCD 相机的大规模像元阵列等其他低温探测器不可替代的优势。除了天文成像探测应用，近年来，MKID 还被应用于超导量子比特的量子态读出、热电子动态电感探测器、单片集成光谱探测器、量子参量放大器等方向。下面主要就单片集成光谱探测器和量子参量放大器进行简单介绍。

1. 单片集成光谱探测器

20 世纪 70—80 年代，有一种流行的射电天文频谱仪，称为 Filter Bank，即工作于微波波段中心频率不同但带宽相同的滤波器阵列。因其性能限制，Filter Bank 频谱仪很快被声光频谱仪（AOS）和现今结合高速模拟/数字转换器（Analog-to-Digital Converter, ADC）与海量现场可编程门阵列（Field Programmable Gate Array, FPGA）的数字实时快速傅里叶变换（Fast Fourier Transform, FFT）频谱仪所取代。借鉴 Filter Bank 的概念，欧美几个研究组提出了基于 MKID 的单片集成光谱探测器（On-Chip Spectrometer），如 SuperSpec 和 DESHIMA。实现这一新型频谱探测技术的核心是结合具有低损耗、高选择度的太赫兹波段超导带通滤波器和具有高灵敏度、易于频分复用的 MKID。换言之，一个单像元超宽带光谱探测器在单一芯片上集成了超宽带平面天线、超导滤波器阵列和超导MKID阵列。由于采用单一芯片的同一超导工艺制备，易实现多像元（即空间复用）集成频谱仪芯片。目前，基于MKID的单片集成光谱探测器仍处于起步阶段，但在国际上已得到广泛关注，将成为一种革命性的太赫兹频谱探测技术。近期，DESHIMA在ASTE亚毫米波望远镜上实现了演示应用。相关研究成果还可以应用于安全检测、深空探测、生物医学等领域的太赫兹快速成像，以及中低分辨率“指纹”特征谱探测。

2. 量子参量放大器

一个理想的低噪声放大器应具有低噪声、宽工作频率范围、大动态范围等特点。但是，一般很难同时实现所有这些特征。例如，晶体管放大器可提供多个倍频程带宽和大动态范围，但其噪声远高于不确定性原理限制的量子噪声；基于超导约瑟夫森结的参量放大器可以达到量子噪声极限，但一般都是窄带，且动态范围非常有限。在过去的十年中，高性能MKID和低温低噪声晶体管放大器（HEMT）读出的结合已经得到广泛应用。超导氮化钛和铌钛氮等在动态电感中表现出独特的无耗散非线性，结合这种非线性效应的动态电感行波参量放大器（Kinetic Inductance Travelling wave Amplifier, KITA）被提出。这种参量放大器的特性由公式 $L(I)=L_0[1+(I/I_*)^2]$ 决定，式中，L_0 是低功率下的动态电感；I 是工作电流；I_* 是决定非线性系数的常数。公式中二次项可以构建四波混频的参量放大器，具有量子限制噪声、宽带宽、动态范围高等优点，正成为超导谐振器方向的一个研究热点。

3.1.2 MKID芯片常用薄膜特性

MKID常采用金属铌（Nb）、铝（Al）、氮化钛（TiN）等材料作为芯片的超导薄膜层。表3-1给出了几种常见的MKID薄膜材料的一些基本参数。

Nb曾作为第一代微波谐振器的薄膜材料，但随后发现其准粒子复合时间过快，即使在适度的温度下，仍达1 ns左右。尽管如此，Nb仍可用于集总微波动态电感探测器（Lumped Element KID, LEKID）的高频光子探测。Al作为最常用

表 3-1 MKID 薄膜材料的典型参数

材 料	T_c /K	Δ /μeV	ρ_N /(μΩ·cm)	λ_0 /nm	τ_0 /ns	$\tau_{qp,max}$	$Q_{i,max}$
Al	1.11	168	0.8	89	458	3.5 ms	3×10^6
Ta	4.4	667	8.8	150	1.8	30 μs	1×10^6
Nb	9.2	1 395	6	45	0.15	1 ns	7×10^5
TiN	0.7～4.5	100～650	100～1 000	500～3 000	/	200 μs	1×10^7
NbTiN	14.5	2 200	100	275	/	1 ns	2×10^6

的超导薄膜材料，具有较低的超导转变温度(T_c约为 1.11 K)，温度约 100 mK 时非常接近其超导基态。其较低的能隙($\Delta=168\ \mu eV$)，相对较长的电子-声子相互作用时间(τ_0约为 458 ns)，使其拥有较长的准粒子寿命和更高的品质因子。MKID 只有在光子能量 $h\nu > 2\Delta$ 时(即库珀对被拆开成准粒子时)，才能实现光子探测。Al 的能隙频率只有 80 GHz，所以 Al 膜 MKID 具有更宽的探测频率范围。同时，Al 作为一种常规材料，不产生本征过剩的准粒子，在超导状态下的准粒子产生复合时间和电动力学特性非常符合 Mattis - Bardeen 等理论模型的预测，是一种非常理想的 MKID 超导薄膜材料。

TiN 薄膜的临界转变温度可随 Ti 和 N 元素的相对含量而改变，通常为 0.7～4.5 K。此外，其正常态电阻率大约为 100 μΩ·cm，可有效促进光子吸收并提供较大的动态电感。通过磁控溅射薄膜生长的 TiN 薄膜谐振器的损耗较低。然而，TiN 作为一种无序(disordered)超导体，其电动力学响应(特别是频率响应)并不符合 Mattis - Bardeen 理论预测。一般认为，这类材料的电子平均自由程很短，以至于局域效应在超导电性中起着一定的作用，导致其超导能隙和态密度并不均匀。Coumou 等曾发现在一定范围内生长的 TiN 薄膜的电阻率随厚度的减小而增加。

3.1.3 MKID 的结构设计

MKID 中谐振器类似于 LC 谐振电路，可采用不同结构实现，主要包括分布结构和集总结构(LEKID)。分布结构的 MKID 又分为透镜耦合共面波导传输线型和微带线型，其中前者由于具有单层薄膜平面工艺的优势而得到更加普遍的应用。

1. 共面波导谐振器

共面波导谐振器是一种经典的MKID结构，如图3-1所示。在介质基板的表面制备出中心导体带，并在邻近中心导体带的两侧制备出导体平面作为地。这种结构被称为共面波导(CPW)，或共面微带线。共面波导传输准TEM模式的电磁波，该模式没有截止频率。正是因为接地导体平面和中心导体带位于同一平面，共面波导上并联安装电子学元器件更方便。多个LC谐振单元耦合到同一条或多条共面传输馈线上，采用频分复用技术读出，使多像元阵列成为可能。MKID通过测量超导谐振单元中库珀对分裂引起的准粒子密度变化，实现光子的探测。这种准粒子密度的变化引起了谐振器电感的变化，从而改变了谐振器的谐振频率。常见的CPW MKID有四分之一波长短路谐振器和半波长开路谐振器。一般要求光子吸收产生的准粒子集中在谐振器中高电流密度的位置，光子吸收通常通过硅透镜-天线耦合实现。CPW MKID多工作在1 THz以下的频段，而在更高频的红外光学波段等，天线电长度随之减小，耦合光子的硅透镜尺寸同时减小，会导致光学效率损失、信噪比降低，以及加工难度增加。

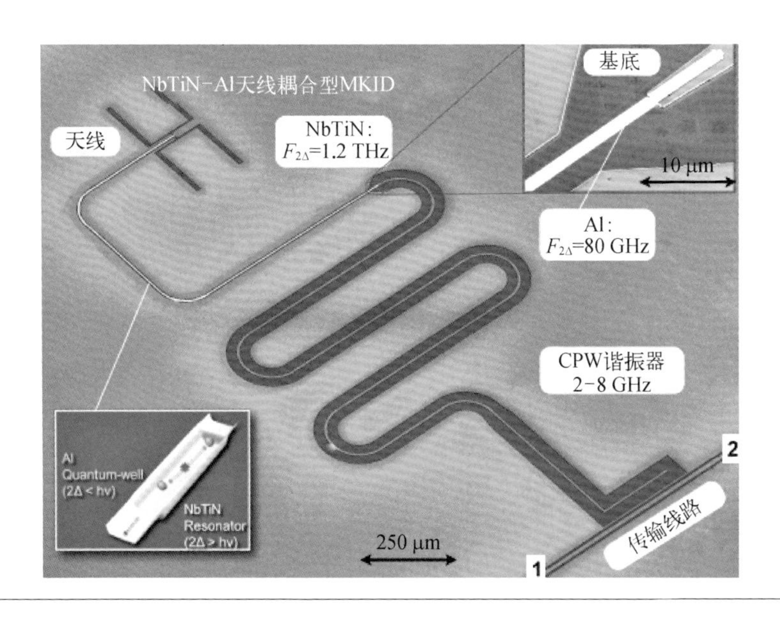

图3-1 NbTiN-Al复合结构天线耦合CPW MKID(图片来自荷兰代尔夫特理工大学的J. Baselmans)

2. 集总型谐振器

为解决 CPW MKID 在高频波段几何结构设计的困难，方法之一是采用 LEKID。如图 3－2 所示，LEKID 是一个由集总电感和集总交指电容构成的谐振器，其中集总电感还负责吸收光子信号。LEKID 沿长度方向没有电流变化，可以排列成耦合到自由空间的光子吸收区域，在减小探测器尺寸和集成超大规模像元阵列方面具有更大优势。

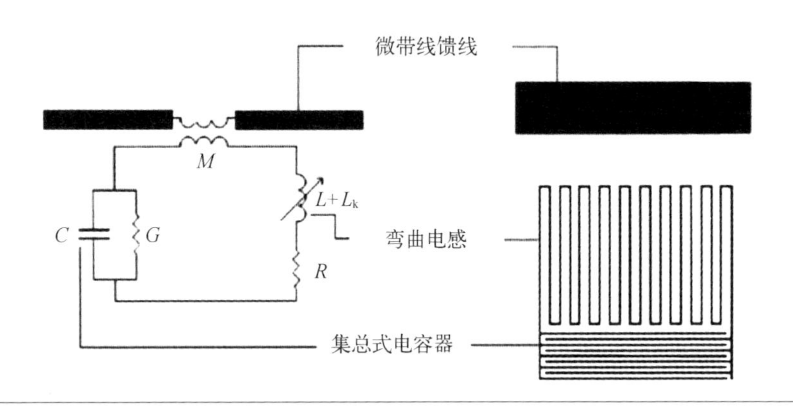

图 3－2 典型LEKID 结构和等效电路图

3.2 超导动态电感探测器机理及特性

3.2.1 超导动态电感探测器基本原理

图 3－3 可以用来形象地解释 MKID 的工作原理。当电磁辐射入射到探测器超导薄膜表面，具有足够能量的光子 ($h\upsilon > 2\Delta$) 将拆散薄膜中一个或多个库珀对产生准粒子[图 3－3(a)]，这些"过剩"的准粒子会通过与晶格间电声相互作用释放能量，而再次重组为库珀对。准粒子复合时间 τ_{qp} 与材料特性密切相关，为 $10^{-6} \sim 10^{-3}$ s。在平衡态下，准粒子数将在其热平衡值 N_{qp} 基础上增加 δN_{qp}。由于 N_{qp} 和超导薄膜的表面阻抗 Z 密切相关，表面阻抗也将增加 δZ。虽然 δZ 的量相当小，但仍可以通过一个高品质因子(Q)谐振电路实现测量[图 3－3(b)]。表面阻抗的变化将导致谐振频率(f_0)和谐振峰宽度发生变化，其中电感 L 的增加可使谐振频率左移，而电阻 R 的增加将导致谐振电路品质因子下降，谐振峰宽度展宽[图 3－3(c)]。此外，谐振电路中微波读出信号相位的

变化同样可以被观察到[图 3-3(d)]。

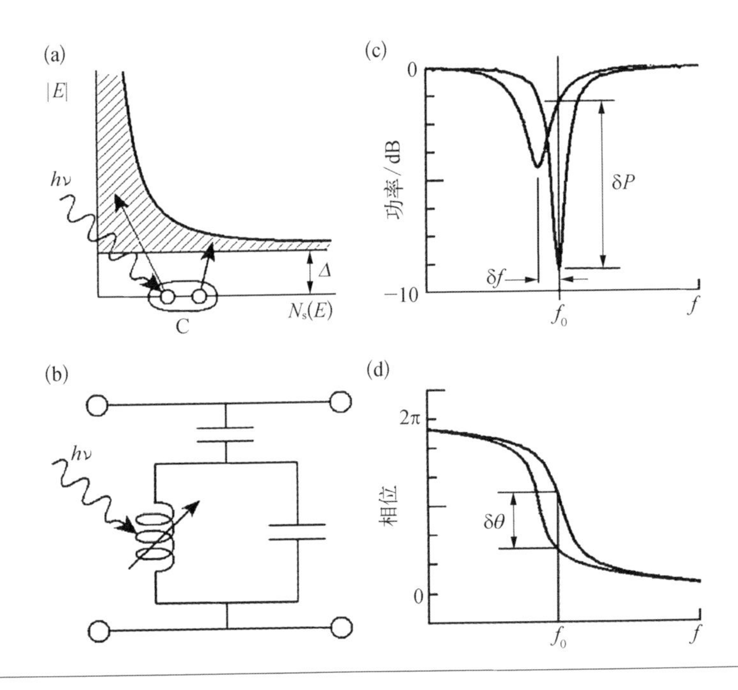

图 3-3 MKID 的辐射响应

1. 超导薄膜复电导率

这节将重点介绍超导薄膜中准粒子数和表面阻抗之间的联系。BCS 理论为超导电性现象提供了微观基础，Mattis 和 Bardeen 在其基础上提出了复电导率的微观处理方法。Mattis - Bardeen 理论统一考虑了库珀对的凝聚和准粒子的激发现象，并采用如下电流密度表达式：

$$\boldsymbol{j}(r,\omega)=\frac{e^2N_0v_F}{\pi hc}\int\frac{\boldsymbol{R}(\boldsymbol{R}\cdot\boldsymbol{A}(\boldsymbol{r}',\omega))}{R^4}I(\omega,R,T)e^{\frac{-R}{l}}d\boldsymbol{r}' \quad (3-1)$$

式中，$R=r-r'$，$R=|\boldsymbol{R}|$；c 为光速；h 是普朗克常数；v_F 为费米速度；N_0 是费米能级上电子态的单自旋密度。在非局部极限(即极端反常极限)情况下，响应函数 $I(\omega,R,T)$ 在空间中相对于其他项的变化缓慢，可以取常量。在脏极限条件下，$I(\omega,R,T)$ 的特征长度标度为 l，积分可简化为局部响应。在这些限制条件下，复电导率 $\sigma=\sigma_1-i\sigma_2$ 可近似于欧姆定律 $j=\sigma E$。为方便参考，下面

给出了复电导率的 Mattis - Bardeen 表达式，它在极端反常极限和脏极限情况下都有效。

$$\frac{\sigma_1(\omega)}{\sigma_n} = \frac{2}{\hbar\omega}\int_{\Delta}^{\infty} \mathrm{d}E \frac{E^2+\Delta^2+\hbar\omega E}{\sqrt{(E+\hbar\omega)^2-\Delta^2}\sqrt{E^2-\Delta^2}}[f(E)-f(E+\hbar\omega)] + \frac{1}{\hbar\omega}\int_{\Delta-\hbar\omega}^{-\Delta} \mathrm{d}E \frac{E^2+\Delta^2+\hbar\omega E}{\sqrt{(E+\hbar\omega)^2-\Delta^2}\sqrt{E^2-\Delta^2}}[1-2f(E+\hbar\omega)] \tag{3-2}$$

$$\frac{\sigma_2(\omega)}{\sigma_n} = \frac{1}{\hbar\omega}\int_{\max(\Delta-\hbar\omega,\,-\Delta)}^{\Delta} \mathrm{d}E \frac{E^2+\Delta^2+\hbar\omega E}{\sqrt{(E+\hbar\omega)^2-\Delta^2}\sqrt{\Delta^2-E^2}}[1-2f(E+\hbar\omega)] \tag{3-3}$$

式(3 - 2)中第一项代表了热激发准粒子效应，第二项代表光子激发准粒子效应，只有当 $h\nu > 2\Delta$ 时才存在。式(3 - 3)则是由于库珀对在超导体中运动所导致的动态电感(Kinetic Inductance)效应。如图 3 - 4 所示，为复电导率的实部和虚部随温度的变化情况。

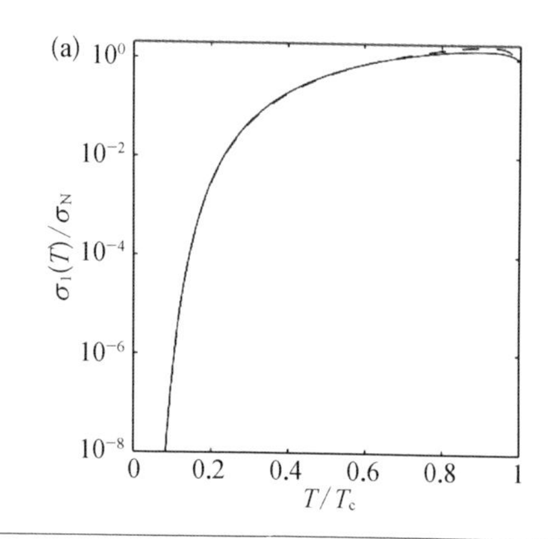

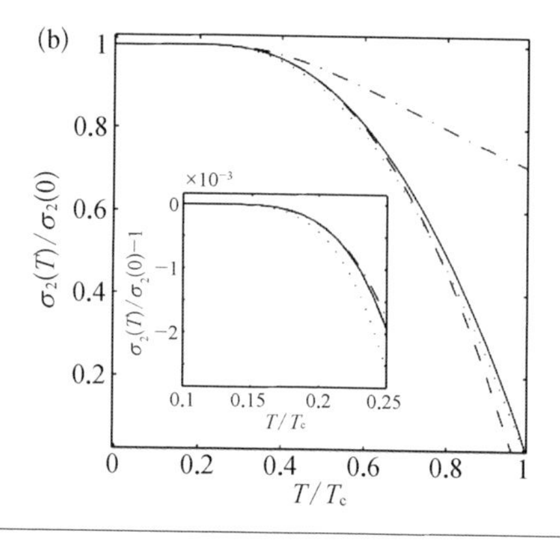

图 3 - 4 复电导率的实部和虚部随温度的变化情况

式(3 - 2)和式(3 - 3)中的 $f(E)=\left[1+\exp\left(\frac{E}{kT}\right)\right]^{-1}$，是未配对电子或准粒子的分布函数，遵从费米-狄拉克分布。相应的准粒子密度由下式给出：

$$n_{\mathrm{qp}} = 4N_0\int_0^{\infty} \mathrm{d}E \frac{E}{\sqrt{E^2-\Delta^2}} f(E) \tag{3-4}$$

准粒子禁带能隙 Δ 相对于绝对零度时的值 Δ_0，有以下关系：

$$\frac{\Delta_0-\Delta}{\Delta_0}\approx\ln\left(\frac{\Delta}{\Delta_0}\right)=2\int_{\Delta}^{\infty}\mathrm{d}E\,\frac{1}{\sqrt{E^2-\Delta^2}}f(E) \tag{3-5}$$

当温度很低（$T\ll T_c$）时，即当 $T\to0$ 时，$\Delta-\Delta_0$、n_{qp} 和 σ_1 都会随指数 $\exp(-\Delta/kT)$逐渐消失。因此，在足够低的温度下，超导体的微波损耗可以忽略不计。然而，电导率的虚部与电子的惯性有关，仍然保持如下有限值：

$$\frac{\sigma_2(\omega,\ 0)}{\sigma_n}=\frac{\pi\Delta_0}{\hbar\omega}\left[1-\frac{1}{16}\left(\frac{\hbar\omega}{\Delta_0}\right)^2-\frac{3}{32\times32}\left(\frac{\hbar\omega}{\Delta_0}\right)^4+\cdots\right] \tag{3-6}$$

式中，$1/\omega$ 反映了库珀对的有限惯性。这种特性表明，在 $T\ll T_c$ 时，电子系统的耗散响应比无功响应要小很多，$\sigma_1(\omega)\ll\sigma_2(\omega)$，即系统中的准粒子数远少于库珀对。当 $T\ll T_c$ 时，σ_1 及 $\delta\sigma_2$ 都与准粒子密度 n_{qp}呈正比关系。

2. 复电导率和准粒子数

对于热激发准粒子分布，$h\nu<2\Delta$，σ_1 和 σ_2 的表达式可简化为 kT 的表达式：

$$\frac{\sigma_1(\omega)}{\sigma_n}=\frac{4\Delta}{\hbar\omega}\exp\left(-\frac{\Delta}{kT}\right)\sinh\left(\frac{\hbar\omega}{2kT}\right)K_0\left(\frac{\hbar\omega}{2kT}\right) \tag{3-7}$$

$$\frac{\sigma_2(\omega)}{\sigma_n}=\frac{\pi\Delta}{\hbar\omega}\left[1-2\exp\left(-\frac{\Delta}{kT}\right)\exp\left(\frac{-\hbar\omega}{2kT}\right)I_0\left(\frac{\hbar\omega}{2kT}\right)\right] \tag{3-8}$$

式中，I_0 和 K_0 分别为第一类和第二类修正的贝塞尔函数。复电导率方程可与式(3-4)结合，得到 σ_1 和 σ_2 与准粒子密度变化的表达式 $\mathrm{d}\sigma/\mathrm{d}n_{qp}$：

$$\frac{\mathrm{d}\sigma_1}{\mathrm{d}n_{qp}}\approx\sigma_n\,\frac{1}{N_0\hbar\omega}\sqrt{\frac{2\Delta_0}{\pi kT}}\sinh\left(\frac{\hbar\omega}{2kT}\right)K_0\left(\frac{\hbar\omega}{2kT}\right) \tag{3-9}$$

$$\frac{\mathrm{d}\sigma_2}{\mathrm{d}n_{qp}}\approx\sigma_n\,\frac{-\pi}{2N_0\hbar\omega}\left[1+2\sqrt{\frac{2\Delta_0}{\pi kT}}\exp\left(\frac{-\hbar\omega}{2kT}\right)I_0\left(\frac{\hbar\omega}{2kT}\right)\right] \tag{3-10}$$

图 3-5 给出了复电导率对准粒子密度随温度和读出频率变化的规律。对铝薄膜，$\Delta_0=\Delta(0)=177\ \mu\mathrm{eV}$，$N_0=1.72\times10^{10}\ \mathrm{eV}^{-1}\cdot\mu\mathrm{m}^{-3}$，电导率和准粒子密

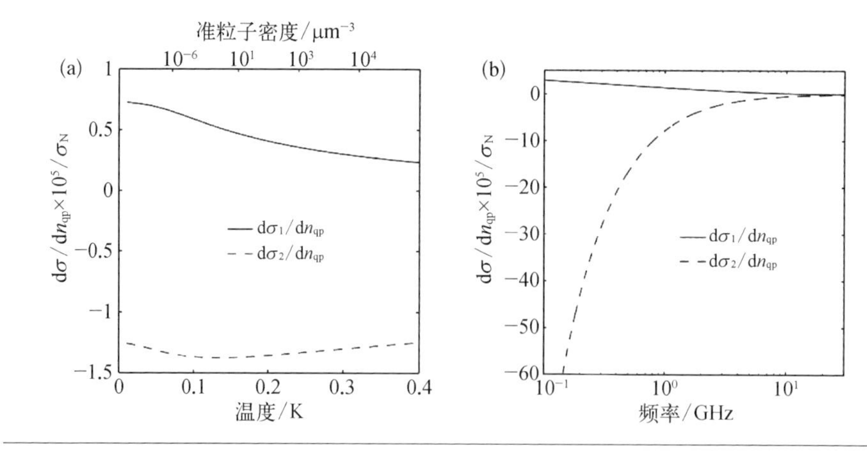

图 3-5 复电导率对粒子密度随度(a)和读频率(b)变的规律

度随温度变化呈近似线性关系，这点在 Gao 的论文中也被证实。因此，式(3-9)和式(3-10)也可以通过热响应导出：

$$\frac{\mathrm{d}\sigma}{\mathrm{d}n_{\mathrm{qp}}}=\frac{\dfrac{\partial\sigma}{\partial T}}{\dfrac{\partial n_{\mathrm{qp}}}{\partial T}} \tag{3-11}$$

当因库珀对拆散而产生的准粒子被描述为一个有效的化学势 μ^* 时，准粒子分布为 $f(E)=[1+\exp((\boldsymbol{E}-\mu^*)/(kT))]^{-1}$，$\mathrm{d}\sigma/\mathrm{d}n_{\mathrm{qp}}$ 的结果由式(3-9)和式(3-10)给出。这一推论意味着微波谐振器对温度变化和对辐射响应类似，这一点在实验上同样得到了证实。换言之，就复杂的电导率而言，对辐射引起的库珀对拆散的准粒子分布可以用有效温度下的热分布或有效化学势近似。

3. 复电导率和表面阻抗

一般来说，实验上很难测出复电导率值，而测量薄膜的表面阻抗则相对简单。众所周知，表面阻抗定义为导体表面外加电压与导体内部电流之比，包括电阻和电感两部分($Z_{\mathrm{s}}=R_{\mathrm{s}}+i\omega L_{\mathrm{s}}$)。在脏极限条件下，任意厚度超导薄膜的表面阻抗可由下式给出：

$$Z_{\mathrm{s}}=\sqrt{\frac{i\mu_0\omega}{\sigma_1-i\sigma_2}}\coth(d\sqrt{i\mu_0\omega\sigma}) \tag{3-12}$$

对于厚膜情况($d \gg \lambda$),表面阻抗 Z_s 和超导体的复电导率存在以下关系:

$$Z_s(\omega, T) = \sqrt{\frac{i\mu_0\omega}{\sigma(\omega, T)}} = \frac{Z_s(\omega, 0)}{\sqrt{1 + i\delta\sigma(\omega, T)/\sigma_2(\omega, 0)}} \tag{3-13}$$

$$\delta\sigma(\omega, T) = \sigma(\omega, T) - \sigma(\omega, 0) = \sigma_1(\omega, T) - i\omega\sigma_2(\omega, T) \tag{3-14}$$

当温度为绝对零度时,超导体的表面阻抗表现为纯电抗性,可以用磁穿透深度 λ 来表达:

$$Z_s(\omega, 0) = i\mu_0\omega\lambda \tag{3-15}$$

磁穿透深度 λ 在局部极限条件下,与临界温度 T_c 和正常态电阻率 ρ_n 有如下关系:

$$\lambda_{\text{local}} = \sqrt{\frac{\hbar}{\pi\mu_0\Delta\sigma_n}} \approx 105\sqrt{\frac{\rho_n}{1}} \cdot \sqrt{\frac{1}{T_c}} \tag{3-16}$$

对于非局部极限情况,即电子的平均自由程相对于磁场的变化更长时,电流密度在空间某点的值取决于该点及周围相干长度尺度内点的电场,表面阻抗可表示为

$$Z_s(\omega, T) = i\mu_0\omega\lambda\left[1 + \frac{i\delta\sigma(\omega, T)}{\sigma_2(\omega, 0)}\right]^{-\frac{1}{3}} \tag{3-17}$$

两种情况下磁穿透深度的关系为

$$\lambda_{\text{e.a.}} = \lambda_{\text{local}}\left[\frac{\sqrt{3}\,l}{2\pi\lambda_{\text{local}}}\right]^{\frac{1}{3}} \tag{3-18}$$

对于薄膜情况($d \ll \lambda$),由于扩散表面散射限制了电子的平均自由程,这时电流密度在整个薄膜尺度上基本可以认为是恒定的,表面阻抗及有效磁穿透深度可表示为

$$Z_s(\omega, T) = i\mu_0\omega\lambda\left[1 + \frac{i\delta\sigma(\omega, T)}{\sigma_2(\omega, 0)}\right]^{-1} \tag{3-19}$$

$$\lambda_{\text{thin}} = \frac{\lambda_{\text{local}}^{\ 2}}{l} \tag{3-20}$$

4. 超导谐振腔

谐振腔的品质因子通常被描述为存储能量与每个周期能量损失的比值，即由下式给出：

$$Q=\frac{\omega E_{\text{stored}}}{P_{\text{loss}}} \tag{3-21}$$

式中，P_{loss} 是由于内部耗散或因耦合而损失的功率。式(3－22)给出了谐振器的总(负载)品质因子 Q_{l} 与内部品质因子 Q_{i} 和耦合品质因子 Q_{c} 之间的关系：

$$\frac{1}{Q_{\text{l}}}=\frac{1}{Q_{\text{i}}}+\frac{1}{Q_{\text{c}}} \tag{3-22}$$

式中，Q_{c} 反映了耦合器的耦合强度；Q_{i} 则反映了谐振器的耗散损失，由下式给出：

$$Q_{\text{i}}=\frac{\omega L}{R}=\frac{1}{\alpha_{\text{k}}}\cdot\frac{\omega L_{\text{s}}}{R_{\text{s}}}=\frac{2}{\alpha_{\text{k}}\beta}\cdot\frac{\sigma_2}{\sigma_1}；\beta=\frac{\left(\frac{2d}{\lambda}\right)}{\sinh\left(\frac{2d}{\lambda}\right)} \tag{3-23}$$

式中，α_{k} 反映了动态电感占总电感的比例，称为动态电感因子。

谐振器的角谐振频率 ω_0 主要由 σ_2 决定，其偏移量 $\delta\omega_0$ 与 σ_2 及其变化量 $\delta\sigma_2$ 之间的关系为

$$\frac{\delta\omega_0}{\omega_0}=\frac{\alpha_k\beta}{4}\cdot\frac{\delta\sigma_2}{\sigma_2} \tag{3-24}$$

内部品质因子的变化可以用类似的方式来描述：

$$\delta\left(\frac{1}{Q_{\text{i}}}\right)=\frac{\alpha_{\text{k}}\beta}{2}\cdot\frac{\delta\sigma_1}{\sigma_2} \tag{3-25}$$

因此，当超导微波谐振器中准粒子数量发生变化时，σ_1 的变化反映在内部品质因子 Q_{i} 的变化上，σ_2 的变化则反映在谐振频率的变化上。Q_{i} 和 ω_0 是能很好表征谐振器特性的物理量。但是，对于实际 MKID 的读出，更方便的方式是使用复平面共振圆的振幅 A 和相位 θ，两者与准粒子数变化的关系如下：

$$\frac{\mathrm{d}A}{\mathrm{d}N_{\mathrm{qp}}}=-\frac{\alpha_{\mathrm{k}}\beta Q_1}{|\sigma|V}\cdot\frac{\mathrm{d}\sigma_1}{\mathrm{d}n_{\mathrm{qp}}} \tag{3-26}$$

$$\frac{\mathrm{d}\theta}{\mathrm{d}N_{\mathrm{qp}}}=-\frac{\alpha_{\mathrm{k}}\beta Q_1}{|\sigma|V}\cdot\frac{\mathrm{d}\sigma_2}{\mathrm{d}n_{\mathrm{qp}}} \tag{3-27}$$

显然，具有高品质因子、长穿透深度（即大 α_{k}）和小体积有利于提高 MKID 的响应率。

5. 四分之一波长并联谐振电路

众所周知，当微波电路的几何尺寸和其载波的波长相当时，必须考虑电流和电压随着空间位置改变而产生的变化。在一段长度为 l 、特征阻抗为 Z_0 的传输线上，当一端加电压 V，线上位置为 z 的电压电流分布可表达为

$$\begin{aligned}V(z)&=V_0^{+}e^{-rz}+V_0^{-}e^{-rz}\\I(z)&=I_0^{+}e^{-rz}-I_0^{-}e^{-rz}\end{aligned} \tag{3-28}$$

引入传播常数 $r=\alpha+j\beta$，则有

$$Z(l)=Z_0\frac{1-j\cot(\beta l)\tan(\alpha l)}{\tan(\alpha l)-j\cot(\beta l)} \tag{3-29}$$

若 $l=\frac{1}{4}\lambda$ 时，恰有 $\omega=\delta\omega+\omega_0$，$\delta\omega\rightarrow0$，此时

$$\cot(\beta l)=\cot\left(\frac{\pi}{2}+\frac{\pi\delta\omega}{2\omega_0}\right);\ Z_{\mathrm{in}}=Z_0\frac{1+j\alpha l\omega\delta\omega/2\omega_0}{\alpha l-j\pi\delta\omega/2\omega_0} \tag{3-30}$$

传输线的等效电容和电感分别为

$$C=\frac{\pi}{4Z_0\omega_0};\ L=\frac{1}{C\omega_0} \tag{3-31}$$

品质因子可以表达为

$$Q=CR\omega_0=\frac{\beta}{2\alpha} \tag{3-32}$$

对四分之一波长的并联谐振回路，式(3-30)可改写为

$$Z=\frac{-i}{\omega C}+\frac{\frac{4Z_0Q_i}{\pi}-\frac{8iZ_0Q_i^2}{\pi}\cdot\frac{\delta\omega}{\omega_{1/4}}}{1+4Q_i^2\left(\frac{\delta\omega}{\omega_{1/4}}\right)^2} \tag{3-33}$$

当该阻抗的虚部为零时，该式有双解。对于高频解，由于频率接近四分之一波长传输线自身的谐振角频率 $\omega_{1/4}$，导致阻抗的实部非常大而不能加载传输线。对于低频解，由于加载谐振角频率 ω_0 取决于耦合电容，所以有

$$\omega_0-\omega_{1/4}=\frac{-2Z_0\omega_{1/4}\omega_0C}{\pi}\approx\frac{-2Z_0\omega_{1/4}^2C}{\pi} \tag{3-34}$$

如果用耦合品质因子 Q_c 表示频率偏移率，则有

$$\frac{\omega_0-\omega_{1/4}}{\omega_{1/4}}\approx-\sqrt{\frac{2}{\pi Q_c}} \tag{3-35}$$

在极低温时，由于 Q 因子对温度不敏感，可以将式(3-33)进一步简化为

$$Z=\frac{-i}{4Z_0(\omega C)^2Q_i}\left(1+\frac{2iQ_i\delta\omega}{\omega_0}\right) \tag{3-36}$$

在近谐振频率点，结合散射系数的关系，可以导出传输系数 $|S_{21}|$ 在谐振峰最低点的关系：

$$S_{21,\min}=\frac{Q_c}{Q_i+Q_c} \tag{3-37}$$

结合式(3-22)，可得到计算 Q_i 和 Q_c 值的关系式：

$$Q_i=\frac{Q_l}{|S_{21,\min}|};\ Q_c=\frac{Q_l}{1-|S_{21,\min}|} \tag{3-38}$$

对于 MKID，除四分之一波长短路谐振器以外，还有半波长开路谐振器。这里不再详细推导，有兴趣的读者可以参考相关微波书籍。

3.2.2 超导动态电感探测器特性

1. 谐振响应

如图 3-6(a)所示，为一个 MKID 阵列的等效电路图。各谐振器设计在不

同的微波谐振频率，互不干扰。针对单一谐振器，其传输系数 S_{21} 可以由下面公式给出：

$$S_{21}=\frac{2}{2+\frac{Z_0}{Z}}=\frac{Q/Q_i+2iQ\frac{\delta\omega}{\omega_0}}{1+2iQ\frac{\delta\omega}{\omega_0}} \tag{3-39}$$

结合式(3－38)，其幅度可以表达为

$$|S_{21}|^2=\frac{S_{21,\min}^2+4Q^2\left(\frac{\delta\omega}{\omega_0}\right)^2}{1+4Q^2\left(\frac{\delta\omega}{\omega_0}\right)^2}=1+\frac{S_{21,\min}^2-1}{1+4Q^2\left(\frac{\delta\omega}{\omega_0}\right)^2} \tag{3-40}$$

由式(3－30)，根据测量结果可以获得品质因子和谐振频率。

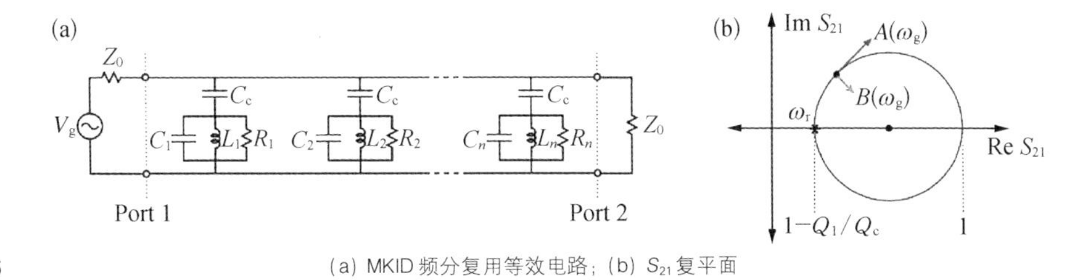

图 3－6　(a) MKID 频分复用等效电路；(b) S_{21} 复平面

如果用标准的散射参数 $S_{21}(\omega)$ 表示，由于其是频率的函数，单极近似可以很好地描述：

$$S_{21}(\omega)=1-\frac{Q_l}{Q_c}\frac{1}{1+\frac{2j(\omega-\omega_0)Q_l}{\omega_0}} \tag{3-41}$$

图 3－6(b)显示了复平面传输系数 $S_{21}(\omega)$。$A(\omega)$ 和 $B(\omega)$ 这两个参数的方向分别沿 S_{21} 复平面谐振圆的切向和法向，分别表示为

$$A(\omega)=-\frac{\omega_0 \mathrm{d}S_{21}}{\mathrm{d}\omega_0}=2jQ_c[1-S_{21}(\omega)] \tag{3-42}$$

$$B(\omega)=\frac{\mathrm{d}S_{21}}{\mathrm{d}Q_i^{-1}} \tag{3-43}$$

复平面传输系数 $S_{21}(\omega)$ 的变化 δS_{21} 由绝热扰动和谐振器失谐与内部损耗共同决定，假设共振频率的失谐率 $u=(\omega-\omega_0)/\omega_0$，可以得到：

$$\delta S_{21}=A(\omega)\delta u(t)+B(\omega)Q_i^{-1}(t) \tag{3-44}$$

2. 平衡态准粒子涨落的复合时间

超导体的性质可用分布函数 $f(E)$、准粒子和库珀对密度来描述。这些都是静态平均属性，不反映任何时间的动态。但即使在热平衡状态下，晶格振动也会不断地破坏库珀对，或分散在准粒子上改变它们的能量。因此，准粒子密度是随时间而变化的。当超导体被光子激发，库珀对被拆散而产生两个准粒子。由于系统总是趋于向低能态靠近，准粒子重新结合成低能态的库珀对。两个准粒子的能量 E 和库珀对能量 E' 以及激发声子的能量 Ω 间的关系为 $\Omega=E+E'-2\Delta$。因此，它涉及准粒子 $f(E)$ 的能量分布和声子能量 $n(\Omega)$ 分布。准粒子在 E 能级下的复合时间由 Kaplan 等导出：

$$\frac{1}{\tau_{qp}(E)}=\int_{E+\Delta}^{\infty}\frac{\Omega^2N_s(\Omega-E)}{\tau_0(k_BT_c)^3[1-f(E)]}\left(1+\frac{\Delta^2}{E(\Omega-E)}\right)[n(\Omega)+1]f(\Omega-E)\mathrm{d}\Omega \tag{3-45}$$

式中，τ_0 是与薄膜材料特征相关的电声相互作用时间。在原始方程中，还有两个附加函数，即状态的声子密度 $F(\Omega)$ 和电声相互作用的元矩阵 $\alpha^2(\omega)$。由于产生复合过程只涉及低能声子（与德拜能量相比），可以取近似 $F(\Omega)\alpha^2(\omega)=b\Omega^2$，这正是式(3-45)中 Ω^2 的来源，同时系数 b 包含在 τ_0 中。通过中子散射实验数据以及相应能带结构计算的外推，可以大致得到铝薄膜的电声相互作用时间 τ_0 约为 430 ns。而 De Visser 等在 Al-MKID 中测量得到的 τ_0 为 458 ns，两者非常接近。复合时间 τ_{qp} 通常是一个与能量和温度相关的量，与温度的关系为

$$\tau_{qp}=\frac{\tau_0}{\sqrt{\pi}}\left(\frac{k_BT_c}{2\Delta(0)}\right)^{5/2}\sqrt{\frac{T_c}{T}}\,\mathrm{e}^{\frac{\Delta(0)}{k_BT}}=\frac{\tau_0}{n_{qp}}\frac{N_0(k_BT_c)^3}{2\Delta(0)^2} \tag{3-46}$$

式中，N_0 是费米能级的单自旋态密度（对于金属铝，其值为 $1.72\times10^{10}\ \mu\mathrm{m}^{-3}\cdot$

eV^{-1})；T_c 为超导转变温度。从该式可以看出，响应时间与准粒子数密度呈反比关系。

3. 准粒子数涨落与功率谱密度

在有限温度下，处于平衡状态的超导体受热波动的影响，系统中存在的准粒子数量随时间在平均值附近波动，这些波动是一个基本的噪声源。在半导体领域，产生复合噪声是一种被广泛研究的现象。Wilson 曾在超导隧道结电流中发现了产生复合噪声特征，并和 Prober 等给出了超导体中准粒子数涨落的理论框架。基于一种用于半导体中产生复合噪声的主方程方法，准粒子的主方程可以写为

$$\begin{aligned}\frac{\partial P(N_{qp}, t \mid k, 0)}{\partial t} = & -[g(N_{qp}) + r(N_{qp})]P(N_{qp}, t \mid k, 0) \\ & + g(N_{qp} - \delta N_{qp})P(N_{qp} - \delta N_{qp}, t \mid k, 0) \\ & + r(N_{qp} + \delta N_{qp})P(N_{qp} + \delta N_{qp}, t \mid k, 0)\end{aligned} \tag{3-47}$$

式中，P 是 t 时刻含有准粒子数为 N_{qp} 的概率，同时假定 $t=0$ 时刻初始准粒子个数为 k、g 和 r 分别为单位时间产生和复合准粒子的概率。当准粒子波动方差较小时，由下式决定：

$$<\Delta N_{qp}^2>=\delta N_{qp} \frac{r(N_{qp}^0)}{\frac{dr}{dN(N_{qp}^0)} - \frac{dg}{dN(N_{qp}^0)}} \tag{3-48}$$

而滞后时长 u 的涨落有自相关函数：

$$R_N(u) = <\Delta N_{qp}(0)\Delta N_{qp}(u)>=<\Delta N_{qp}^2> e^{-\frac{u}{\tau_{qp}}} \tag{3-49}$$

在两个子系统(准粒子与库珀对)的简单情况下，变化率方程为

$$\frac{dN_{qp}}{dt} = \delta N_{qp}[g(N_{qp}) - r(N_{qp})] \tag{3-50}$$

Wilson 和 Prober 给出准粒子的生成概率 $g(N_{qp})$ 为常数，同时复合概率为

$r(N_{qp})=R(N_{qp})^2/2V$。式中，V 是系统体积，R 为复合常数。针对泊松过程有 $<\Delta(N_{qp})^2>=N_{qp}^0$，利用自相关函数的傅里叶变换方程可得到准粒子涨落的功率谱密度 $S_N(\omega)$ 为

$$S_N(\omega)=\frac{4\Delta N_{qp}^2\tau_{qp}}{1+(\omega\tau_{qp})^2}=\frac{4N_{qp}\tau_{qp}}{1+(\omega\tau_{qp})^2} \tag{3-51}$$

这表明涨落谱是一个简单的洛伦兹形式，由于准粒子复合时间的关系，它具有一个准粒子复合时间 τ_{qp} 决定的降落(roll - off)频率。需要说明的是，功率谱分子项的乘积反映了功率谱的水平，且不随温度变化。

实际系统中，由于复合过程的电声相互作用，不仅准粒子数波动，声子数也在波动。由于主要关注的是准粒子的产生和复合，因而要考虑的仅指能量 $\omega>2\Delta$ 的声子。N_{qp} 是准粒子数目，N_ω 是导薄膜中声子数，$N_{\omega,B}$ 是基板上声子数，它们之间的时变关系为

$$\frac{dN_{qp}}{dt}=-\frac{RN_{qp}^2}{V}+2\Gamma_B N_\omega \tag{3-52}$$

$$\frac{dN_\omega}{dt}=\frac{RN_{qp}^2}{2V}-\Gamma_B N_\omega-\Gamma_{es}N_\omega+\Gamma_K N_{\omega,B} \tag{3-53}$$

$$\frac{dN_{\omega,B}}{dt}=\Gamma_{es}N_\omega-\Gamma_K N_{\omega,B} \tag{3-54}$$

为了说明这些现象，图 3 - 7 显示了 Al - MKID 对大能量脉冲(宇宙射线)的响应衰减。图 3 - 7(a)衰变后端用指数衰减(实线)描述，时间刻度为(1.8±0.2) ms，与图 3 - 7(b)所示的准粒子数起伏功率谱的测量结果(2.6±0.5 ms) 接近。在超导薄膜热平衡状态下，单位体积准粒子数(准粒子密度) n_{qp} 有以下关系式：

$$n_{qp}=2N_0\sqrt{2\pi k_B T\Delta(0)}\,e^{-\frac{\Delta(0)}{k_B T}} \tag{3-55}$$

4. 幅度和相位对准粒子的响应率

利用 Mattis - Bardeen 理论，可以计算谐振器的幅度和相位的响应率

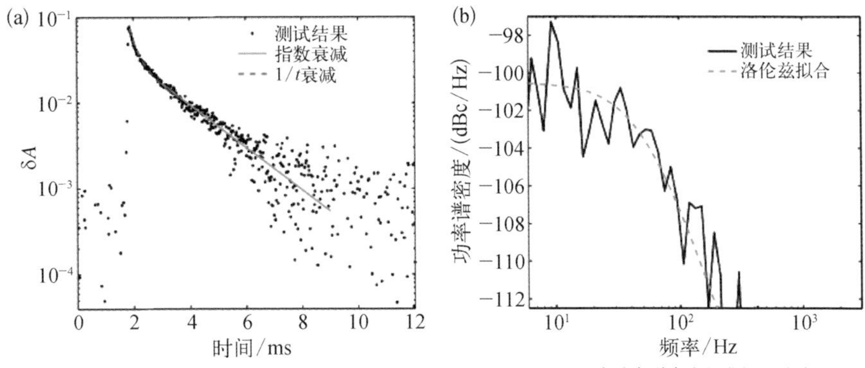

图 3-7　(a) 100 mK Al-MKID 在光学脉冲下振幅响应随时间的变化；(b) 幅度噪声功率谱密度与准粒子数的涨落

$\mathrm{d}A/\mathrm{d}N_{\mathrm{qp}}$ 和 $\mathrm{d}\theta/\mathrm{d}N_{\mathrm{qp}}$，这在前面小节已经讨论。实际上，还可以通过实验测定产生复合时间 τ_{qp} 来导出对应的响应率。通常采用脉冲激励加高速示波器或者 IQ 混频读出方式测量 τ_{qp}，相比较后者测量结果更准确，因为前者会有脉冲信号的延迟和热效应影响。关于 IQ 混频读出电路，将在下节探测器噪声测量方法中详细介绍。功率谱密度和幅度对准粒子数涨落的响应率关系由下式给出：

$$S_A(\omega)=\frac{S_N(\omega)\left(\frac{\mathrm{d}A}{\mathrm{d}N_{\mathrm{qp}}}\right)^2}{1+(\omega\tau_{\mathrm{res}})^2} \tag{3-56}$$

式中，τ_{res} 为弛豫时间，即谐振器响应时间，$\tau_{\mathrm{res}}=Q/\pi f_0$，代表从光子入射到超导薄膜表面激发产生准粒子的时间，一般在 ns 量级。对于超导薄膜，一般有 $\tau_{\mathrm{qp}}\gg\tau_{\mathrm{res}}$。所以式(3-56)中分母部分可以忽略，$S_A$ 由准粒子涨落主导。通过 IQ 混频读出电路，并用 ADC 采集幅度或者相位的噪声功率谱，谱中 roll-off 即代表 τ_{qp}。

5. 探测器噪声

探测器噪声是决定探测器极限灵敏度的关键。噪声通常是由器件和材料中的电荷或载流子的随机运动等所产生。热噪声是最基本的一种噪声，它是束缚电荷的热振动所引起，称为 Johnson 噪声或 Nyquist 噪声。超导探测器由于工作在极低的温度，热噪声一般很小。散粒噪声是电子管或固态器件中载流子的随机涨落所引起。闪烁噪声发生在固体元件和真空电子管中，闪烁噪声功率与频率 f 呈反比关系，所以称为 $1/f$ 噪声。$1/f$ 噪声一般会在 MKID 链路中常温放大器等有源器件中存在。在实测噪声功率谱的过程中可以明显看到 $1/f$ 噪声，该噪声总是出现在低采样频率区间。量子噪声是由载流子和光子的量子化性质所引起，相对于其他噪声源，其贡献一般较小，所以常称为探测器背景噪声极限。针对 MKID，这里重点介绍 Fano 噪声、二能级(TLS)噪声，以及准粒子产生复合噪声。

(1) Fano 噪声。Fano 噪声适用于能量转换成电荷的过程，如带电粒子和 γ 辐射的固态探测器，以及如图像传感器这样的半导体光探测器。基于本征准粒子产生统计量的 Fano 极限对器件的能量分辨率有一个基本的限制，由下式给出：

$$\sigma_{\mathrm{N}} = \sqrt{F\eta h\nu/\Delta} \tag{3-57}$$

式中，η 是库珀对拆散产生准粒子的效率，约等于 0.57；$h\nu$ 是入射光子的能量；Δ 是超导薄膜吸收体的能隙；F 称为 Fano 因子，约为 0.2。Fano 因子说明生成准粒子数的方差是 FN_{qp}，这是因为接收原始光子的能量并将其转换成准粒子和声子的能量级联高度相关。探测器的最大能量分辨率为

$$R = \frac{1}{2.355}\sqrt{\frac{\eta h\nu}{F\Delta}} \tag{3-58}$$

根据式(3-58)，可以计算给定光子能量和吸收材料能隙的最大能量分辨率。表 3-2 列出了几种常见超导材料光子计数探测器的能量分辨率。

表 3-2 几种常见超导材料光子计数探测器的能量分辨率 $R = E/\Delta E$ 极限

	铌 $T_c = 9.25$ K $\Delta = 1.4$ meV	钽 $T_c = 4.47$ K $\Delta = 0.68$ meV	铝 $T_c = 1.175$ K $\Delta = 0.18$ meV	钛 $T_c = 0.4$ K $\Delta = 0.06$ meV
红外(0.62 eV)	15	22	42	73
可见(3.1 eV)	34	48	94	163
紫外(10.3 eV)	61	88	171	297
X 射线(6 keV)	1 500	2 140	4 000	7 200

(2) TLS噪声。微波谐振器的谐振频率和损耗由电感(电流与磁场)和电容(电场)决定。电流只能在金属部分流动,而在电场最强的谐振腔部分,谐振腔的响应受其介质环境所支配。介质环境由真空、衬底和其他杂散介质层组成。在衬底和杂散介质层中,介电常数随偶极子二能级系统(TWO - Level System, TLS)的占用率而变化,在非晶层中这一效应尤其显著。TLS可以导致谐振频率随温度变化的位移(一般与正常温度效应的变化相反)、附加噪声,以及由于微波频率损耗而对质量因子的限制等。TLS具有一些与材料选择和实验条件有关的特性。大型结构的TLS损耗和噪声较低,所以在集总单元器件中使用更宽的CPW线和较大的单元比较有利;随着微波读出功率的增加,TLS损耗减小,噪声也相应减小,相互间关系为 $N_{\mathrm{TLS}} \sim P_{\mathrm{int}}^{-1/2}$;由于TLS主要存在于表面层、金属表面氧化物或金属衬底界面中,因此具有氢钝化的高电阻率晶体Si衬底是MKID芯片的最佳选择;此外,TLS噪声会随温度的升高而减小。一般认为,TLS噪声会反映在相位功率谱,耗散方向没有TLS噪声。

(3) 产生复合噪声与电(dark) NEP。产生复合噪声普遍存在半导体和超导探测器中,但两者的噪声机制不同。半导体是基于电子空穴对,而超导体是基于库珀对和准粒子系统。因此,准粒子涨落是MKID的基本噪声源。根据准粒子涨落功率谱以及入射光子功率与产生准粒子数的对应关系,可以得到产生复合噪声导致的dark NEP:

$$NEP_{\mathrm{GR}} = \frac{2\Delta}{\eta} \sqrt{N_{\mathrm{qp}}/\tau_{\mathrm{qp}}} \propto \mathrm{e}^{-\Delta(0)/k_{\mathrm{B}}T} \tag{3-59}$$

(4) 光子噪声与光学(optical) NEP。由于光子的随机到达速率而波动,辐射功率 P_{rad} 随时间变化而并不恒定。光子的随机到达率是热辐射源的基本特性。因此,光子噪声是任何功率探测器的基本噪声源,并决定理想探测器的灵敏度极限。基于光子数波动的功率谱密度为

$$S_p = 2P_{\mathrm{rad}} h\nu(1 + \eta_{\mathrm{opt}} n) \tag{3-60}$$

式中, $n = 1/(\mathrm{e}^{h\nu/kT} - 1)$ 为光子聚束(即光子占有率),服从玻色-爱因斯坦凝聚。对1 THz以上的高频光子,光子聚束对光子噪声的贡献可以忽略不计。光子噪

声既取决于辐射功率，也取决于频率。optical NEP 一般是指在辐射信号参考面实测探测器的灵敏度。在光子噪声忽略不计的情况下，等同于 dark NEP 除以总光学效率（辐射信号参考面到探测器），其极限为背景噪声 NEP，其平方等于式（3－60）的功率谱密度。

下面针对 MKID 噪声等效功率 NEP 与响应率的关系再做进一步的说明。

$$NEP=\sqrt{S_X}\left(\frac{\mathrm{d}X}{\mathrm{d}P_{\mathrm{rad}}}\right)^{-1}\sqrt{1+\omega^2\tau^2} \tag{3-61}$$

式中，X 代表相位或幅度；噪声谱 $\sqrt{S_X}$ 在理想情况下是光子噪声限制。响应率可拆分为

$$\frac{\mathrm{d}X}{\mathrm{d}P_{\mathrm{rad}}}=\frac{\mathrm{d}X}{\mathrm{d}N_{\mathrm{qp}}}\cdot\frac{\mathrm{d}N_{\mathrm{qp}}}{\mathrm{d}P_{\mathrm{rad}}} \tag{3-62}$$

式中，$\frac{\mathrm{d}X}{\mathrm{d}N_{\mathrm{qp}}}$ 可由式（3－26）和式（3－27）求出，$\frac{\mathrm{d}N_{\mathrm{qp}}}{\mathrm{d}P_{\mathrm{rad}}}$ 则可以得到如下形式：

$$\frac{\mathrm{d}N_{\mathrm{qp}}}{\mathrm{d}P_{\mathrm{rad}}}=\frac{\tau_{\mathrm{qp}}\eta_{\mathrm{opt}}\eta_{\mathrm{pb}}}{\Delta}\propto\sqrt{\frac{\tau_0\eta_{\mathrm{opt}}\eta_{\mathrm{pb}}N_0V}{P_{\mathrm{rad}}}} \tag{3-63}$$

6. 谐振器非线性效应

在产生过量准粒子的情况下，微波吸收的效果可以用一个有效温度近似。准粒子系统中的微波损耗不仅取决于外加微波功率，还取决于微波读出频率相对于谐振腔谐振频率的失谐量，谐振频率随温度变化。谐振腔的响应可以由温度和频率决定的微波损耗来模拟。电声相互作用有效地冷却了准粒子体系，并将吸收的微波功率传输到介质衬底。在足够高的微波功率下，耗散曲线和冷却曲线的形状会产生非线性行为，在两种不同的温度状态之间可能存在双稳态。此外，超导体所携带的电流有一个上限，即临界电流，这与临界磁场直接相关。除了准粒子的再分布外，电磁场通过库珀对影响超导体。这种效应通常被称为“库珀对破坏”效应。因此，在较高的微波读出功率，产生电流影响临界电流，也会导致额外的非线性效应。该效应会导致微波谐振器的频移，而不需要额外的功率耗散（远小于准粒子重分布情况）。如前所述，无附加损耗的非线性动态电

感效应是行波参量放大器的基础。

3.3 频分复用读出技术

3.3.1 超导探测器读出技术

所谓读出技术，是指将探测器所探测到信号以一定方式读取出来。例如，当超导 SIS 隧道结用于非相干探测时，在外部太赫兹信号辐照时，其能隙以下暗电流会产生变化，通过固定直流偏置电压读取电流变化的方式，提取超导 SIS 隧道结的探测信号信息。探测器读出技术与探测器工作机理紧密相关，不同工作机制的探测器须配备不同的读出电路。需要特别指出的是，无论采取何种形式的读出技术，其读出噪声应小于探测器噪声。

针对 MKID，一般其结构由太赫兹信号接收器（例如天线）和微波谐振器两个主要部分组成。当 MKID 天线接收外部太赫兹信号辐照时，太赫兹信号能量将传输至由超导薄膜（如 TiN 或 Al）构成的微波谐振器，拆散超导薄膜中库珀对形成准粒子，这将导致超导薄膜中准粒子密度增加，由此引起微波谐振器的表面阻抗变化，即导致微波谐振器的电阻和动态电感变化，从而引起微波谐振器特性（品质因子 Q、幅频特性、相频特性等）变化。获取微波谐振器特性（幅度或相位）的变化信息，则可间接获取所探测太赫兹信号信息。由于 MKID 阵列的微波谐振器可实现高 Q 值设计，因而每一个微波谐振器的设计谐振频率可略有不同，而不引起互扰。因此，可在同一传输线上耦合多个 MKID，通过单一同轴电缆即可读取大规模阵列 MKID 的探测信号。这种以频率为区分、同时可读取多个探测信号的技术称之为频分复用 FDM（Frequency Division Multiplexing）读出技术。

与频分复用读出技术对应的有时分复用 TDM（Time Division Multiplexing）读出技术、码分复用 CDM（Code Division Multiplexing）读出技术等。相比于 MKID 较为单一的频分复用读出技术，下一章将介绍的超导相变边缘（TES）探测器则已经发展出时分复用、频分复用和码分复用等多种读出技术。与较为复杂的超导 TES 探测器时分复用读出技术相比，MKID 的频分复用读出技术仅依赖两根同轴电缆即可实现大规模阵列探测信号读出，可显著降低探测器系统布线的复杂度。此外，在MKID频分复用读出电路中，除了HEMT低噪声放大器需置于4 K低温环境外，其他部件均工作在室温环境，这将显著降低对低温制冷设备制冷功率的要求。

3.3.2 MKID频分复用读出技术

MKID频分复用读出电路一般包括激励信号发生器、中频电路、数字信号处理电路。激励信号发生器产生MKID微波谐振频率的多音（梳状）信号，作为MKID信号探针；中频电路将激励信号发生器所产生的基带多音信号上变频至MKID信号谐振频率的工作频段内，并将经过MKID调制和低温HEMT放大器放大后的射频多音信号下变频至基带并再放大和滤波，以匹配后续数字信号处理电路的工作带宽和输入电平；数字信号处理电路将对基带多音信号进行数据采集和包括数字滤波、频谱处理、信道化等数字信号处理。最终读出多音信号的幅度或相位，以获取MKID所探测信号的信息。激励信号发生器的主流是由FPGA和DAC组成产生基带多音信号。中频电路一般包含上变频电路和下变频电路，上变频电路采用IQ混频器的目的是获得单边带信号或是增加信号带宽，而下变频电路采用IQ混频器的目的则是获得I和Q两路基带信号，可用于后续数字信号处理提取幅度或相位信息。数字信号处理电路则将基带信号进行处理，主要有两种处理方式，其一是直接采用FFT处理方法对基带信号进行频谱处理，其二是数字下变频DDC方法，将基带信号进行信道化。下面重点介绍两个代表性读出电路。

采用FFT处理方法进行频分复用读出电路方面，荷兰SRON研究所的Yates等率先采用数字FFT频谱仪（FFTS）作为MKID频分复用读出电路的核心组成，其原理框图如图3-8所示。该频分复用读出电路的激励信号发生器采用商用任意波形发生器AWG。中频电路包含上变频器、下变频器以及本振信号源SG1、微波开关，以及IQ混频器和本振信号源SG2组成的零差（homodyne）混频器。数字信号处理电路包括数字FFT频谱仪以及2通道数据采集器。此外，ADC、DAC、FPGA时钟信号和本振信号源SG1均通过外部参考源进行相位同步。针对该读出电路,任意波形发生器 AWG 通过 12 比特 DAC 以 1 GHz 采样速率产生 0.1～300 MHz 带宽的 8 个基带多音信号。中频电路的上变频器采用 4 GHz 本振信号源 SG1 将基带多音信号上变频至 4～4.3 GHz 频段内形成射频多音信号,下变频器以同样本振信号源 SG1 将经 MKID 调制、HEMT 低温放大和室温放大的射频多音信号变换至基带(当中频电路的微波开关将经放大的射频多音信号切换至数字 FFTS 频谱通路时)。基带多音信号传输至数据处理电路后,经数字 FFT 频谱仪进行 1 GHz 带宽及 122 kHz 频率分辨的实时频谱处理和功率积分,最终以每秒 50 帧的速率读出多音信号频谱。当中频电路微波开关 Switch 将经放大的射频多音信号切换至零差混频器时,本振信号源 SG2 将根据射频多音信号的频率逐一进行工作频率选择,经 IQ 混频后输出 I 和 Q 信号,再分别输入 16 比特 ADC 进行 200 kHz 数据采集,获得的 $I(t)$ 和 $Q(t)$ 时序数据经过后续数字信号处理后,可逐一获得每一个 MKID 的幅度和相位噪声频谱,用于表征 MKID 的噪声性能等。

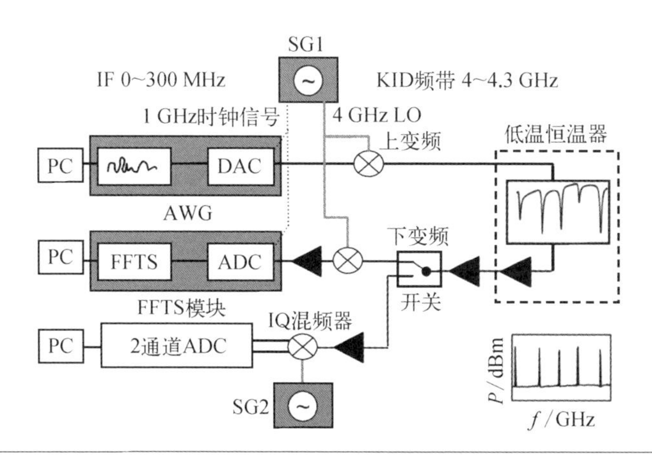

3-8
用 FFT 处理
法的 MKID
分复用读出
路

在采用 DDC 处理方法方面,美国加利福尼亚大学 Sean Mchugh 等为 ARCON 项目研制的 MKID 读出电路,采用了 DDC 处理方法进行信号的频分复用处理,其原理框图如图 3-9 所示。该读出电路包含了由 Roach FPGA 处理板块和 2 通道 ADC 和 DAC 数据采集板块组成的激励信号产生和数字信号处理电路,以及由 IQ 混频器组成的上变频和下变频中频电路。由 Roach FPGA 处理板块和 2 通道 DAC 数据采集卡组成的激励信号发生器,产生 256 个多音信号并以 I 和 Q 输出,输出基带带宽为 256 MHz。中频电路 IQ 混频器和本振信号 Synthesizer 将 I 和 Q 基带多音信号进行单边带上变频至 4.5～5 GHz 频段，其下变频则将射频多音信号进行低温和常温放大后，进行 IQ 下变频至基带，输出 I 和 Q 两路信号，供后续的数字处理电路进行信道化处理。上变频和下变频共用一同本振信号源，将射频多音信号频移至基带多音信号频段 256 MHz 带宽内。中频电路中另有用于限制输入和输出信号的带宽低通滤波器和用于信号功率调节的可调衰减器。

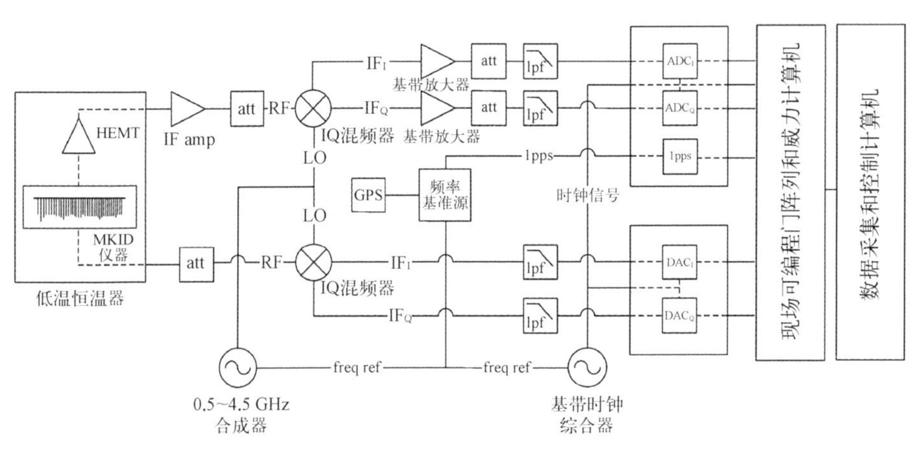

图 3-9 采用 DDC 处方法的 MK 频分复用读电路

数字信号处理电路中的 2 通道 12 比特 ADC 以 512 MHz 采样速率对基带多音 I 和 Q 信号分别进行数据采集后，送入 Roach 的 FPAG 板块进行数字信号信道化处理。对 I 和 Q 数字信号的处理算法，采用了类似于 NIKAL 的 DDC 信道化方式进行多音信号的频分复用读出。由于 NIKAL 的频分复用读出电路所采用的是直接对 I 和 Q 信号进行 DDC 处理，即将 I 和 Q 信号分成并行 N 路，进行数字下变频处理从而获取每一 MKID 的相位和幅度信息。这种数据处理放大需要占用大量的 FPGA 逻辑资源，因而限制了 FPGA 处理大规模探测信号的能力。在 ARCON 项目的数字信号处理方案中，对基带多音信号信道化分成两步，首先对 I 和 Q 信号进行 512 点复数 FFT，获得较低频谱分辨率的频域信号输出，从中选取含有多音信号的通道，以时分方式再对每一通道进行 DDC 信道化处理。这种两阶段的信道化处理方式，可降低 DDC 的运算速率要求和对 FPGA 逻辑资源的占用需求。该读出电路也采用了 GPS 频率标准，对中频电路的本振信号源以及数字处理电路的ADC、DAC、FPGA时钟信号进行相位同步，并减少时钟信号的干扰。

采用FFT或采用DDC进行频分复用读出本质是一致的，两者均将基带多音信号进行信道化处理。对于FFT处理方法，信道化带宽为FFT输出频谱通道带宽（或频率分辨率）；对于DDC处理方法，信道化带宽取决于DDC输出低通滤波带宽。两种处理方法各有特点：FFT处理方法比较直接，但存在通道中频频率可能无法与多音信号频率（对应到MKID谐振频率）精确对应情况。随着FFT运算长度提高，通道中心频率可逐渐逼近多音信号频率，但会牺牲时间分辨率。因此FFT处理方法主要适用于天文成像观测，而无法对快变信号如宇宙射线进行有效探测。相比FFT处理方法，每一多音信号须有一个DDC与之对应，在硬件实现上需要占用FPGA大量硬件资源，进而增加系统的规模和功耗。但由于DDC的每一个本振频率可以精确确定（用大容量内存存储信号波形数据），因此可更精确地获取多音信号所携带的相位和幅度信号。另外，DDC输出I和Q直流低频信号，可为后续进行高速数采集。因此，DDC处理方法可有效提高信号读出的时间分辨率，特别适用于宇宙射线或光子探测。

如上所述，激励信号产生和数字信号处理主要基于FPGA和DAC/ADC组合。基于FPGA和DAC激励信号产生基带信号，在处理带宽需要扩展时，需要采用更多FPGA和DAC组成来完成。当前，商用任意波形发生器可以产生20 GHz带宽的多音信号，为直接应用于大规模阵列MKID的激励信号发生器带来了诸多的便利。在数字信号处理方面，则采用ADC和FPGA组合来完成，基于FPGA硬件平台的数字信号处理需要开发具有DDC、FFT或数字滤波等功能的Firmware。目前，已经出现了一种基于DAQ与GPU/CPU组合数字信号处理实现MKID多音信号的频分复用读出，该方案的优点是在GPU上可实现1 M量级点数的超长FFT运算，可获取超高频谱分辨的多音信号频谱。基于GPU的频谱处理主要采用C++和CUDA库进行FFT软件开发，相比于基于FPGA的Firmware开发，在灵活性和开发难度上具有明显优势。采用DAQ与GPU/CPU组合的数字信号处理主要局限于GPU的输入带宽和并行实时处理带宽，目前还无法兼具超宽带信号处理能力，还难以拓展至超大规模MKID信号读出的应用。

3.3.3 32像元×32像元MKID频分复用读出电路

本小节将介绍中国科学院紫金山天文台TeSIA项目32像元×32像元MKID阵列的频分复用读出电路技术方案以及具体实现。该频分复用读出电路方案包含激励信号产生单元、中频电路单元，以及信号采集和处理单元，如图3-10所示。激励信号产生单元采用商用超宽带任意波形发生器，工作带宽20 GHz，可直接产生4～8 GHz频段MKID所需的32×32个多音梳状信号。中频信号处理单元采用两路下变频中频电路，分别将超导MKID调制后的多音信号变换至基带(如高本振8 GHz和低本振变频4 GHz)，每一路带宽为2.4 GHz的基带信号再送至信号采集和处理单元，即2通道数字FFT频谱仪，进行信号频谱处理和信号读出和拼接。32像元×32像元MKID读出电路的主要特点是：读出激励信号采用商用超宽带任意波形发生器，双路FFT频谱仪交叠拼接实现覆盖4.8 GHz带宽频分复用信号读出。

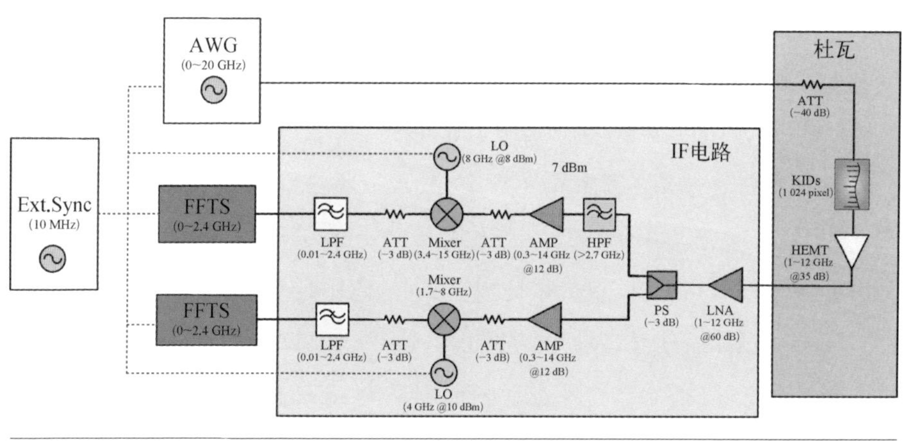

图3-10 32像元×32像元MKID频分复用读出电路原理框图

如上所述，激励信号产生单元采用了商用超宽带任意波形发生器，具有20 GHz超宽工作带宽，为大规模MKID产生高性能多音激励信号带来更为灵活的选择，同时简化了读出电路中频信号处理单元(上变频功能不再是必须选择)。图3-11显示了该激励信号产生单元在20 GHz带宽内输出的多音信号频谱实测结果。中频信号处理单元包含两路下变频电路，每一路下变频电路包含独立的本振信号源、放大器和滤波器等，与本振信号源以及两路PXIe数字FFT频谱仪集成于同一工控机箱(图3-12)。信号采集和处理单元采用两路相同PXIe架构的数字 FFT 频谱仪板块,用来对多音信号数据采集和频谱处理。该数字 FFT 频谱仪的瞬时带宽为 2.4 GHz,频率分辨率为 73 kHz,动态范围为 30 dB。图 3 - 13 为单路数字 FFT 频谱仪瞬时带宽测试结果。数字 FFT 频谱仪输出积

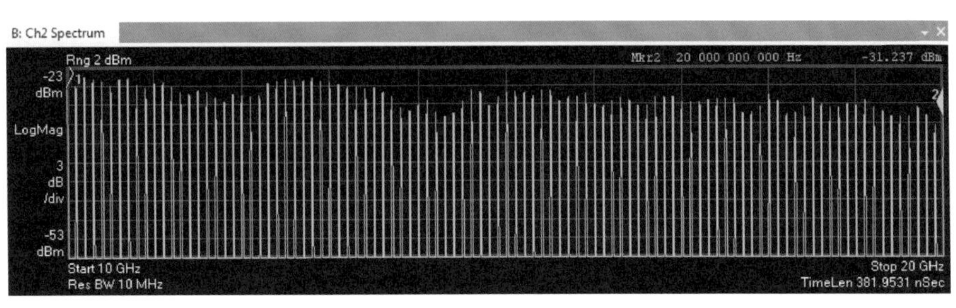

3 - 11
励信号产生元在 20 GHz 宽内输出的音信号频谱测结果

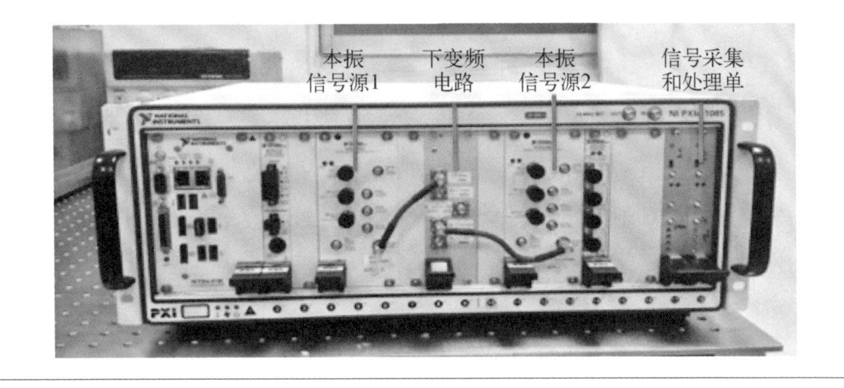

3 - 12
频信号处理元、信号采和处理单元成系统

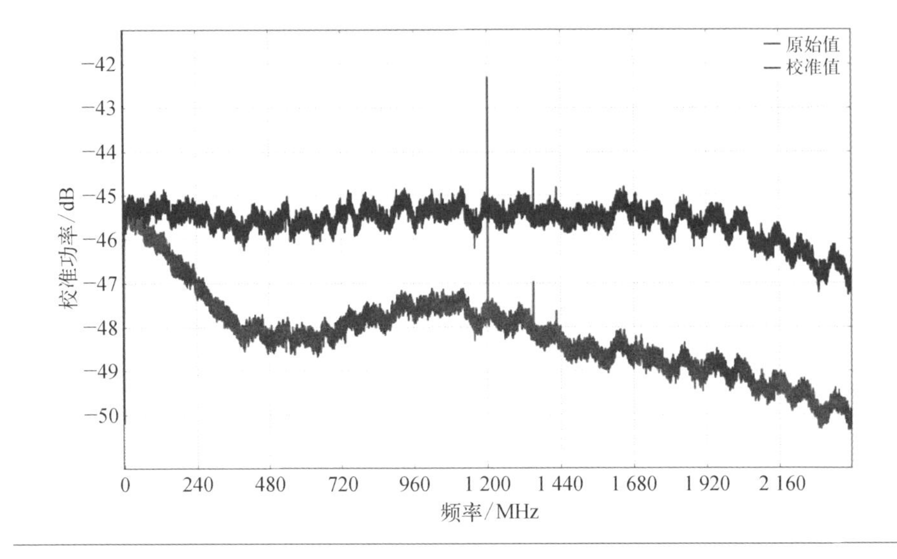

图 3 - 13
单路数字 FFT 频谱仪瞬时带宽测试结果

分功率，输出速率在 1 ms 量级，因此利用数字 FFT 频谱仪读出经 MKID 调制后的多音信号频谱，可表征 MKID 谐振响应幅度特性，也可用于幅度检测方式的太赫兹信号成像探测。

3.4 32 像元×32 像元超导动态电感探测器阵列

下一代太赫兹望远镜探测器的发展趋势包括：连续谱宽带成像探测阵列，灵敏度达背景极限，像素达 100×100 量级以上；宽波段二维成像谱仪，带宽覆盖达到 100 GHz，同时具备大视场覆盖能力；多波束接收机，灵敏度达到或接近量子极限，像素达 10×10 量级以上，每路信号瞬时带宽大于 10 GHz。南极冰穹 A 点[Dome A，图 3-14(a)]地区拥有得天独厚的地理和气象环境，具有海拔高、空气干燥、大气透明度好等优点，是地面上最佳的太赫兹天文观测站址。我国正计划在这一站址建设中国南极昆仑站天文台，其中一个重要项目便是 5 米太赫兹望远镜[DATE 5，图 3-14(b)]，工作频段为 250 μm、350 μm 和 450 μm 谱段。而应这一望远镜的建设需求，中国科学院紫金山天文台启动了“太赫兹超导阵列成像系统(TeSIA)”项目，其核心是工作波段为 350 μm(850 GHz)的 32 像元×32 像元 MKID 阵列。

(a)

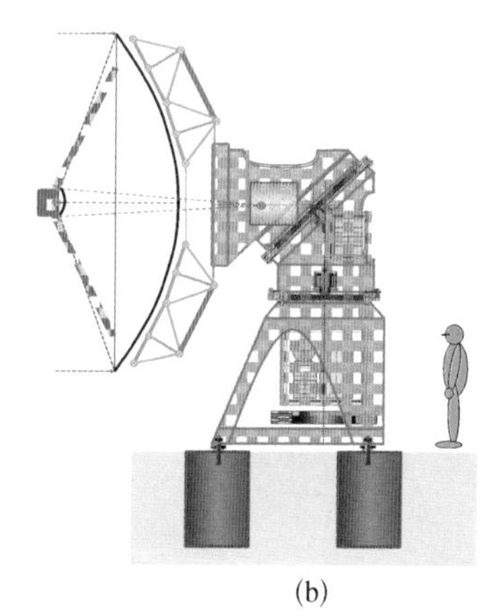
(b)

图 3-14 (a) Dome A 在南极的地理位置；(b) 南极 5 米太赫兹望远镜示意图

3.4.1 探测器阵列仿真设计

32 像元×32 像元 MKID 阵列工作在 850 GHz 频段，相对带宽大于 10%，总像元数为 1 024，工作在 0.3 K 温区，灵敏度期望达 10^{-16} W/$\sqrt{\text{Hz}}$。结构上，该探测器阵列采用微透镜与双槽天线组合阵列接收空间 1 024 个点的太赫兹电磁辐射，双槽天线耦合太赫兹信号至四分之一波长 Al 超导谐振器。四分之一波长 Al 超导谐振器连接至双槽天线端接地，另外一端通过电容耦合器(coupler)连接到微波读出传输线(feedline)。超导谐振器和微波读出传输线均采用共面波导传输线(CPW)。需要指出的是，采用 Al 薄膜的主要原因是其谐振器特性与 Mattis - Bardeen 理论较吻合，容易理解其特性与相关物理量的变化关系。

32 像元×32 像元 MKID 阵列的谐振频率区间选择为 4～8 GHz，频率间隔选择为 25 MHz。当设计更多像元时，该频率间隔还可进一步减小，直至两谐振器之间互偶(cross talk)特性可以忽略。图 3 - 15 显示了一个 MKID 谐振器的耦合器部分以及 32 像元×32 像元 MKID 阵列在 3 英寸基板上的布局。如前所述，MKID 大多采用 CPW 线结构，主要因为其具有简单的单层薄膜结构。CPW 读出传输线的特征阻抗通常选择为 50 Ω。结合硅衬底基片的介电常数(11.4～11.9)，可设定中心导带宽度与地平面—中心导带缝隙的比例为 5∶3。对于谐振器本身，CPW 线通过耦合电容与读出传输线解耦，因此其特征阻抗不需要为 50 Ω。一个 MKID 的谐振频率不仅取决于超导谐振器本身，还与另外一端的耦合器(coupler)密切相关。当微波读出传输线、耦合器和谐振器的中心导带及缝

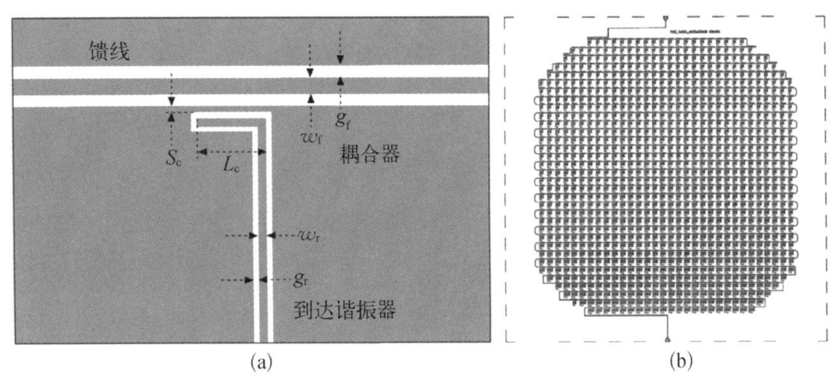

图 3 - 15　(a) MKID 谐振器的耦合器部分示意图；(b) 32 像元×32 像元 MKID 阵列在 3 英寸基板上的布局

隙宽度确定后（$g_f=6\ \mu m$，$w_f=10\ \mu m$，$g_r=2\ \mu m$，$w_r=3\ \mu m$），各谐振器的频率设计可通过电磁仿真商用软件 SONNET 仿真完成，主要确定耦合器长度、耦合器缝隙以及谐振器长度。谐振器长度的初始值可以在不考虑动态电感的情况下，取四分之一有效波长（考虑 CPW 线的有效介电常数）。

如前所述，MKID 的品质因子主要由耦合器品质因子和超导谐振器本身品质因子决定。一般情况下，超导谐振器品质因子在 $T \ll T_c$ 时可以很高，因此 MKID 的品质因子主要由耦合器品质因子 Q_c 决定。针对 32 像元×32 像元 MKID 阵列，Q_c 在 $10^5 \sim 10^7$ 选择，主要为了研究不同耦合强度对谐振器特性的影响。耦合器品质因子 Q_c 则由使用的耦合器类型决定，图 3－15 所示的“弯头”设计可以通过改变与馈电线的缝隙间距和其线长来改变耦合强度。用 SONNET 进行模拟仿真，确定耦合强度随谐振频率和耦合器长度的变化，如图 3－16 所示。此外，Q_c 还可以直接由馈电线到耦合器的传输系数 S_{13} 来计算，即

$$Q_c = \frac{\pi}{2\,|\,S_{13}\,|^2} \tag{3-64}$$

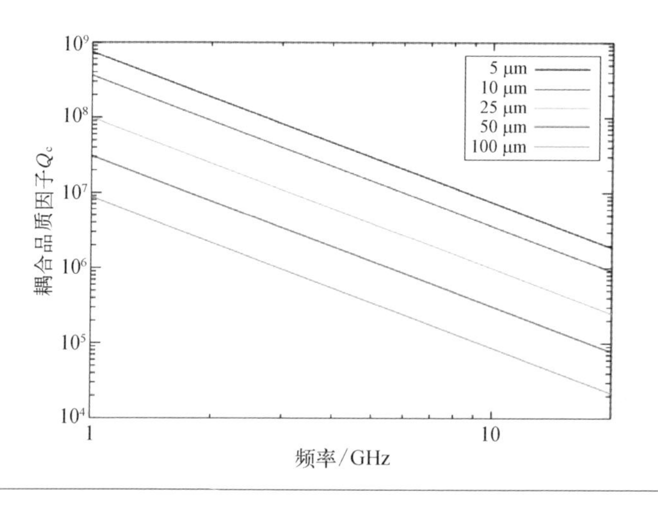

图 3－16 SONNET 不同耦合器平行段长度对应的耦合品质因子 Q_c

谐振腔的体积与器件的响应率直接相关，谐振频率响应取决于准粒子密度的变化。通过更薄的薄膜或更高的谐振频率降低体积将增加器件的响应率。同时薄膜的厚度不仅决定了薄膜的体积，还决定了薄膜的动态电感系数。这意味着使用超薄薄膜可以显著地提高探测器响应率。

3.4.2 探测器阵列芯片制备

MKID阵列芯片制备需要经过曝光显影、薄膜生长（蒸镀或溅射超导薄膜），以及薄膜与芯片特性表征等步骤。下面分别予以介绍。

1. 曝光显影

曝光显影之前，首先在硅基板抛光的一面涂覆一层光刻胶，一般选用AZ5214型反转光刻胶。该光刻胶根据不同的工艺可以分别用来做正胶和负胶，被广泛应用到微加工领域。由于光刻胶是长链聚合物，所谓正胶或负胶是根据其内部聚合物在特定环境下发生降解或交联反应而命名的。AZ5214型光刻胶相对于普通光刻胶具有以下特性：作为正性光刻胶时，在曝光机紫外线照射下发生光化学反应。化学键断裂重组，曝光的区域会溶于正胶显影液中，未曝光的区域则不溶解，形成的图案与掩膜版上图案一致；作为负性光刻胶时，经曝光后曝光区发生光交联反应，聚合物分子量变大导致溶解性能下降，经显影液浸泡，非曝光区的胶膜被洗掉，得到的图案与掩膜版上的图案相反。另外，之所以选用AZ5214反转光刻胶，而不单纯地选用负性光刻胶，是因为负性光刻胶本身膨胀系数大，图形容易失真。同时，AZ5214经过曝光后烘干和泛曝光两道工序使正胶变负胶的同时，既使其具有正胶的膨胀系数，还可形成倒台面（undercut）的侧壁，有利于胶膜的剥离。

整个曝光显影过程要经过以下几个工序：涂覆光刻胶、前烘（软烘）、曝光、后烘、泛曝光、显影、风干等。一般先在自动甩胶机转台上滴4～5滴光刻胶，然后均匀提速，使胶均匀地涂布在硅片上。将甩胶后的硅片取出并放在加热板上加热约90 s，使光刻胶凝固，称为前烘。取下涂有光刻胶的硅片放在玻璃皿并盖好冷却，至其恢复到常温后，用平角镊子夹取放在曝光平台上真空吸附。将设计好的掩膜版调节合适后进行第一次曝光，曝光时间为5.3 s。取下后，加热板继续加热，温度控制在118℃，约1 min，冷却后进行第二次泛曝光（不加掩膜版），时间约为100 s。然后将曝光后的硅片放入显影液中浸泡1 min，这里时间需要严格控制，过长或过短都会影响芯片图案的形成。最后用氮气枪风干后，在光学显微镜下观察图案的完整性。图3－17为曝光后的双槽天线部分的显微照片，左图是正常成功的曝光图片，而右图是由于曝光不足所导致的传输线与双槽天线的粘连，这些部分在以后镀膜时则不能镀上 Al 薄膜。掩膜版上的污渍或者陈旧光刻胶里的沉淀物都会影响图案的完整性，若污渍恰好遮挡传输线的曝光，在镀膜后就会形成短路或者断路。所以曝光后检查是必须进行的关键工艺步骤。

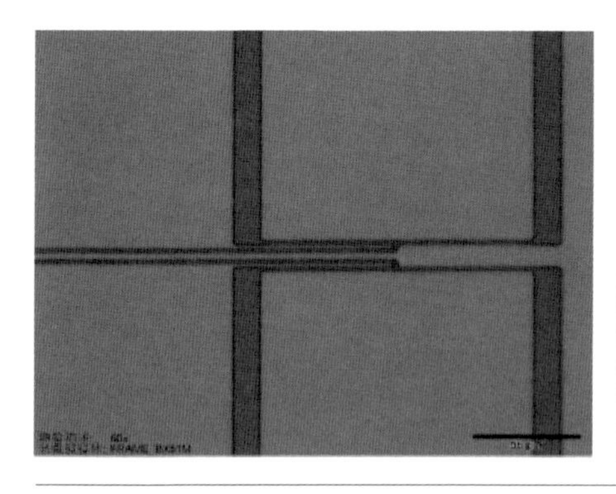
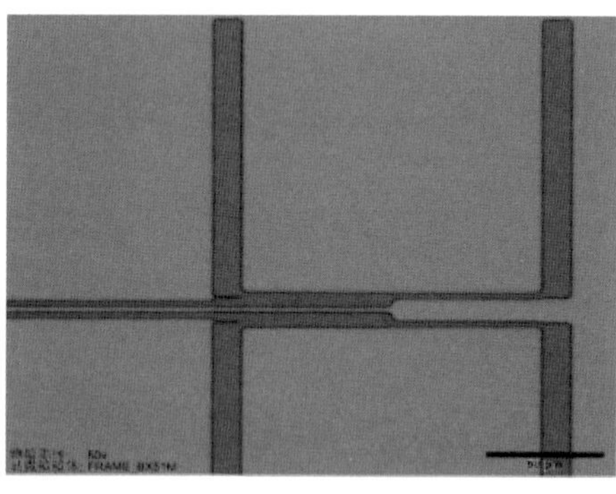

图 3－17 曝光后的双天线部分的微照片

2. 真空蒸镀 Al 薄膜及剥离

若曝光显影质量合格，会继续进行超导薄膜的制备，一般有蒸镀和溅射两种方式。一般情况下，Al 和一些非晶材料采用蒸镀镀膜。而像具有较高硬度且需要较高结合能的 TiN 薄膜的制备，通常采用溅射方式。磁控溅射一般比真空蒸镀成膜结合能高，膜与基板黏合度更高，不易脱落，而真空蒸镀成膜表面平整度较高。在这一步工艺中，在放入硅片的同时放入一小块硅基板作为陪片，用来测量镀膜的厚度，这样不仅方便测量膜厚，同时不会因测量过程中的操作而损伤到芯片本身结构。虽然蒸镀过程中膜厚可控，但不能做到很精确的控制，一般需要通过加大电流来增大镀膜的速率。

32 像元×32 像元硅基 Al 膜 MKID 阵列芯片采用电子束加热蒸发镀膜方式进行薄膜生长。电子束加热蒸发镀膜是将蒸发材料（Al 棒或块）放入水冷铜坩埚中，通过施加电场使处于阴极的电子获得动能，轰击阳极的 Al 棒，使 Al 棒加热气化蒸发后凝结在基板表面形成薄膜。该镀膜方式具有能量密度大、效率高、薄膜纯度高等优点，同时应避免坩埚或加热舟引入的污染，这是真空蒸发镀膜技术中的一种重要的加热方法。通过控制电压来控制钨灯丝加热的功率，从而调节蒸发速率，控制膜厚精确度可达 2 nm 左右。

将已镀 Al 膜 MKID 阵列芯片放入丙酮溶液中浸泡长达 12 h，使其充分溶解硅片上的光刻胶，并用细毛软刷或棉签对硅片上的光刻胶进行剥离。超声波振荡 1 min，使其中小块颗粒充分剥落。然后在显微镜下再次观察镀膜的完整度。需要注意的是，该工艺过程有时会留下细毛刷刷出的划痕，这是由铝膜本身材质较软造成的。这些划痕对微波信号传输有影响，过深的划痕可能会使传输线断开，进而阻断低频微波读出信号的通过。

3. 薄膜及芯片特性表征

芯片制备完成镀膜后，需要进行系列参数的测定，包括电阻率、方块电阻、常温电阻、临界温度 T_c、XRD 或 SEM 成像等芯片质量的标定，进一步对芯片的特性进行研究。表 3－3 列出了两种不同厚度 32 像元×32 像元 Si 基 Al 膜 MKID 芯片成膜后的部分参数。图 3－18 则显示了所制备 Al 膜以及 TiN 膜的典型 T_c 测量结果。

表 3－3 两种不同厚度 32 像元 × 32 像元 Si 基 Al 膜 MKID 芯片成膜后的部分参数

膜厚/nm	常温电阻率/(mΩ・cm)	方块电阻/(mΩ/sq)	常温电阻/kΩ	T_c/K	基板材料
95	0.003 65	363	4.5	1.23	Si(111)
85	0.003 46	383	4.7	1.25	Si(111)

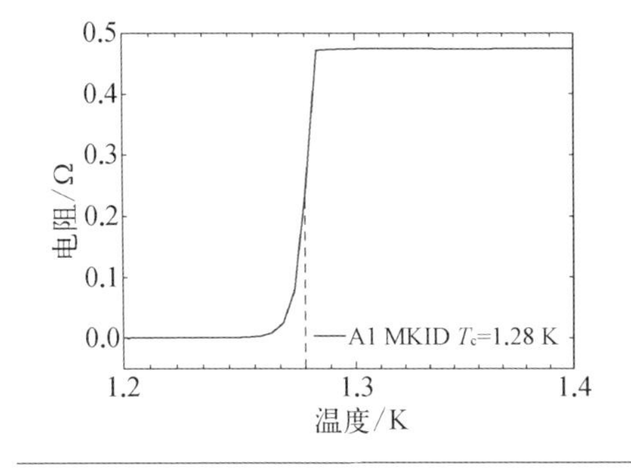

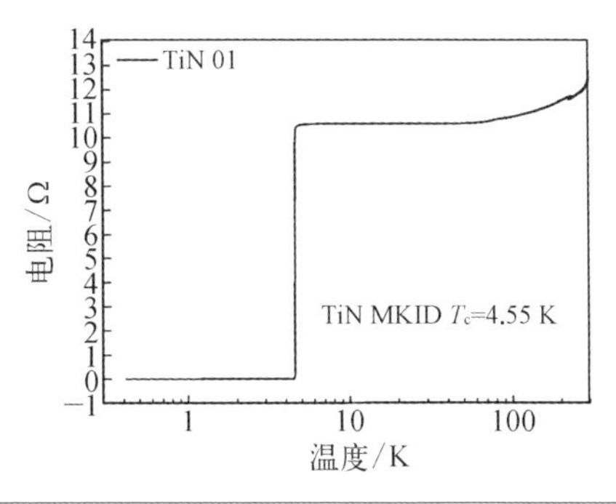

图 3－18 Al 膜和 TiN 膜的典型 T_c 测量结果

利用 XRD 对 Al 膜进行衍射，通过分析其衍射图谱，获得材料成分、晶格取向、晶粒大小、结晶度等参量，对 MKID 芯片制备过程中优化薄膜结构具有重要意义。X 射线在晶体中的衍射过程，其本质是晶体中各原子相干散射波之间互相干涉的结果。因衍射线的方向正好相当于原子平面对入射光线的反射，因此可以用布拉格公式代替反射规律来描述衍射线的方向。但是，X 射线从原子面的反射和可见光的镜面反射有着本质的区别，前者是有选择性地反射，其选择条件遵从布拉格定律。XRD 可以对芯片薄膜进行物相分析，从而判断薄膜中所含有的元素成分，通过半定量计算，得到各成分的比例。图 3－19 显示了所制备 Al 膜的 X 射线衍射物相分析结果。显然，薄膜只含有 Al 元素。表 3－4 所给出的寻峰结果包括衍射角度 2θ 的值、面间距、半宽高以及晶粒尺寸等，其中 65.2°对应晶相为(220)时为最大衍射峰高。

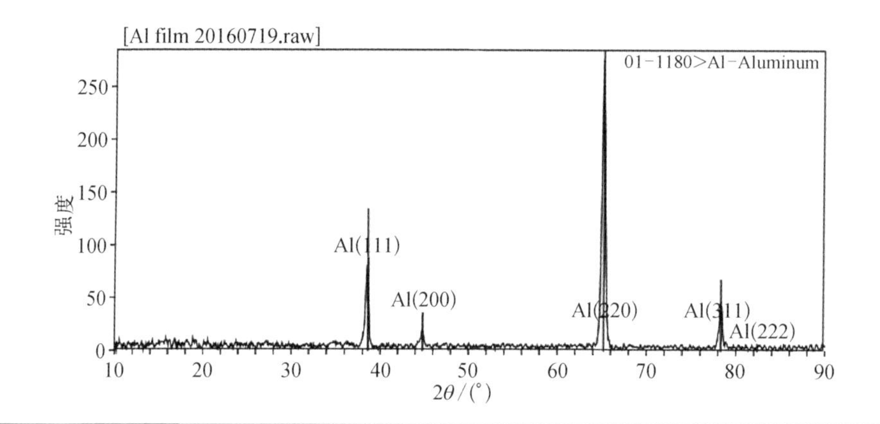

图 3－19
Al 膜的 X 射线衍射物相分析结果

表 3－4
XRD 分析软件寻峰结果

#	2θ	d	BG	$Height$	%	$Area$	$FWHM$	XS/nm
1	38.6	2.33	13	121	29.8	1 046	0.367	238
2	44.8	2.02	9	24	5.9	250	0.443	199
3	65.2	1.42	13	406	100.0	4 010	0.420	231
4	78.3	1.21	6	62	15.3	588	0.403	262

基于 XRD 分析结果，可以评估 Al 薄膜的表面晶粒尺寸、结晶度以及点阵常数等。利用谢乐(Scherrer)公式：

$$D=\frac{K\lambda}{\beta\cos\theta} \tag{3-65}$$

可以计算 Al 晶胞的平均晶粒尺寸。式中，K 为常数(取 0.89)；λ 为 X 射线辐射的波长(0.154 056 nm)；θ 为衍射角；β 为衍射峰的宽度。计算得到 Al 膜的平均晶粒尺寸约为 23 nm。需要说明的是，XRD 只能大致估测晶粒尺寸，AFM 分析可进一步对晶粒尺寸进行验证。结晶度即晶体结晶的完整程度，结晶完整的晶体其晶粒较大，内部质点的排列比较规则，衍射线强、对称且尖锐，衍射峰的半高宽接近仪器测量的宽度；结晶度差的晶体，往往是晶粒过于细小，晶体中有位错等缺陷，使衍射线峰形宽而弥散。结晶度越差，衍射能力越弱，衍射峰越宽，直到消失在背景中。结晶度一般为衍射峰强度与总强度的比值。通过 XRD 软件的拟合功能，得到如图 3－20 所示的拟合结果，给出 Al 膜的结晶度为 94.1%。任何结晶物质在一定条件下都有一定的点阵常数。当外界条件（温度、压力等）发生改变时，点阵常数也会发生改变。点阵常数的测定有利于研究薄膜的缺陷、密度和膨胀系数等性质。由于 Al 金属晶体为面心立方结构，根据布拉格公式和面心结构，可以改写布拉格公式为

$$\sin^2\theta = \left(\frac{\lambda}{2a}\right)^2 (h^2 + k^2 + l^2) \tag{3-66}$$

通过 XRD 分析软件内置公式，可以计算出 Al 晶胞的点阵常数为 $a=b=c=4.041$。

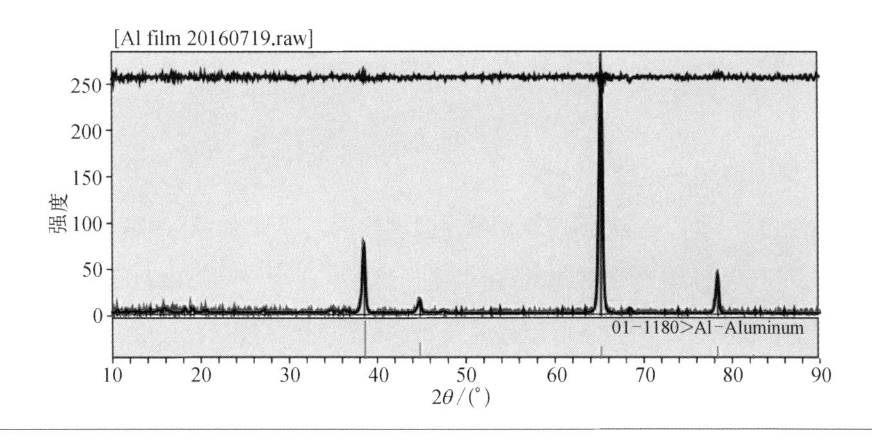

图 3－20 X 射线衍射峰拟合结果

3.4.3 探测器阵列特性

1. 探测器阵列芯片封装

如前所述，MKID 芯片背部安装 Si 透镜阵列，使其聚焦到每个像元谐振

器末端的双槽天线。这样可以增大光吸收效率，降低 MKID 的光学 *NEP*。利用自行研制的微硅透镜安装平台，可实现前后左右的螺旋精细调节，使硅透镜精准地安装在探测器芯片上。由于探测器芯片厚度只有约 450 μm，可通过超声波点焊仪将芯片与 PCB 板连接，多根点焊线可防止引线在低温下由于热胀冷缩而断开。PCB 板和 SMA 接头之间仍采用传统的焊接方式。图 3－21 为完成安装后的 32 像元×32 像元硅基 Al 膜 MKID 阵列芯片以及微透镜阵列照片。

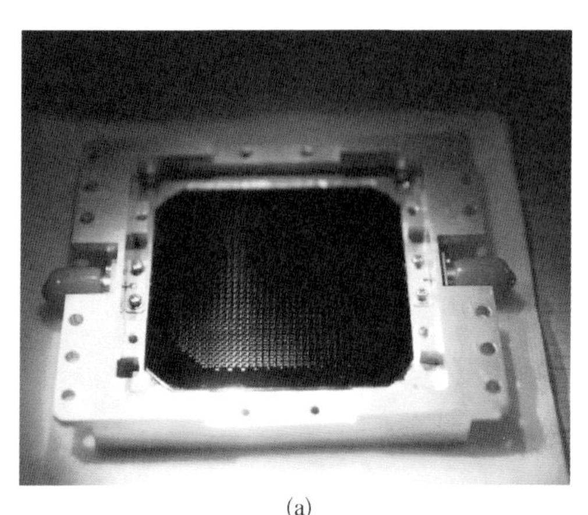

(a)

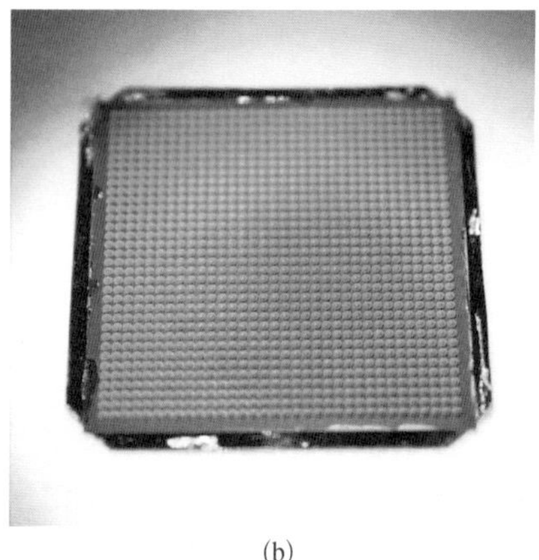

(b)

图 3－21 (a) 32 像元×32 像元硅基 Al 膜 MKID 阵列芯片；(b) 微透镜阵列照片

2. 探测器测量系统及特性

由于 Al－MKID 芯片薄膜采用临界温度约为 1.27 K 的 Al 薄膜，亚 K 低温环境是保证其正常工作的关键，可选用稀释制冷机或者绝热去磁制冷机(ADR)进行降温。图 3－22 为实验所用的稀释制冷机内部结构，其最外层为 300 K 杜瓦罩，向内依次为 50 K、4 K、1 K、100 mK 和 20 mK 冷级，每一级都由外罩封闭，隔绝各层腔体之间的热接触。32 像元×32 像元硅基 Al 膜 MKID 阵列芯片安装在最内层 20 mK 冷级，通过增大探测器 block 与冷板接触面积可增大制冷效率。探测器两端 SMA 接头由超导同轴电缆连接读出。超导电缆线在低温下可以有效减少热传导。图 3－23 为 MKID 测量系统的链路示意图。在射频输入端，分别在 300 K、4 K、1 K 温度区间安装衰减器用于调整微波读出信号的输入电平。

在射频输出端，分别在 4 K 和 300 K 温度区间安装低温致冷 HEMT 低噪声放大器和常温放大器，实现低读出噪声并获得足够的输出信号电平。输入输出两端根据不同的实验表征需求，可以连接不同的测量设备。测量 MKID 阵列谐振特性时，可直接连接矢量网络分析仪（VNA）。若测量噪声特性或时间常数等，则需要接信号发生器和 IQ 混频器组成的零差混频系统（homodyne）。此外，系统链路上通常还连接隔直器（DC block）和低频滤波器等，用于直流和低频信号的滤波，以及杂散光的滤波等。

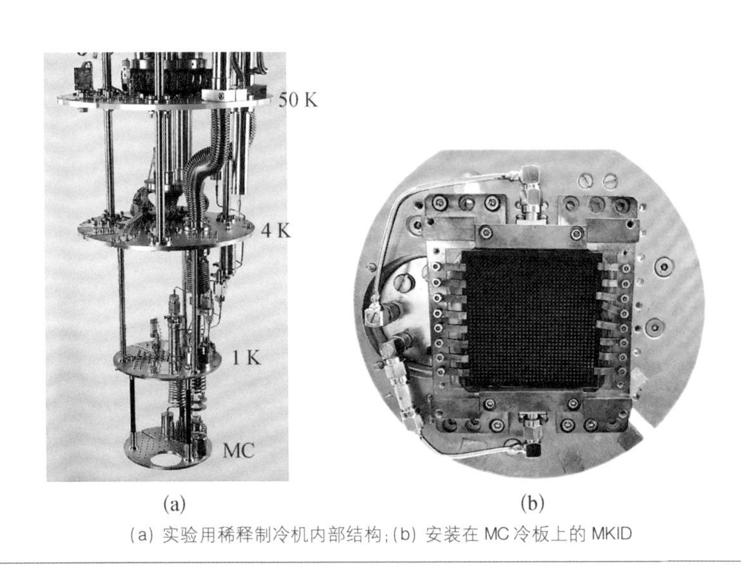

图 3－22 (a) 实验用稀释制冷机内部结构；(b) 安装在 MC 冷板上的 MKID

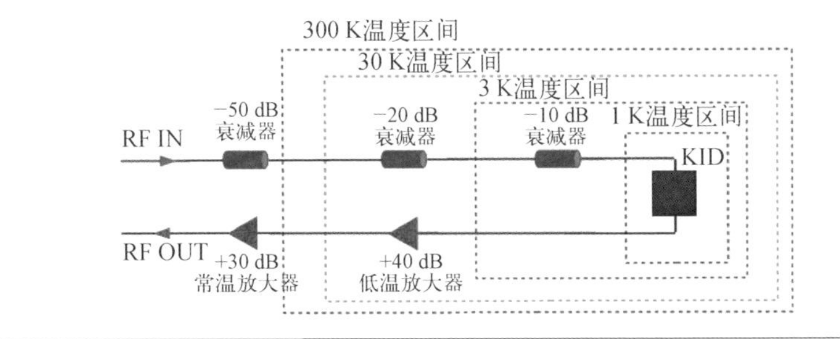

图 3－23 MKID 测量系统的链路示意图

在探测器特性实验测量之前，通常还须进行系统链路动态范围的标定，确保系统内各元器件都工作在本身以及系统综合的线性区间，同时还可以了解低温下各元器件的增益和损耗。通过在输入端接信号发生器提供射频信号，在输出端连接频谱仪，测得如图 3-24 所示的不同频率输入信号下系统动态范围标定结果。显然，测量系统输入信号的动态范围为[−45 dBm,5 dBm]。

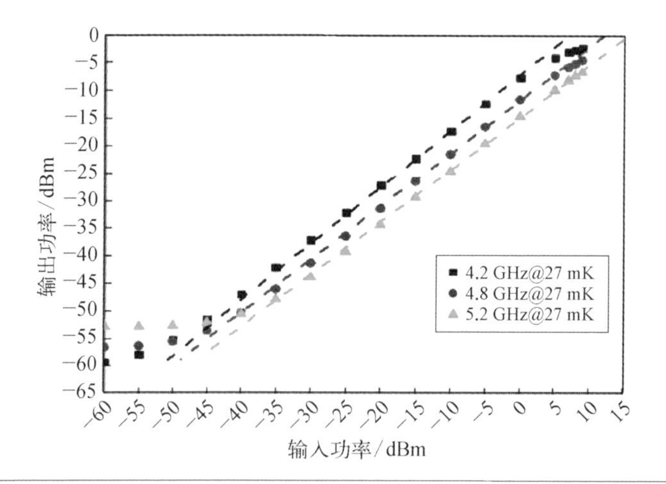

图 3-24 不同频率输入信号下系统动态范围标定结果

3. 32 像元×32 像元 MKID 谐振特性

在图 3-23 所示的 RF_{in} 和 RF_{out} 两端分别接矢量网络分析仪的两端口，用于测量系统在 4～8 GHz 的传输系数 S_{21}。由于 MKID 采用四分之一波长谐振器，实测 S_{21} 频谱中会在谐振频率附近观察到很深的吸收峰，这就是像元的显著标志。图 3-25 为实测 4～8 GHz 频段 32 像元×32 像元 Al-MKID 谐振峰分布。由于频段太宽，谐振峰分布过于密集，难以分辨每个谐振峰。图 3-26 为其中

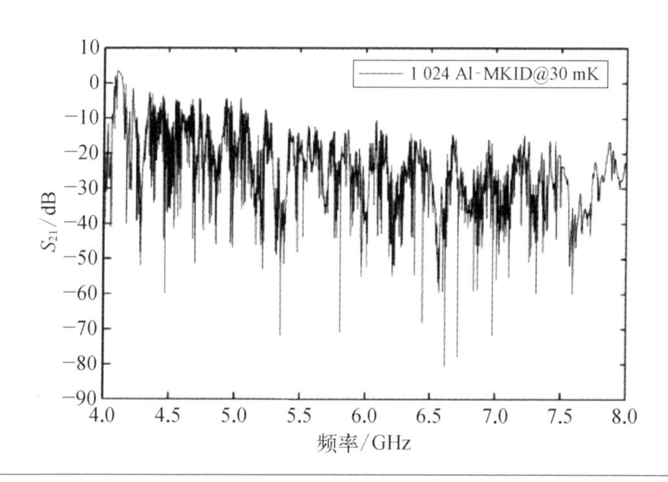

图 3-25 实测 4～8 GHz 频段 32 像元×32 像元 Al-MKID 谐振峰分布

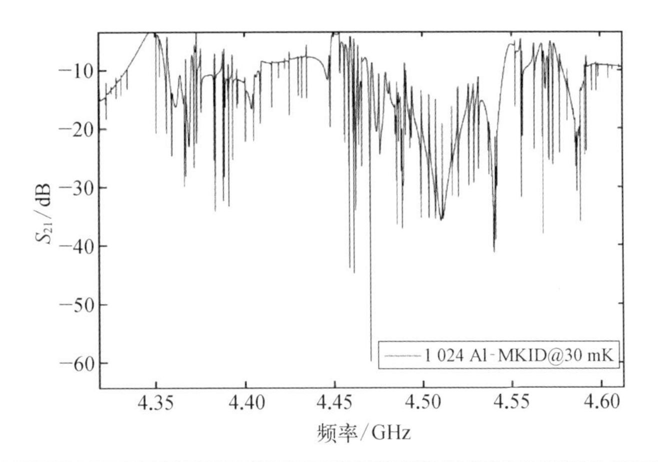

图 3-26 4.3～4.6 GHz 窄频带内的谐振峰分布

4.3～4.6 GHz 窄频带内的谐振峰分布，这样可以清楚地看到很多谐振峰。通过统计发现 937 个像元存在谐振峰，像素成活率超过 90%。

仔细观察图 3-26 显示的局部阵列谐振特性，可以发现部分谐振峰有过冲现象，部分谐振峰存在展宽现象，如图 3-27 所示。展宽的谐振峰一般不是谐振器导致，而是探测器腔体等引起的谐振特性，其 Q 因子明显过小。此外，可以通过 S_{21} 在谐振频率附近的相位变化来判定是否源于超导谐振器。关于谐振峰过冲现象，一般认为是阻抗不匹配导致，使得低于谐振频率时入射与反射信号反相位，而高于谐振频率时同相位。阻抗不匹配的原因则是所制备器件的物理结构与设计存在一定差异。该效应可以通过引入相位角 φ_0 解释，将在后续七参数拟合方法中详细介绍。

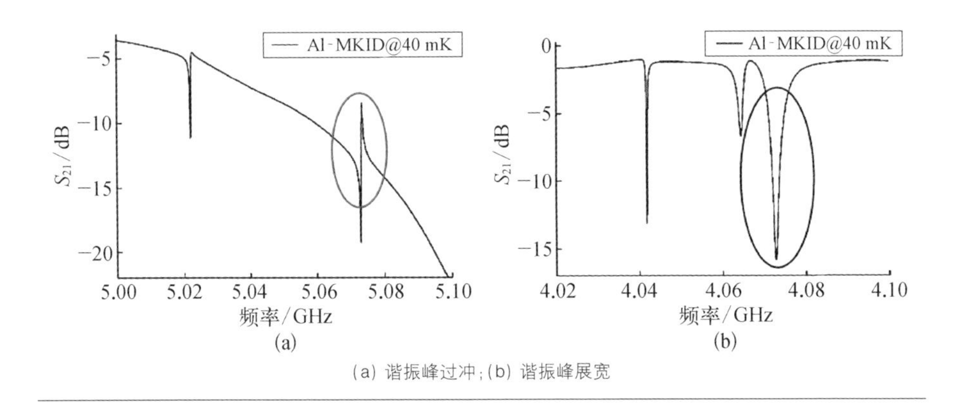

图 3-27 (a) 谐振峰过冲；(b) 谐振峰展宽

4. 谐振特性与温度相关性

测量谐振峰的温度响应可以进一步理解 MKID 的特性，并评估所制备器件的质量。通过 PID 控温可以改变稀释制冷机 MC 冷板的温度，使其温度稳定度达 0.1 mK。图 3-28 显示了一个超导谐振器在不同温度下的实测谐振响应和复平面上谐振峰的温度响应。

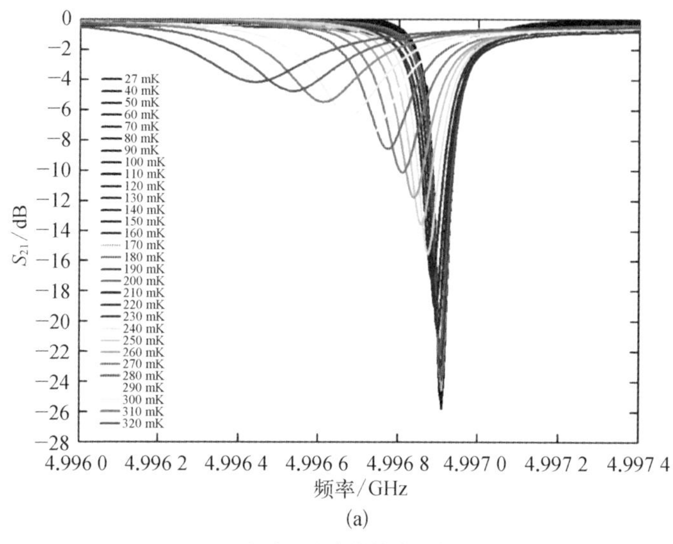

(a)

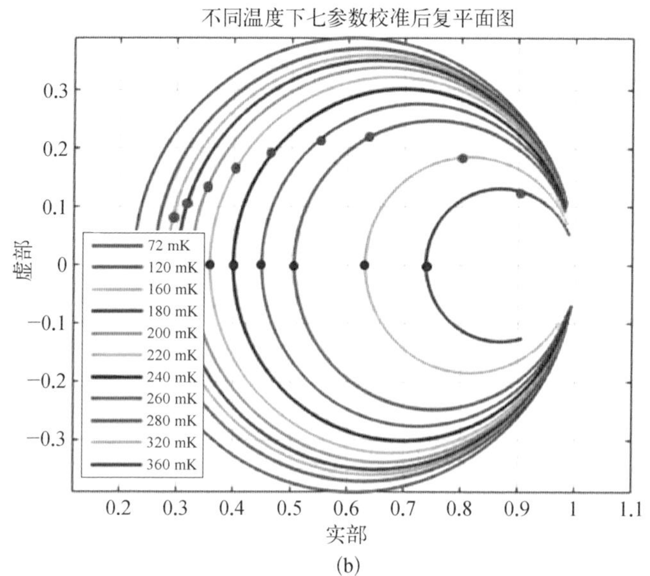

(b)

图 3-28 (a) 一个超导谐振器在不同温度下的实测谐振响应；(b) 复平面上谐振峰的温变响应

如前所述，作为超导谐振器，温度的改变会引起超导薄膜表面阻抗变化（表面电感和电阻均增加），从而使谐振频率朝低频偏移和Q因子变小。在不考虑二能级系统的前提下，表面电感和谐振频率之间有以下关系：

$$\frac{\delta f}{f}=\frac{\delta L_s}{2L_s} \tag{3-67}$$

$$L_s=L_m+L_k(0)U(T) \tag{3-68}$$

式中，L_m 是不随温度变化的几何结构磁电感；$L_k(0)$ 为绝对零度时的动态电感；$U(T)$ 为随温度变化的函数。在温度 $T\ll T_c$ 时，$U(T)$ 随温度变化不明显，可看作常数；当温度接近超导转变温度时，$U(T)$ 随温度呈指数增加。由式(3-67)可知，δL_s 越大，导致相对谐振频率的频移越大。同时温度的升高会使薄膜表面电阻增加，Q因子降低使谐振峰展宽，幅度变浅。从图3-28可以看出，在27～160 mK，谐振峰几乎看不出偏移，而200 mK以上谐振峰偏移量明显增大。在图3-28的复平面图中，蓝色圆点代表最小值，红色圆点表示不同温度下谐振峰的位置，可以看到谐振峰幅度（圆的径向）越来越小，同时相位（圆的切向）偏转越来越大。通过计算，可以得到频率偏移率 $\delta f/f$ 随归一化温度 T/T_c 的变化趋势，并与Mattis-Bardeen理论拟合结果进行对比，如图3-29所示。可以看出实验值与理论值非常接近，拟合得到动态电感因子 α 约为2.3%。

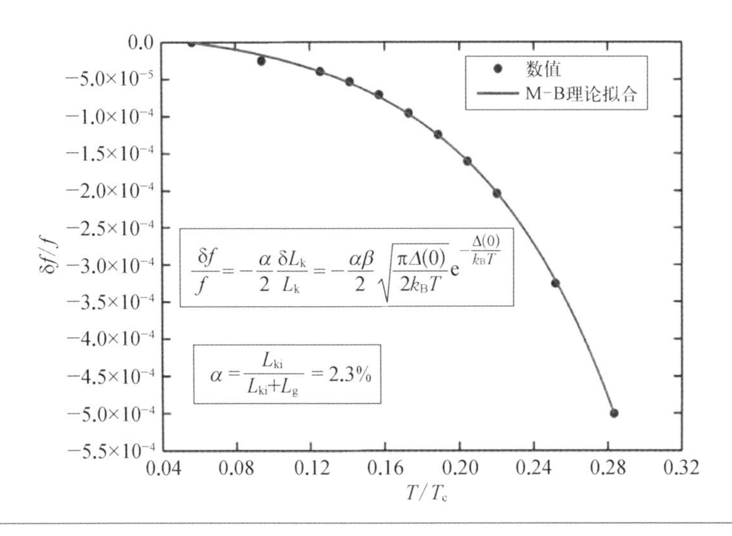

图3-29 一个超导谐振器的实测温变特性拟合结果

5. 谐振频率与微波输入功率相关性

针对 MKID 的微波读出功率对其谐振特性的影响，实测结果显示：当微波功率过低时，信噪比会变差；而当功率过高时，将出现非线性效应。随着电流密度的增加，超导体会逐渐失超。一定范围内重新回到低温，谐振峰的非线性效应又会消失。这种非线性区间正是量子参量放大器的工作条件。通过该项测量，可以确定最佳的输入电平区间，一般应在线性区间内尽可能减小微波读出功率。图 3-30 显示了一个实测案例。可以发现，当输入电平增加到 −30 dBm 后，谐振峰开始向左扭曲，非线性效应增强。

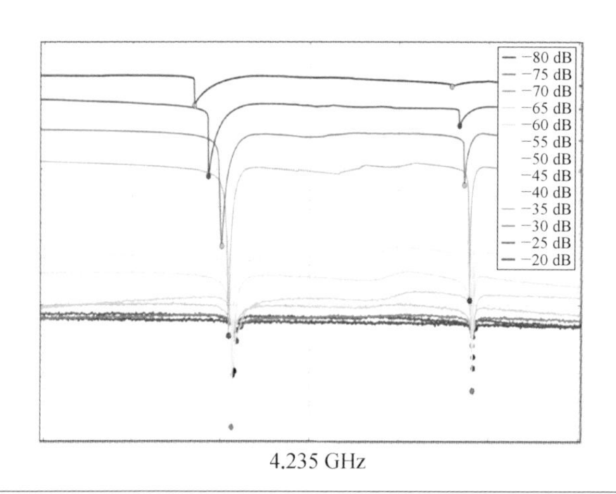

图 3-30 超导谐振器在高微波读出功率下的非线性效应

6. 传输系数 S_{21} 的七参数拟合方法

为了得到超导谐振器本身的谐振响应，需要根据矢量网络分析仪实测结果进行校准，去除链路相位、增益、阻抗适配等效应。一般针对实测复传输系数 S_{21} 进行拟合，可得到谐振频率 f_0、Q_c、Q_l 等七个参数，所以被称为七参数拟合法。谐振峰附近频率区间 S_{21} 可以表示为

$$S_{21}(f)=a\,e^{i\alpha}e^{-2\pi jf\tau}\left[1-\frac{Q_l/Q_c e^{j\varphi_0}}{1+2jQ_l\left(\dfrac{f-f_0}{f_0}\right)}\right] \tag{3-69}$$

式中，复常数 a 是系统的增益；$e^{i\alpha}$ 为单位圆旋转因子；τ 为同轴电缆链路上时间延迟；Q_l 和 Q_c 分别为谐振器加载品质因子和耦合器品质因子；f_0（图中用 f_r 表

示）为谐振频率；φ_0 为初始相位角。该拟合方式对由于阻抗失配和非线性效应引起的谐振峰畸变非常敏感。在拟合之前，一般需要首先对实测微波复传输系数进行基线校准。拟合过程一般包括：消除同轴电缆延迟效应；IQ 平面圆拟合；将 IQ 圆平移到原点，进行相位拟合；其他参数的反演。图 3－31 为标准七参数拟合得到的一个谐振峰特性及其在复平面上的表示。

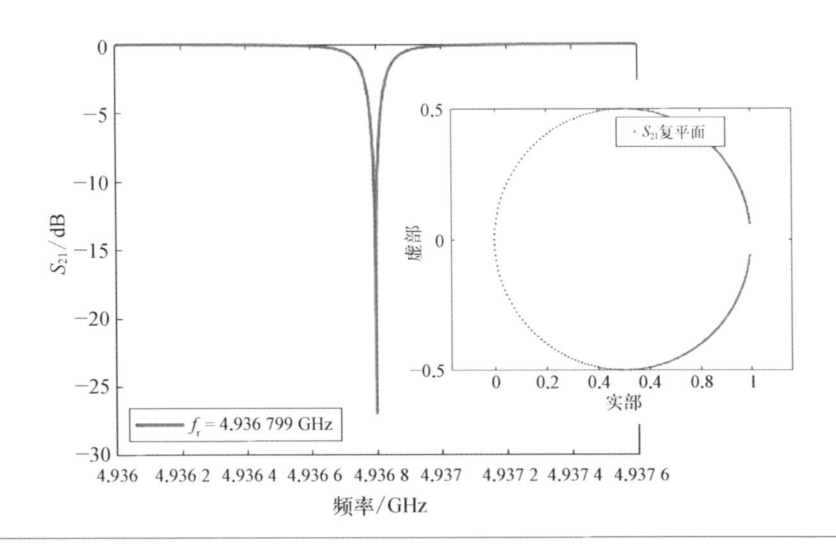

图 3－31 标准七参数拟合得到的一个谐振峰特性及其在复平面上的表示

7. 探测器响应时间

探测器响应时间与探测器灵敏度密切相关，准确测量 MKID 的响应时间对控制薄膜厚度和响应率有重要的指导作用。探测器响应时间一般可以通过探测器对脉冲光源响应的直接测量，也可以通过噪声功率谱密度（roll－off）频率（$f=1/2\pi\tau$）来测量。下面主要介绍前者。

图 3－32 为 MKID 响应时间测量系统示意图。通过一台任意波形发生器产生一个 LED 光脉冲信号，然后通过拟合 MKID 恢复到最低温度状态的时间曲线得到时间常数。LED 的脉冲信号宽度为 5 μs，重复频率分别取 10 Hz、20 Hz 及 50 Hz 进行测试对比。频综产生一个固定频率的信号经过 MKID 链路，将 IQ 混频器的 I 路和 Q 路读出后分别接入示波器读出信号电平（取 4 096 次平均值）。这里对一个频率为 4.165 4 GHz 的谐振峰进行扫频，采集到完整的谐振峰后对其进

行 IQ 混频器数据与七参数校准。然后将谐振点随 LED 脉冲变化的数值进行校准后标在校准后的 IQ 圆上，得到如图 3 - 33(a)所示的脉冲响应。在 4.165 4 GHz 谐振频点对 10 Hz、20 Hz 和 50Hz 的 LED 脉冲恢复阶段响应进行拟合，得到的时间常数 $\tau_{\mathrm{eff}}=68.6\ \mu s$、$69.1\ \mu s$、$69.6\ \mu s$。图 3 - 33(b)显示了 10 Hz 脉冲频率下响应时间的拟合结果。此外，还在 4.165 4 GHz 频率对 3.8 V、4.0 V、4.2 V 的 LED 脉冲响应进行拟合，得出时间常数分别为 $\tau_{\mathrm{eff}}=63.1\ \mu s$、$68.6\ \mu s$ 和 $64.8\ \mu s$。实验结果显示，LED 电平和脉冲频率均对响应时间在误差范围内无实质性影响。

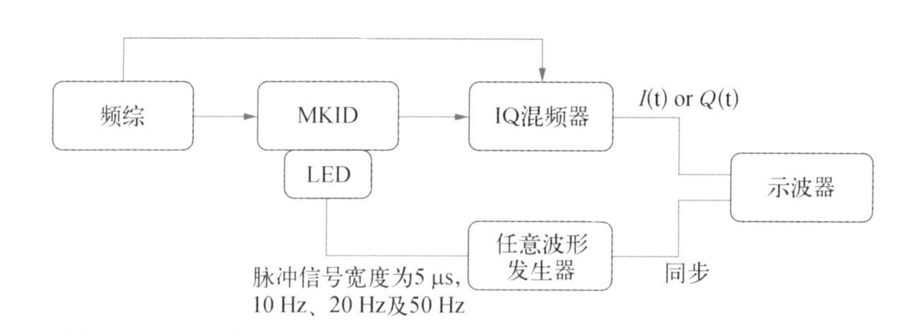

图 3 - 32 MKID 响应时间测量系统示意图

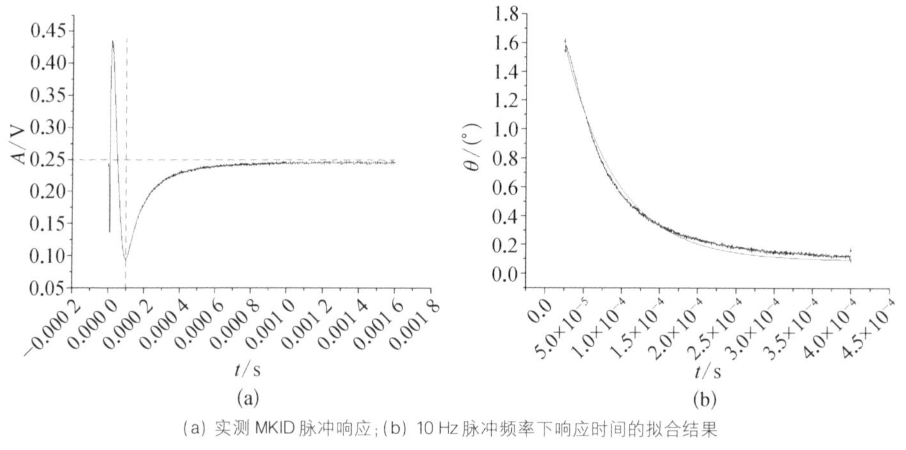

图 3 - 33 (a) 实测 MKID 脉冲响应；(b) 10 Hz 脉冲频率下响应时间的拟合结果

8. 探测器灵敏度

MKID 的灵敏度指标为噪声等效功率（*NEP*），可以通过零差混频(homodyne)系统测量，如图 3 - 34 所示。来自频率综合器的探针信号被分开为两路，一路为本振信号 LO，另一路为经过 MKID 和低温 HEMT 放大器的射频

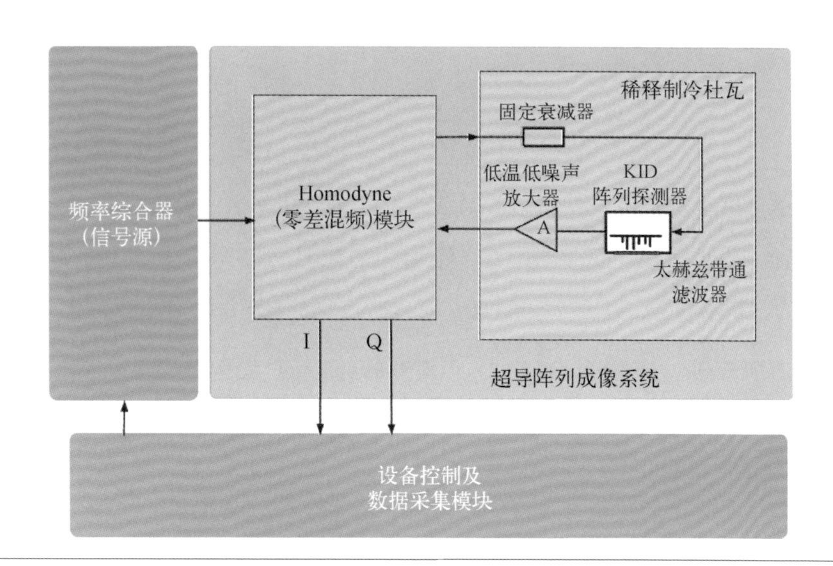

3-34
KID 噪声等
功率测量系
框图

信号。两路信号分别输入 IQ 混频器,输出 I 和 Q 两路直流电压信号(相位相差 90°)。读出信号幅度 A 表达为

$$A=\sqrt{I^2+Q^2} \tag{3-70}$$

NEP 一般需要通过测量噪声幅度谱密度和响应率得到,即两者之比。通过改变 MKID 工作温度(对 MC 冷板采用 PID 控温),可使 A 随之发生改变。通过测试不同工作温度 T 对应的读出信号幅度 A,可得到探测器幅度响应率 R 为

$$R=\frac{\mathrm{d}A}{\mathrm{d}T} \tag{3-71}$$

通过快速采集 I 和 Q 两路电压信号,形成 $I(t)$、$Q(t)$时间序列,则得到读出信号幅度 $A(t)$。对 $A(t)$进行傅里叶变换,可得到 MKID 的读出信号噪声功率谱密度 $S_A(f)$。MKID 的噪声等效温度 NET 为

$$NET=\frac{\sqrt{S_A(f)}}{R} \tag{3-72}$$

在得到 NET 后,探测器的噪声等效功率 NEP 可用下面关系导出:

$$NEP=NET\cdot\frac{\mathrm{d}P(T)}{\mathrm{d}T} \tag{3-73}$$

式中，$P(T)$是关于温度 T 的函数：

$$P(T)=\frac{N_{\mathrm{qp}}(T)\Delta(T)}{\tau_{\mathrm{qp}}\eta} \tag{3-74}$$

图 3-35 为一个谐振点和非谐振点的实测噪声功率谱密度(a)和不同温度下的 dark *NEP*(b)。表 3-5 给出了 32 像元×32 像元 Al-MKID 部分谐振点的实测 dark *NET* 和 dark *NEP* 测量结果。可以看出，32 像元×32 像元 MKID 阵列的响应率有所不同(主要因为 Q_c 不同)，但实测 dark *NEP* 均达 $10^{-17}\ \mathrm{W}/\sqrt{\mathrm{Hz}}$。

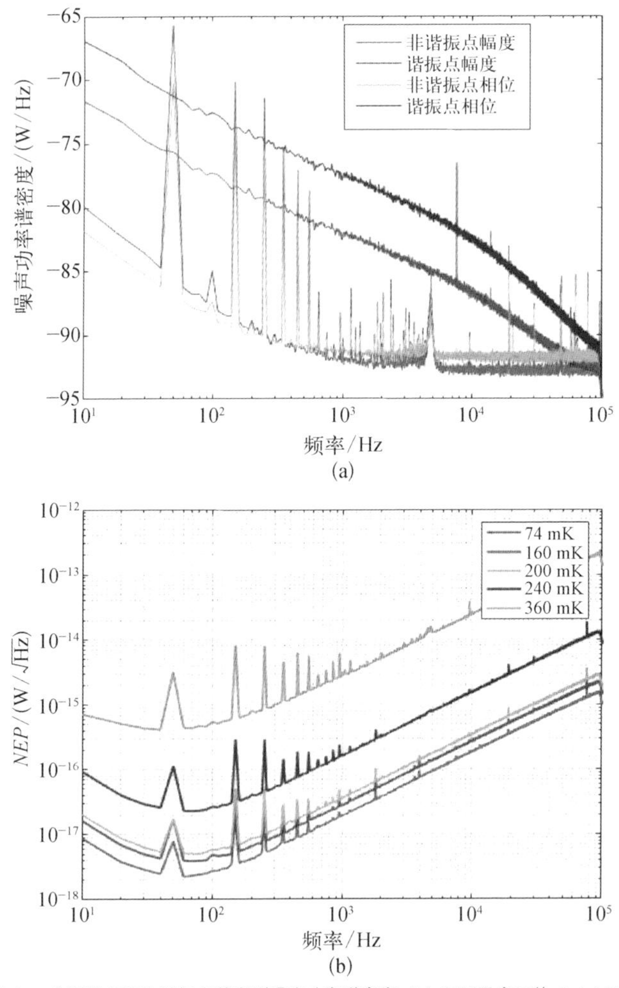

图 3-35 (a) 一个谐振点和非谐振点的实测噪声功率谱密度；(b) 不同温度下的 dark *NEP*

3-5 像元×32 元 Al-MKID 分谐振点的 测 dark *NET* dark *NEP* 测 结果

像元谐振频率/GHz	响应率/(V/K)	噪声谱密度/($V/\sqrt{Hz}$)	灵敏度 *NET*/($K/\sqrt{Hz}$)	灵敏度 *NEP*/($W/\sqrt{Hz}$)
6.100	0.32	1.9×10^{-6}	5.9×10^{-6}	2.5×10^{-17}
6.110	0.32	1.9×10^{-6}	5.9×10^{-6}	2.5×10^{-17}
6.115	0.26	1.9×10^{-6}	7.3×10^{-6}	3.1×10^{-17}
6.118	0.29	1.8×10^{-6}	6.2×10^{-6}	2.6×10^{-17}
5.033	1.04	2.7×10^{-6}	2.6×10^{-6}	1.1×10^{-17}
5.036	0.82	2.3×10^{-6}	2.8×10^{-6}	1.2×10^{-17}
5.041	0.76	2.6×10^{-6}	3.4×10^{-6}	1.4×10^{-17}
5.051	0.70	2.5×10^{-6}	3.6×10^{-6}	1.5×10^{-17}
4.397	0.26	2.8×10^{-6}	1.1×10^{-5}	4.6×10^{-17}
4.401	0.34	2.8×10^{-6}	8.2×10^{-6}	3.4×10^{-17}
4.406	0.38	2.6×10^{-6}	6.8×10^{-6}	2.9×10^{-17}
4.411	0.23	2.7×10^{-6}	1.2×10^{-5}	5.0×10^{-17}

9. Al-MKID 阵列成像演示

如前所述，850 GHz 频段 Al-MKID 阵列是为南极 5 米太赫兹望远镜而研制。目前，该望远镜尚未启动建设，而国内其他望远镜不能工作到如此高的频段。因此，针对该探测器阵列进行了实验室成像演示。图 3-36(a)显示了 32 像元×32 像元 Al-MKID 成像试验装置及光路设计。利用一个 850 GHz 频段的信号源，通过二维扫描架进行光源的扫描。为了减少移动过程中电缆晃动造成的相差，实验均采用稳相电缆。图 3-36(b)为扫描得到的部分像元光学响应。

为了演示 MKID 阵列在望远镜上的观测效果，还设计制备了一个 350 GHz 频段、8 像元×8 像元 Al-MKID 芯片，探测器阵列谐振响应如图 3-37 所示。从图 3-37 可以看出，该芯片仅存在两个像元未观测到谐振响应，像素存活率达到 97%。基于该 Al-MKID 芯片，研制了相应的探测器系统。该系统安装在位于我国青海省德令哈天文观测基地(海拔约为 3 200 m)的 POST 亚毫米波望远镜上，实现了对太阳和月球的成像演示观测，得到我国第一幅超导探测器观测的亚毫米波段满月图，如图 3-38 所示。

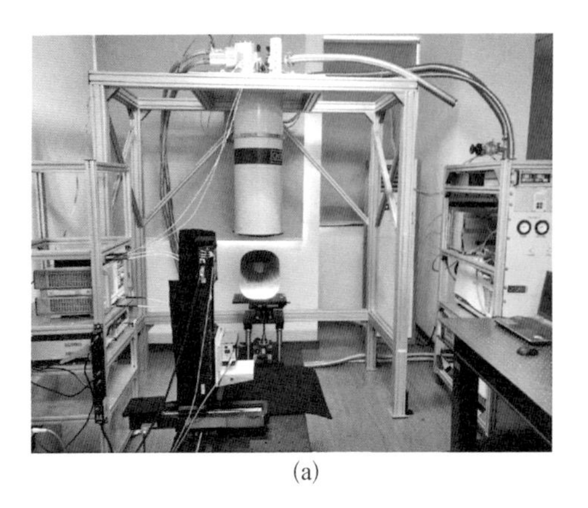

(a)

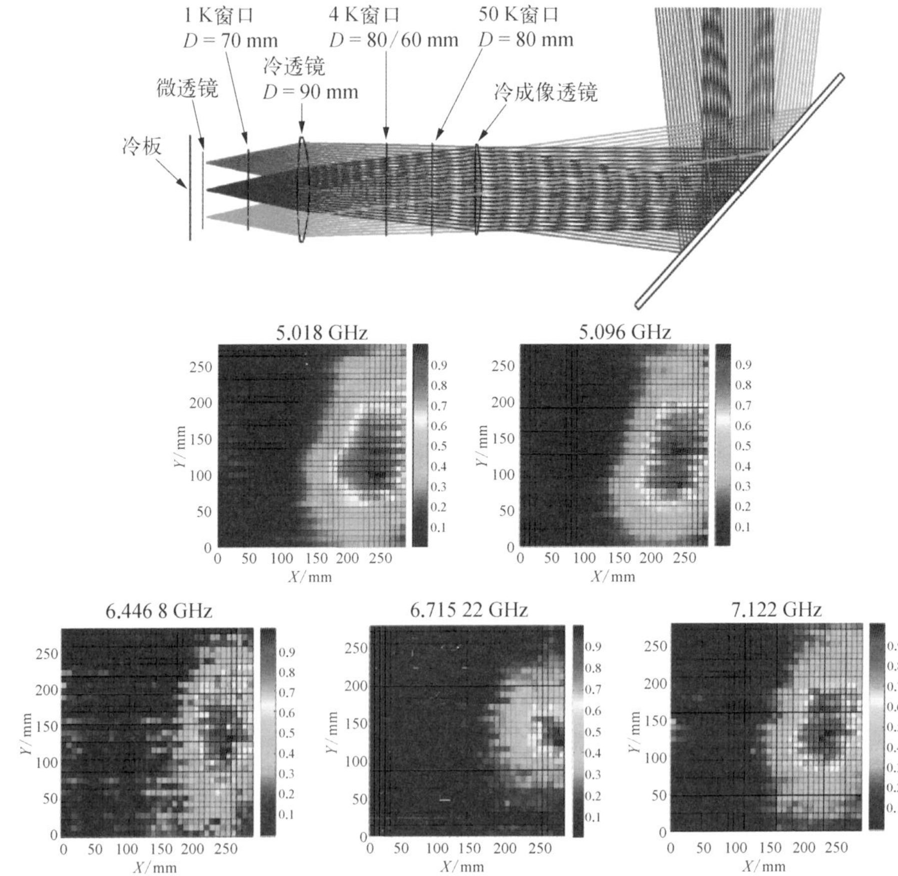

(b)

图 3-36
(a) 32 像元
32 像元 Al
MKID 成像
验装置及光
设计;(b) 扫
得到的部分
元光学响应

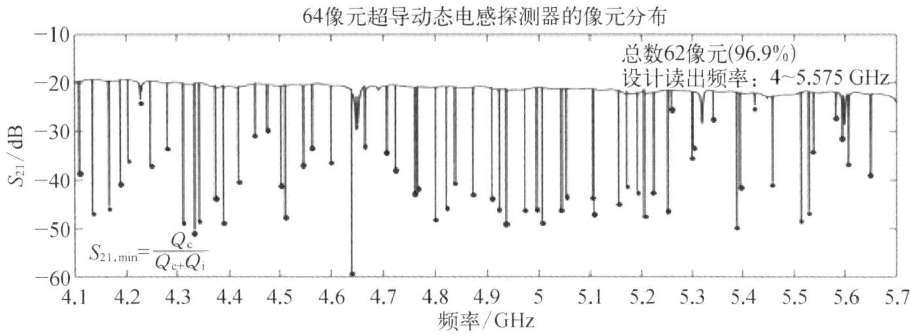

3-37
) GHz 频段、
像元×8像
Al-MKID 芯
探测器阵列
振响应（62
元有响应）

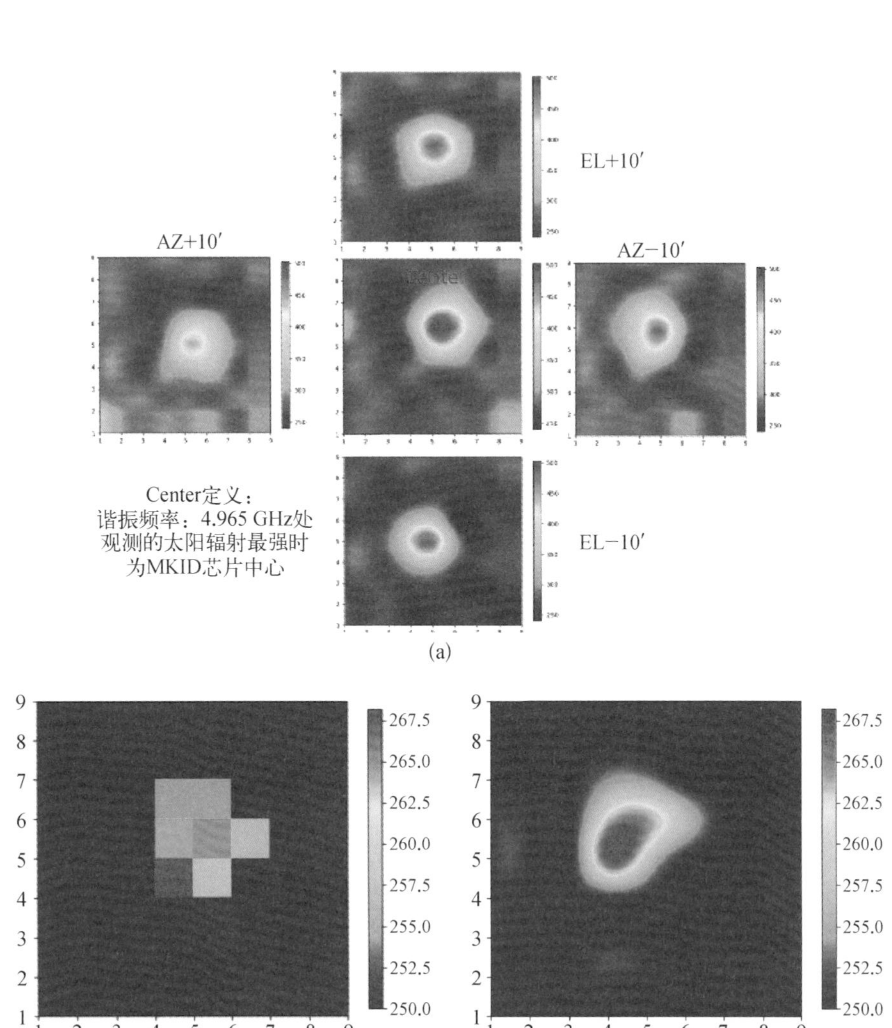

图3-38
350 GHz 频段、
8像元×8像
元 Al-MKID 系
统对太阳（a）
和月球（b）的
成像演示观测
结果

3.5 小结与展望

本章详细介绍了一种具有超高灵敏度的低温超导探测器——超导动态电感探测器。首先介绍了相关超导理论和 MKID 的工作原理及相关参数，然后就探测器设计、制备及表征方法、探测器读出技术、探测器性能参数(噪声类型、响应率、噪声等效功率等)分别进行了详细的描述，最后介绍了中国科学院紫金山天文台研制的 350 GHz 频段 64 像元和 850 GHz 频段 1 024 像元 Al - MKID 阵列以及部分成像演示结果。

MKID 由于其相对简单的芯片制备工艺及读出电路，从 20 世纪 90 年代初提出后得到广泛关注，在宇宙微波背景观测和天体物理成像及光谱观测等领域正发挥越来越重要的作用。经过近 20 年的发展，该探测器已经从实验室逐步迈向天文观测等实际应用，NIKA 和 DARKNESS 等项目已经分别实现亚毫米波和光学近红外的天文探测，DESHIMA 也实现了第一个基于超导谐振器的单片集成光谱仪的天文试验观测。中国正计划建设南极天文台，并在规划下一代大口径亚毫米波望远镜，MKID 以及下一章介绍的超导 TES 探测器将发挥不可替代的作用。针对 MKID，发展趋势无疑是更多像素和更高灵敏度，探测器物理机理、读出技术及集成技术等尚须更深入地研究及发展。

超导相变边缘探测器

超导相变边缘探测器（Transition-Edge Sensor，TES）成为近红外到 γ 射线的能量可分辨单光子探测器，以及毫米波段的高灵敏度光子流探测器。超导TES探测器是一种热探测器，恒压偏置在超导态－正常态转变区，通过电流的变化测量吸收的能量。单像元超导TES探测器技术比较成熟，大规模超导TES探测器阵列已经成功应用到天文观测等领域，对应的多路复用读出技术正处于快速发展中。本章首先介绍超导TES探测器的发展历程及基本特点，接着描述辐射热探测器的基本原理，随后讨论超导TES探测器的机理及主要特性。在此基础上，介绍单像元超导TES探测器和大规模超导TES探测器阵列及其相应的多路读出复用技术。最后讨论将来的发展趋势并总结本章的主要内容。

4.1 引言

自从1911年荷兰科学家海克·卡米林·昂内斯（H. K. Onnes）发现了汞在4.2 K低温下的超导现象，人们陆续发现了许多种超导材料（包括第一类和第二类超导体）。超导电性的一个主要特点就是在其临界温度（T_c）附近，电阻对温度极其敏感。正是利用这一效应，人们发明了超导相变边缘探测器（TES）。超导薄膜通过弱连接与热沉相连，其中超导薄膜工作在正常态与超导态转变的临界温度附近，其电阻（R）在零与正常态值之间变化（图4－1）。超导TES探测器的灵敏度主要由其温度灵敏度［$\alpha = \mathrm{dlg}(R)/\mathrm{dlg}(T)$］所决定，比传统的半导体热探测器高两个量级。超导TES探测器的工作波长从毫米波/亚毫米波一直延伸到X射线，甚至包括高能粒子。它既可以测量连续电磁波辐射功率（作为热辐射计），也可以测量能量脉冲（作为热量能计），在宇宙微波背景辐射、星系形成、暗物质探测、量子信息等领域具有广阔的应用前景。

1941年，D. H. Andrews通过电流偏置一段3.2 K低温下的细小钽线测量了连续红外辐射信号引起的电阻变化，随后采用一段氮化铌膜测量了 α 粒子产生的电压脉冲响应。虽然超导TES探测器具有更快的响应、更大的热容、更小的能量分辨率，但是极高的温度灵敏度伴随着较低的饱和功率和工作的不稳定性，

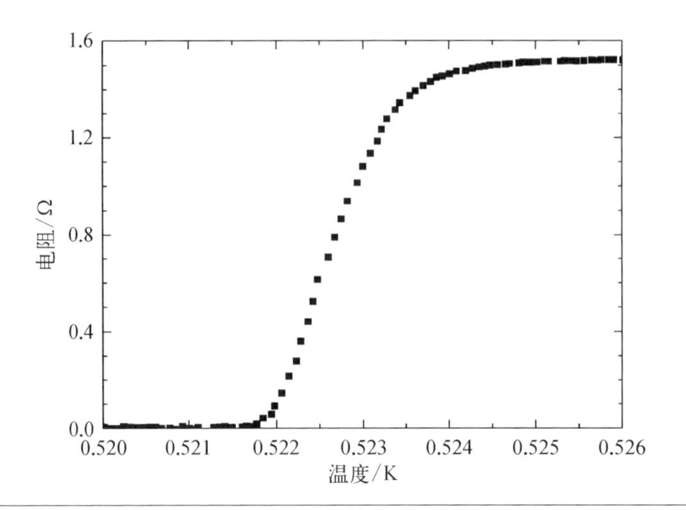

图 4-1
超导薄膜在
界温度附近
电阻转变曲

导致超导 TES 探测器的发展和应用都比较缓慢，主要存在如下的障碍。(1) 电流偏置引起的正反馈很难稳定工作超导 TES 探测器在超导转变区；(2) 超导 TES 探测器的正常态电阻为几欧姆甚至更低，很难与场效应晶体管(Field Effect Transistor, FET)放大器实现噪声匹配；(3) 大规模超导 TES 探测器阵列中各像元临界温度存在微小的差异，在同一环境温度下很难通过电流偏置的方式使所有探测器工作在转变区。

最近二十年来，上述困难随着技术的不断进步逐一获得了解决：针对问题(1)，采用电压偏置和电流放大读出，超导 TES 探测器很容易稳定工作在超导转变区；针对问题(2)，超导 SQUID 电流放大器具有非常低的噪声，同时非常容易与低阻超导 TES 探测器实现阻抗匹配；针对问题(3)，超导 SQUID 很容易实现多路读出复用，从而为大规模超导 TES 探测器阵列铺平了道路。以上问题的解决使得超导 TES 探测器及其大规模阵列获得了爆发式的发展。图 4-2(a)为超导 TES 探测器的直流偏置电路及其戴维南等效电路，负载电阻(R_L)与超导 TES 探测器并联。当满足 $R_L \ll R$ 时，超导 TES 探测器为恒压偏置。感应的电流同时流过超导 SQUID 电流放大器的输入电感线圈(L)，实现低噪声电流读出。图 4-2(b)为典型超导 TES 探测器恒压偏置电路的戴维南等效电路，其电压为 $V_b = I_b R_L$，加到负载电阻、超导 TES 探测器和输入电感线圈组成的串联电路上。后面的特性分析都是基于戴维南等效电路。

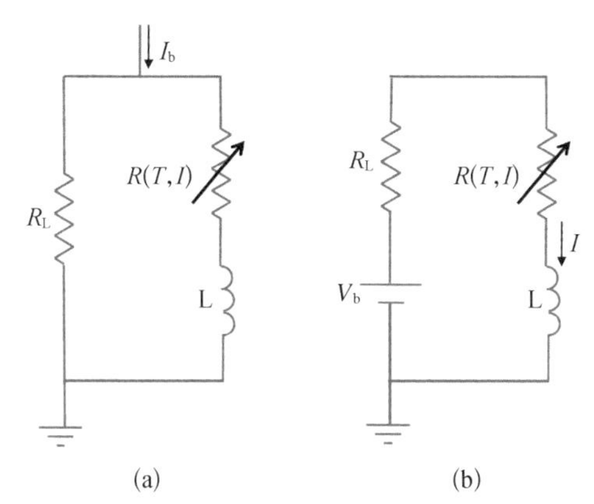

图 4-2 (a) 超导 TES 探测器的直流偏置电路及其戴维南等效电路；(b) 典型超导 TES 探测器恒压偏置电路的戴维南等效电路

4.2 辐射热探测器基本原理

辐射热探测器的原理图如图 4-3 所示，由吸收体（其热容为 C）、电阻温度计 $[R(T, I)]$、热沉（T_b）和热连接（其热导为 G）组成。辐射热探测器吸收电磁波辐射（P_γ），导致其温度（T）升高，从而引起电阻的增加，在偏置直流（I）作用下消耗一定的焦耳功率（$P_J = I^2R$），其能量通过热导传递给热沉。传热过程遵守能量守恒定理：

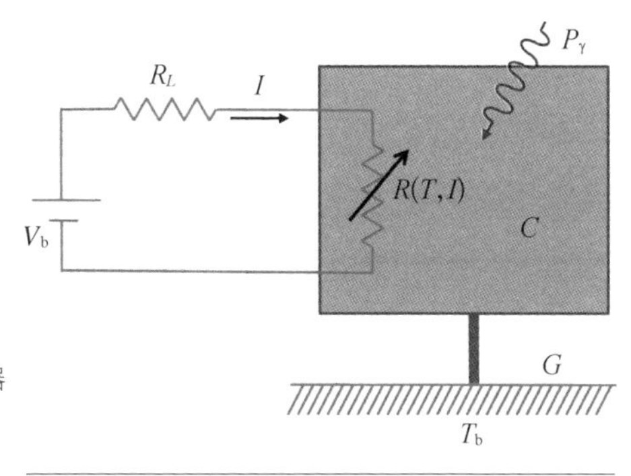

图 4-3 辐射热探测器的原理图

$$C\frac{dT(t)}{dt} + P_c = P_J + P_\gamma(t) \tag{4-1}$$

式(4-1)左边第一项表示辐射热探测器因温度升高而存储的能量，左边第二项为传递到介质中的热量$[P_c = K(T^n - T_b^n)]$，右边第一项为焦耳功率（$P_J = I^2R$），右边第二项为吸收的电磁辐射功率。

为了读出辐射热探测器的响应信号，需要外加直流偏置。如图 4-3 所示，其基尔霍夫电路方程为

$$V_b = I(R + R_L) \tag{4-2}$$

为了获得上述方程的解析解，将式(4-2)按照泰勒级数在稳态值附近展开($I=I_0+\delta I$，$T=T_0+\delta T$)并保留一阶项。因此 $R=R_0+\frac{\partial R}{\partial I}\delta I+\frac{\partial R}{\partial T}\delta T$，定义温度灵敏度系数 $\alpha_I=\frac{T_0}{R_0}\left.\frac{\partial R}{\partial T}\right|_{I_0}$，电流灵敏度系数 $\beta_I=\frac{I_0}{R_0}\left.\frac{\partial R}{\partial I}\right|_{T_0}$，这样辐射热探测器的电阻简化为

$$R=R_0+\alpha_I\frac{R_0}{T_0}\delta T+\beta_I\frac{R_0}{I_0}\delta I \tag{4-3}$$

因此式(4-2)简化为

$$[R_0(1+\beta_I)+R_L]\delta I+\frac{\alpha V_0}{T_0}\delta T=0 \tag{4-4}$$

针对式(4-1)，同样进行泰勒级数展开并保留一阶项：

$$C\frac{\mathrm{d}\delta T}{\mathrm{d}t}=I_0R_0(2+\beta_I)\delta I+\left(\frac{\alpha I_0^2R_0}{T_0}-G\right)\delta T+P_\gamma(t) \tag{4-5}$$

式中，热导为 $G=\frac{\mathrm{d}P_c}{\mathrm{d}T}=nKT^{n-1}$。

为了求解电流响应率，将式(4-4)和式(4-5)转化为频域方程组：

$$\begin{pmatrix} R_0(1+\beta_I)+R_L & \frac{\alpha}{T_0}V_0 \\ -I_0R_0(2+\beta_I) & i\omega C+\left(G-\frac{\alpha I_0^2R_0}{T_0}\right) \end{pmatrix}\begin{pmatrix}\delta I\\ \delta T\end{pmatrix}=\begin{pmatrix}0\\ \delta P\end{pmatrix} \tag{4-6}$$

定义低频环路增益 $\wp_I=\frac{P_{J0}\alpha_I}{GT_0}$，式中，$P_{J0}=I_0^2R_0$。

当恒流偏置($\delta I=0$)，方程组(4-6)中的第二个方程可以直接积分求解，发现温度以指数规律衰减到其稳态值，其中的恒流偏置时间常数 $\tau_I=\frac{\tau_0}{1-\wp_I}$。

定义矩阵 $M=\begin{pmatrix} R_0(1+\beta_I)+R_L & \frac{\wp_I G}{I_0} \\ -I_0R_0(2+\beta_I) & \left(\frac{1}{\tau_I}+i\omega\right)C \end{pmatrix}$，因此方程组(4-6)的

解为

$$\begin{pmatrix}\delta I\\ \delta T\end{pmatrix}=M^{-1}\begin{pmatrix}0\\ \delta P\end{pmatrix} \tag{4-7}$$

电流响应率为

$$\begin{aligned}s_I(\omega)=\frac{\delta I}{\delta P}=(M^{-1})_{1,2}&=-\frac{\wp_I}{I_0}\frac{1}{[R_L+R(1+\beta_I)](1+i\omega\tau_0)+\wp_I(R-R_L)}\\&=-\frac{\wp_I}{I_0R_0\left(1+\beta_I+\dfrac{R_L}{R}\right)}\frac{\tau_{eff}}{\tau_0}\frac{1}{1+i\omega\tau_{eff}}\end{aligned} \tag{4-8}$$

其中有效时间常数 $\tau_{eff}=\dfrac{\tau_0}{1+\wp_I\dfrac{1-\dfrac{R_L}{R_0}}{1+\beta_I+\dfrac{R_L}{R_0}}}$，对于理想的电压偏置 $(R_L=0)$，式(4-8)简化为

$$s_I(\omega)=-\frac{1}{I_0R_0}\cdot\frac{\wp_I}{1+\beta_I+\wp_I}\cdot\frac{1}{1+i\omega\tau_{eff}} \tag{4-9}$$

对于理想的电流偏置 $(R_L=\infty)$，并且热辐射探测器电阻与电流不相关，即 $\beta_I=0$，根据互易原理，电压响应率为

$$s_V(\omega)=\frac{1}{I_0}\cdot\frac{\wp_I}{1-\wp_I}\cdot\frac{1}{1+i\omega\tau_{eff}}=\frac{I_0\,\partial R/\partial T}{G-I_0^2\,\partial R/\partial T+i\omega C} \tag{4-10}$$

与 P. L. Richards 推导出 Bolometer 的结果完全一致。

热辐射探测器的噪声包括探测器本身的热起伏噪声和热噪声，以及负载电阻的热噪声和后端放大器的噪声。在辐射热探测器与热沉之间的热量流动是通过热声子的随机交换，热起伏噪声 δ_{PTFN} 为白噪声，其功率谱密度为 $S_{PTFN}=4k_BT^2G$。 热起伏噪声与入射的电磁辐射功率以同样的方式进入方程，因此热起伏噪声功率谱密度为

$$S_{ITFN}=|S_I(\omega)|^2S_{PTFN} \tag{4-11}$$

热噪声由电阻器件中电子的随机热运动引起，热噪声电压(V_J)满足高斯分布，近似为白噪声，其功率谱密度为 $S_{VJ}=4k_B T_0 R_0$。非热平衡态修正为 $S_{VJ}=4k_B T_0 R_0(1+2\beta_I)$。

为了计算辐射热探测器的热噪声贡献，需要考虑热噪声电压(V_J)和在辐射热探测器上引起的功耗，因此考虑辐射热探测器热噪声的方程为 $M\begin{pmatrix}\delta I_J\\ \delta T_J\end{pmatrix}=\begin{pmatrix}V_J\\ -I_0 V_J\end{pmatrix}$，其解为 $\delta I_J=-\frac{I_0}{\wp_I}(1+i\omega\tau_0)S_I(\omega)V_J$。

辐射热探测器的热噪声功率谱密度为

$$S_{IJ\text{-}TES}=4k_B T_0 R_0 I_0^2(1+2\beta_I)\mid S_I(\omega)\mid^2\frac{1}{\wp_I^2}(1+\omega^2\tau_0^2) \tag{4-12}$$

负载电阻上的热噪声电压(V_L，功率谱密度为 $4k_B T_L R_L$)的焦耳功率直接被热沉吸收，不参与电热反馈，因此考虑负载热噪声的方程为 $M\begin{pmatrix}\delta I_L\\ \delta T_L\end{pmatrix}=\begin{pmatrix}V_L\\ 0\end{pmatrix}$，其解为 $\delta I_L=S_I(\omega)I_0\frac{1}{\wp_I}(\wp_I-1-i\omega\tau_0)V_L$。

负载电阻噪声功率谱密度为

$$S_{IL}=4k_B T_L R_L I_0^2\mid S_I(\omega)\mid^2\frac{1}{\wp_I^2}[(\wp_I-1)^2+\omega^2\tau_0^2] \tag{4-13}$$

因此总电流噪声功率谱密度为各项之和。

$$S_{IT}=S_{ITFN}+S_{IJ\text{-}TES}+S_{IL}+S_{IA} \tag{4-14}$$

式中，S_{IA} 为 SQUID 放大器的电流噪声功率谱密度。总噪声等效功率为

$$NEP_T=\frac{\sqrt{S_{IT}}}{S_I} \tag{4-15}$$

表 4-1 给出了典型 Ti 超导辐射热探测器的参数。在硅基板上通过高真空电子束蒸发制备 Ti 膜，厚度为 40 nm。超导微桥通过光刻工艺定义，其尺寸为

$2.6\ \mu m \times 1.6\ \mu m$，引线电极为 150 nm 厚的 Nb 膜。实测 Ti 超导辐射热探测器的 $R-T$ 曲线，获得的临界温度为 420 mK，环境温度为 380 mK。图 4-4(a)为根据式(4-14)计算出的总电流噪声功率谱密度及其辐射热探测器热起伏噪声和热噪声、负载电阻热噪声和 SQUID 放大器噪声的贡献。探测器热起伏噪声远大于其他噪声的贡献，因此探测器热起伏噪声决定了探测器的灵敏度。在低频端，SQUID 放大器噪声大于探测器的热噪声，但是随着频率升高，超过辐射热探测器截止频率后探测器热噪声贡献明显增加。负载电阻的热噪声小于探测器热噪声，其贡献可以忽略不计。图 4-4(b)为 Ti 超导辐射热探测器的噪声等效功率谱密度，主要由探测器热起伏噪声决定，与实测结果相吻合。

表 4-1 典型 Ti 超导辐射热探测器的参数

参　　数	符　号	值	单　位
热　容	C	2.6	fJ/K
热　导	G	300	pW/K
器件电阻	R	4.2	Ω
负载电阻	R_L	0.68	Ω
临界温度	T	420	mK
环境温度	T_B	380	mK
温度灵敏度系数	α	20	—
电流灵敏度系数	β	0	—
热传输指数	n	4.7	—

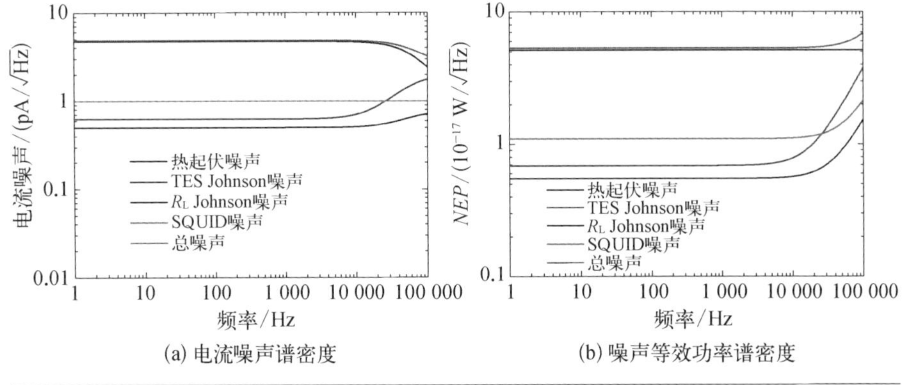

图 4-4 典型 Ti 超导辐射热探测器的电流噪声谱密度和噪声等效功率谱密度

4.3 超导相变边缘探测器机理及特性

4.3.1 超导相变边缘探测器基本原理

超导相变边缘探测器在采用恒压偏置的同时通过SQUID放大器读出电流，其电路原理如图4-5所示，根据基尔霍夫定理其电路方程为

$$L\frac{\mathrm{d}I}{\mathrm{d}T}=V_\mathrm{b}-IR_\mathrm{L}-IR(T,\ I) \tag{4-16}$$

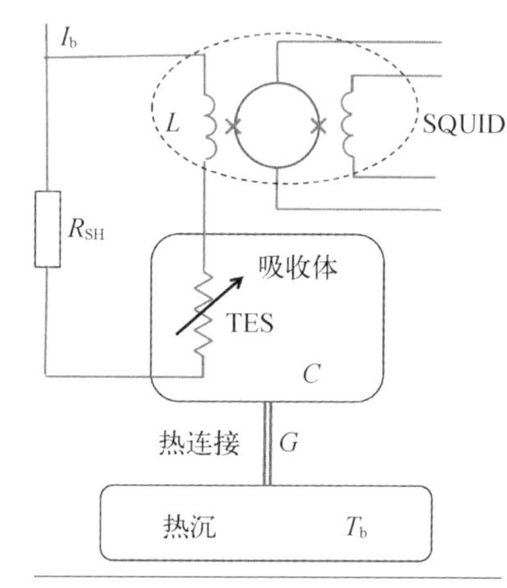

图4-5 超导相变边探测器的电原理图

根据戴维南等效原理，负载电阻包括并联电阻(R_SH)和寄生电阻(R_PAR)，$R_\mathrm{L}=R_\mathrm{SH}+R_\mathrm{PAR}$，电压源为$V_\mathrm{b}=I_\mathrm{b}R_\mathrm{L}$。根据能量守恒定律，热传导方程为

$$C\frac{\mathrm{d}T}{\mathrm{d}t}=-P_\mathrm{c}+P_\mathrm{J}+P_\gamma \tag{4-17}$$

微分方程(4-16)和微分方程(4-17)包含非线性项，直接求解比较困难。为了获得超导TES探测器的电流响应率，与前面分析辐射热探测器的方法类似，将方程组在稳态值(R_0，T_0，I_0)附近线性化$I=I_0+\delta I$，$T=T_0+\delta T$，$V=V_0+\delta V$。能量以幂指数从超导TES探测器流向衬底$P_\mathrm{c}=K(T^n-T_\mathrm{B}^n)$。微分热导$G=\mathrm{d}P_\mathrm{c}/\mathrm{d}T=nKT^{n-1}$，因此

$$P_\mathrm{c}=P_\mathrm{c0}+G\delta T \tag{4-18}$$

超导TES探测器的电阻

$$R(T,\ I)=R_0+\frac{\partial R}{\partial T}\bigg|_{I_0}\delta T+\frac{\partial R}{\partial I}\bigg|_{T_0}\delta I \tag{4-19}$$

根据温度灵敏度系数(α_I)和电流灵敏度系数(β_I)的定义，超导TES探测器的电阻

$$R(T, I)=R_0+\alpha_I \frac{R_0}{T_0}\delta T+\beta_I \frac{R_0}{I_0}\delta I \tag{4-20}$$

焦耳功率

$$P_J=I^2R=P_{J0}+2I_0R_0\delta I+\alpha_I \frac{P_{J0}}{T_0}\delta T+\beta_I \frac{R_0}{I_0}\delta I \tag{4-21}$$

低频环路增益为$\wp_I=\frac{P_{J0}\alpha_I}{GT}$，将式(4-18)～式(4-21)代入式(4-16)和式(4-17)，并保留一次项得到超导 TES 探测器的小信号方程：

$$\frac{d\delta I}{dt}=-\frac{R_L+R_0(1+\beta_I)}{L}\delta I-\frac{\wp_I G}{I_0L}\delta T+\frac{\delta V}{L} \tag{4-22}$$

$$\frac{d\delta T}{dt}=\frac{I_0R_0(2+\beta_I)}{C}\delta I-\frac{1-\wp_I}{\tau}\delta T+\frac{\delta P}{C} \tag{4-23}$$

当$\wp_I=0$时，式(4-22)与温度变化无关，可以直接积分求解电流。电流以指数形式衰减到其稳态值，其中电时间常数 $\tau_{el}=\frac{L}{R_L+R_0(1+\beta_I)}=\frac{L}{R_L+R_{dyn}}$。

当恒流偏置($\delta I=0$)时，式(4-23)可以直接积分求解电子温度。电子温度以指数形式衰减到其稳态值，其中的恒流偏置时间常数$\tau_I=\frac{\tau_0}{1-\wp_I}$。如果$\wp_I>1$，则$\tau_I<0$，因此系统不稳定，说明对于超导 TES 探测器，应该避免恒流偏置。

将方程组(4-22)和(4-23)改写成矩阵形式：

$$\frac{d}{dt}\begin{pmatrix}\delta I\\ \delta T\end{pmatrix}=-\begin{pmatrix}\frac{1}{\tau_{el}} & \frac{\wp_I G}{I_0L}\\ -\frac{I_0R_0(2+\beta_I)}{C} & \frac{1}{\tau_I}\end{pmatrix}\begin{pmatrix}\delta I\\ \delta T\end{pmatrix}+\begin{pmatrix}\frac{\delta V}{L}\\ \frac{\delta P}{C}\end{pmatrix} \tag{4-24}$$

通过变量变换求解上述方程组，矩阵的本征值为$\lambda_\pm$，本征矢量为$\nu_\pm$。则解为

$$\begin{pmatrix}\delta I\\ \delta T\end{pmatrix}=A_+ e^{-\lambda_+ t}\nu_+ + A_- e^{-\lambda_- t}\nu_- \tag{4-25}$$

该矩阵的特征值为

$$\frac{1}{\tau_{\pm}} \equiv \lambda_{\pm} = \frac{1}{2\tau_{\mathrm{el}}} + \frac{1}{2\tau_I} \pm \frac{1}{2}\sqrt{\left(\frac{1}{\tau_{\mathrm{el}}} - \frac{1}{\tau_I}\right)^2 - 4\,\frac{R_0}{L} \cdot \frac{\wp_I(2+\beta_I)}{C/G}} \tag{4-26}$$

特征向量为

$$\upsilon_{\pm} = \begin{pmatrix} \dfrac{1-\wp_I-\lambda_{\pm}\tau}{2+\beta_I}\,\dfrac{G}{I_0R_0} \\ 1 \end{pmatrix} \tag{4-27}$$

如果激励信号为 δ 脉冲(光子吸收),温度的瞬时上升 $\delta T(0)=\delta T=E/C$,而初始电流 $\delta I(0)=0$,则式(4-25)简化为

$$\begin{pmatrix} 0 \\ \delta T \end{pmatrix} = A_+\,\mathrm{e}^{-\lambda_+ t}\upsilon_+ + A_-\,\mathrm{e}^{-\lambda_- t}\upsilon_- \tag{4-28}$$

将式(4-27)代入式(4-28)求得

$$A_{\pm} = \pm\,\delta T\,\frac{\dfrac{1}{\tau_I}-\lambda_{\mp}}{\lambda_+ - \lambda} \tag{4-29}$$

将式(4-29)代入式(4-25),得到电流和电子温度的解:

$$\delta I(t) = \left(\frac{\tau_I}{\tau_+}-1\right)\left(\frac{\tau_I}{\tau_-}-1\right)\frac{1}{2+\beta_I} \cdot \frac{C\delta T}{I_0R_0\tau_I^2} \cdot \frac{\mathrm{e}^{-t/\tau_+}-\mathrm{e}^{-t/\tau_-}}{1/\tau_+ - 1/\tau_-} \tag{4-30}$$

$$\delta T(t) = \frac{\delta T}{1/\tau_+ - 1/\tau_-}\left[\left(\frac{1}{\tau_I}-\frac{1}{\tau_-}\right)\mathrm{e}^{-t/\tau_+} - \left(\frac{1}{\tau_I}-\frac{1}{\tau_+}\right)\mathrm{e}^{-t/\tau_-}\right] \tag{4-31}$$

根据式(4-30)电流响应的形式可以知道:τ_+ 为电流上升时间,τ_- 为电流下降时间(即恢复到稳态所需的时间)。如果电感足够小($L \approx 0$),则 $\tau_+ \ll \tau_-$,式(4-26)简化为 $\tau_+ \rightarrow \tau_{\mathrm{el}}$,同时 $\tau_- = \tau_0\,\dfrac{1+\beta_I+R_{\mathrm{L}}/R_0}{1+\beta_I+R_{\mathrm{L}}/R_0+(1-R_{\mathrm{L}}/R_0)\wp_I} =$

τ_{eff}，与前面辐射热探测器的有效响应时间完全一致。

如果激励信号为幅度较小的正旋激励（$\delta P = \delta P_0 e^{i\omega t}$），式(4－24)为

$$\frac{\mathrm{d}}{\mathrm{d}t}\begin{pmatrix}\delta I \\ \delta T\end{pmatrix} = -\begin{pmatrix}\dfrac{1}{\tau_{\text{el}}} & \dfrac{\wp_I G}{I_0 L} \\ -\dfrac{I_0 R_0 (2+\beta_I)}{C} & \dfrac{1}{\tau_I}\end{pmatrix}\begin{pmatrix}\delta I \\ \delta T\end{pmatrix} + \begin{pmatrix}0 \\ \dfrac{\delta P_0}{C}\end{pmatrix} e^{i\omega t} \quad (4-32)$$

其解为 $f(t) = A_+ e^{i\omega t} \upsilon_+ + A_- e^{i\omega t} \upsilon_-$，代入式(4－32)中得

$$\begin{pmatrix}0 \\ \dfrac{\delta P_0}{C}\end{pmatrix} = A_+ \upsilon_+ (i\omega + \lambda_+) + A_- \upsilon_- (i\omega + \lambda_-) \quad (4-33)$$

将特征向量(4－27)代入，求得

$$A_\pm = \mp \frac{\delta P_0}{C\tau_0} \cdot \frac{\lambda_\mp \tau + \wp_I - 1}{(\lambda_+ - \lambda_-)(\lambda_\pm + i\omega)} \quad (4-34)$$

因此电流响应率

$$s_I(\omega) = -\frac{1}{I_0 R_0} \cdot \frac{1}{2+\beta_I} \cdot \frac{1-\tau_+/\tau_I}{1+i\omega\tau_+} \cdot \frac{1-\tau_-/\tau_I}{1+i\omega\tau_-} \quad (4-35)$$

温度响应率

$$s_T(\omega) = -\frac{1}{G} \cdot \frac{\tau_+ \tau_-}{\tau_0} \cdot \frac{(\tau_0/\tau_+ + \tau_0/\tau_- + \wp_I - 1 + i\omega\tau_0)}{(1+i\omega\tau_+)(1+i\omega\tau_-)} \quad (4-36)$$

转换为 SQUID 电感(L)等物理参数的表达式为

$$s_I(\omega) = -\frac{1}{I_0 R_0}\left[\frac{L}{\tau_{\text{el}} R_0 \wp_I} + \left(1 - \frac{R_{\text{L}}}{R_0}\right) + i\omega \frac{L\tau_0}{R_0 \wp_I}\left(\frac{1}{\tau_I} + \frac{1}{\tau_{\text{el}}}\right) - \frac{\omega^2 \tau_0}{\wp_I} \cdot \frac{L}{R_0}\right]^{-1} \quad (4-37)$$

式(4－35)中包含两个极点，根据极点的性质可以确定系统的稳定性条件。如果两个极点相等，即 $\tau_+ = \tau_-$，则为临界阻尼条件。根据式(4－26)，临界阻尼电感为

$$L_{c\pm}=\left\{\begin{array}{l}\wp_I\left(3+\beta_I-\dfrac{R_L}{R_0}\right)+\left(1+\beta_I+\dfrac{R_L}{R_0}\right)\pm\\ 2\sqrt{\wp_I(2+\beta_I)\left[\wp_I\left(1-\dfrac{R_L}{R_0}\right)+\left(1+\beta_I+\dfrac{R_L}{R_0}\right)\right]}\end{array}\right\}\frac{R_0\tau}{(\wp_I-1)^2}$$

(4-38)

理想恒压偏置 ($R_L=0$) 且深度反馈 ($\wp_I\gg 1$) 时，有

$$\frac{L_{c\pm}}{R_0}=(3+\beta_I\pm 2\sqrt{2+\beta_I})\frac{\tau_0}{\wp_I}\tag{4-39}$$

进一步假定 $\beta_I=0$，则

$$\frac{L_{c\pm}}{R_0}=(3\pm 2\sqrt{2})\frac{\tau_0}{\wp_I}\tag{4-40}$$

当 $L_{c-}<L<L_{c+}$ 时，电路为欠阻尼，解中出现正旋振荡分量，只有当同时出现指数衰减分量时系统才会稳定，因此 $\dfrac{1}{\tau_{el}}+\dfrac{1}{\tau_I}>0$，其解为

$$\wp_I\leqslant 1\text{ 或者 }\wp_I>1\text{ 且 }L<\frac{\tau_0}{\wp_I-1}[R_L+R_0(1+\beta_I)]\tag{4-41}$$

从电流响应率表达式(4-37)看出，大电感会降低超导 TES 探测器的电流响应率，从而增加 SQUID 放大器噪声的贡献，因此对于电压偏置的超导 TES 探测器来说，研究人员感兴趣的是小电感情况。

当 $L<L_{c-}$ 或者 $L>L_{c+}$ 时，电路为过阻尼。解为衰减指数时电路稳定，即 $\tau_\pm>0$，因此 $\dfrac{1}{\tau_{el}}+\dfrac{1}{\tau_I}>\sqrt{\left(\dfrac{1}{\tau_{el}}-\dfrac{1}{\tau_I}\right)^2-4\dfrac{R_0}{L}\cdot\dfrac{\wp_I(2+\beta_I)}{C/G}}$ 其解为

$$R_0>\frac{\wp_I-1}{\wp_I+1+\beta_I}R_L\tag{4-42}$$

综上所述，当 $L<L_{c-}$ 或者 $L>L_{c+}$ 时，电路为过阻尼，恒压偏置时 ($R_L\ll R_0$)，系统总是稳定的。如果 $L_{c-}<L<L_{c+}$，电阻为欠阻尼，则需要进一步限定 SQUID 电感值才能使超导 TES 探测器稳定工作。

上述微分方程组也可以通过谐波展开在频域里求解。将电流和温度分别表

示为指数形式 $\delta I e^{i\omega t}$ 和 $\delta T e^{i\omega t}$，代入式(4-24)中写成矩阵形式：

$$M\begin{pmatrix}\delta I\\ \delta T\end{pmatrix}=\begin{pmatrix}\delta V\\ \delta P\end{pmatrix} \tag{4-43}$$

其中矩阵 $M=\begin{pmatrix}\left(\dfrac{1}{\tau_{el}}+i\omega\right)L & \dfrac{\wp_I G}{I_0}\\ -I_0R_0(2+\beta_I) & \left(\dfrac{1}{\tau_I}+i\omega\right)C\end{pmatrix}$，则解为

$$\begin{pmatrix}\delta I\\ \delta T\end{pmatrix}=M^{-1}\begin{pmatrix}\delta V\\ \delta P\end{pmatrix} \tag{4-44}$$

那么电流响应率为

$$\begin{aligned}s_I(\omega)&=\frac{\delta I}{\delta P}=(M^{-1})_{1,2}\\&=-\frac{1}{I_0R_0}\left[\frac{L}{\tau_{el}R_0\wp_I}+\left(1-\frac{R_L}{R_0}\right)+i\omega\frac{L\tau}{R_0\wp_I}\left(\frac{1}{\tau_I}+\frac{1}{\tau_{el}}\right)-\frac{\omega^2\tau}{\wp_I}\cdot\frac{L}{R_0}\right]\end{aligned} \tag{4-45}$$

与式(4-37)完全相同。

在电压偏置 $(R_L \ll R_0)$ 及强电热反馈 $\left[\wp_I \gg \dfrac{R_L+R_0(1+\beta_I)}{R_0-R_L}\right]$ 的情况下，电流响应率仅与偏置电路参数相关：

$$s_I(0)=\frac{1}{I_0(R_0-R_L)} \tag{4-46}$$

4.3.2 超导相变边缘探测器噪声

超导 TES 探测器电路中的各种噪声源会极大影响超导 TES 探测器的灵敏度。超导 TES 探测器是一种电阻性的热探测器，存在热噪声（又称 Johnson 噪声）。同时超导 TES 探测器吸收的热量通过热导从 TES 传递到热沉中，热量流动的不连续性会导致热起伏噪声。另外负载电阻的热噪声和 SQUID 放大器噪声也对超导 TES 探测器的灵敏度有影响。

在超导 TES 与热沉之间的热量流动是通过热声子的随机交换，热起伏噪声 δP_{TFN} 为白噪声，其功率谱密度为

$$S_{\mathrm{PTFN}} = 4k_{\mathrm{B}}T^2G \tag{4-47}$$

通常 TES 的电子温度高于衬底温度，处于非热平衡态，需要引入修正因子 $\gamma = F_{\mathrm{link}}(T_0,\ T_{\mathrm{B}})$。

$$S_{\mathrm{PTFN}} = 4k_{\mathrm{B}}T^2G\gamma \tag{4-48}$$

当热载流子的平均自由程大于热连接长度时，有

$$F_{\mathrm{link}}(T_0,\ T_{\mathrm{B}}) = \frac{1}{2} \cdot \frac{t^{n+1}+1}{t^{n+1}} \tag{4-49}$$

当热载流子的平均自由程小于热连接长度时，有

$$F_{\mathrm{link}}(T_0,\ T_{\mathrm{B}}) = \frac{n}{2n+1} \cdot \frac{t^{2n+1}-1}{t^{2n+1}-t^{n+1}} \tag{4-50}$$

式中，$t = T_{\mathrm{B}}/T_0$。

超导 TES 探测器的热起伏噪声与 P_γ 以同样的方式进入系统：

$$M\begin{pmatrix}\delta I_{\mathrm{TFN}} \\ \delta T_{\mathrm{TFN}}\end{pmatrix} = \begin{pmatrix}0 \\ \delta P_{\mathrm{TFN}}\end{pmatrix} \tag{4-51}$$

因此其解为

$$\delta I_{\mathrm{TFN}} = s_I(\omega)\delta P_{\mathrm{TFN}} \tag{4-52}$$

噪声功率谱密度为

$$S_{\mathrm{ITFN}} = |\ s_I(\omega)\ |^2 S_{\mathrm{PTFN}} \tag{4-53}$$

超导 TES 探测器的热噪声由电阻器件中电子的随机热运动引起，热噪声电压(V_{J})满足高斯分布，近似为白噪声，其功率谱密度为 $S_{\mathrm{VJ}} = 4k_{\mathrm{B}}T_0R_0$。非热平衡态修正为 $S_{\mathrm{VJ}} = 4k_{\mathrm{B}}T_0R_0(1+2\beta_I)$。

为了计算热噪声的贡献，需要考虑热噪声电压(V_{J})及在超导 TES 上引起的功耗。

$$M\begin{pmatrix}\delta I_{\mathrm{J}}\\ \delta T_{\mathrm{J}}\end{pmatrix}=\begin{pmatrix}V_{\mathrm{J}}\\ -I_0 V_{\mathrm{J}}\end{pmatrix} \tag{4-54}$$

其解为

$$\begin{aligned}\delta I_{\mathrm{J}} &= \left[\frac{1}{I_0}(M^{-1})_{1,1}-(M^{-1})_{1,2}\right]I_0 V_{\mathrm{J}}\\ &= -\left(\frac{1}{I_0}\cdot\frac{M_{2,2}}{M_{1,2}}+1\right)s_I(\omega)I_0 V_{\mathrm{J}}\\ &= -\frac{I_0}{\wp_I}(1+i\omega\tau)s_I(\omega)V_{\mathrm{J}}\end{aligned} \tag{4-55}$$

超导 TES 探测器的热噪声功率谱密度为

$$S_{I\mathrm{J\text{-}TES}}=4k_{\mathrm{B}}T_0R_0I_0^2(1+2\beta_I)\mid s_I(\omega)\mid^2\frac{1}{\wp_I^2}(1+\omega^2\tau^2) \tag{4-56}$$

负载电阻上的热噪声电压(V_{L})其焦耳功率直接被热沉吸收,不参与电热反馈。

$$M\begin{pmatrix}\delta I_{\mathrm{L}}\\ \delta T_{\mathrm{L}}\end{pmatrix}=\begin{pmatrix}V_{\mathrm{L}}\\ 0\end{pmatrix} \tag{4-57}$$

其解为

$$\delta I_{\mathrm{L}}=(M^{-1})_{1,1}V_{\mathrm{L}}=s_I(\omega)I_0\frac{\wp_I-1}{\wp_I}(1+i\omega\tau_I)V_{\mathrm{L}} \tag{4-58}$$

功率谱密度为

$$S_{I\mathrm{L}}=4k_{\mathrm{B}}T_{\mathrm{L}}R_{\mathrm{L}}I_0^2\mid s_I(\omega)\mid^2\frac{(\wp_I-1)^2}{\wp_I^2}(1+\omega^2\tau_I^2) \tag{4-59}$$

读出电路噪声功率谱密度为 S_{Iamp}。

总噪声功率谱密度为各项之和

$$\begin{aligned}S_{\mathrm{Ptot}}(\omega) &= S_{\mathrm{ITFN}}(\omega)+S_{I\mathrm{J\text{-}TES}}(\omega)+S_{I\mathrm{L}}(\omega)+S_{I\mathrm{amp}}(\omega)\\ &= \mid s_I(\omega)\mid^2\left\{\begin{aligned}&\gamma 4k_{\mathrm{B}}T_0^2G+4k_{\mathrm{B}}T_0R_0\frac{I_0^2}{\wp_I^2}(1+\omega^2\tau^2)+\\ &4k_{\mathrm{B}}T_{\mathrm{L}}R_{\mathrm{L}}\frac{I_0^2(\wp_I-1)^2}{\wp_I^2}(1+\omega^2\tau_I^2)+\frac{S_{I\mathrm{amp}}(\omega)}{\mid s_I(\omega)\mid^2}\end{aligned}\right\}\end{aligned} \tag{4-60}$$

总噪声等效功率为

$$NEP^2(\omega)=\gamma 4k_B T_0^2 G+4k_B T_0 R_0\cdot\frac{I_0^2}{\wp_I^2}(1+\omega^2\tau^2)$$

$$+4k_B T_L R_L\frac{I_0^2(\wp_I-1)^2}{\wp_I^2}(1+\omega^2\tau_I^2)+\frac{S_{I\mathrm{amp}}(\omega)}{|s_I(\omega)|^2}$$

(4-61)

表4-2给出了典型Ti超导TES探测器的参数。在硅基板上通过电子束蒸发制备Ti膜，厚度为64 nm。超导微桥通过光刻工艺定义，其尺寸为16 μm×16 μm，引线电极为150 nm厚Nb膜。最后通过KOH湿刻工艺去除TES探测器底部的硅衬底，从而减小热导。实测Ti超导TES探测器的$R-T$曲线，获得的临界温度为392 mK，环境温度为34 mK。图4-6(a)为根据式(4-60)计算出的总电流噪声功率谱密度及探测器热起伏噪声和热噪声、负载电阻热噪声和SQUID放大器噪声的贡献。探测器热起伏噪声远大于其他噪声的贡献，因此热起伏噪声决定了探测器的灵敏度。负载电阻的热噪声小于探测器热噪声。SQUID放大器噪声贡献可以忽略不计。图4-6(b)为Ti超导TES探测器的噪声等效功率谱密度，主要由热起伏噪声决定，与实测结果相吻合。

表4-2 典型Ti超导TES探测器的参数

参　数	符　号	值	单　位
热　容	C	4.2	fJ/K
热　导	G	412	pW/K
器件电阻	R	0.63	Ω
负载电阻	R_L	0.33	Ω
临界温度	T	392	mK
环境温度	T_B	34	mK
温度灵敏度系数	α	4.5	—
电流灵敏度系数	β	0	—
热传输指数	n	3	—

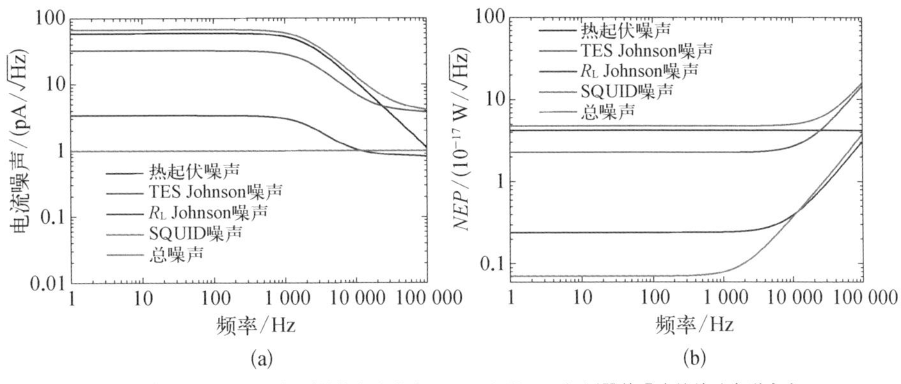

4-6 (a) 典型 Ti 超导 TES 探测器的电流噪声；(b) Ti 超导 TES 探测器的噪声等效功率谱密度

4.3.3 超导相变边缘探测器复阻抗

复阻抗是对加在超导 TES 探测器上的电压产生的电流响应。给超导 TES 探测器的偏置电压上施加一激励信号 (δV_b)，方程为

$$M\begin{pmatrix}\delta I\\ \delta T\end{pmatrix}=\begin{pmatrix}\delta V_b\\ 0\end{pmatrix} \tag{4-62}$$

总复阻抗为

$$Z_\omega=\frac{\delta V_b}{\delta I}=\frac{1}{(M^{-1})_{1,1}}=R_L+i\omega L+Z_{TES}(\omega) \tag{4-63}$$

式中，超导 TES 探测器的复阻抗为

$$Z_{TES}(\omega)=R_0(1+\beta_I)+\frac{R_0\mathscr{L}_I}{1-\mathscr{L}_I}\cdot\frac{2+\beta_I}{1+i\omega\tau_I} \tag{4-64}$$

$\dfrac{2}{1+i\omega\tau_I}=1+e^{-i2\arctan(\omega\tau_I)}$，表明随着频率的增加，复阻抗从复平面的点(2, 0)开始顺时针扫描出一个半圆，其圆心为(1, 0)。如图 4-7 所示，随着频率的增加，超导 TES 探测器的阻抗接近其动态电阻(R_{dyn})。

在实验中很难仅仅通过测量光学脉冲信号的电流瞬态响应获得超导 TES 探测器的所有精确参数，行之有效的办法是通过测量复阻抗提取超导 TES 探测

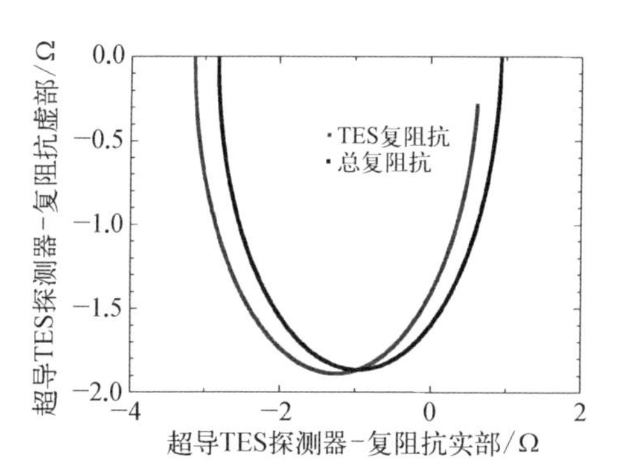

注：黑线为包括负载电阻和 SQUID 输入电感的总复阻抗，红线为超导 TES 探测器的复阻抗。超导 TES 探测器的参数见表 4-2。

图 4-7 根据式(4-6[illegible] 和式(4-64) 算的 Ti 超 TES 探测器复阻抗

器的电热参数。在超导 TES 探测器的某一固定工作点，其热导(G_0)、焦耳功率(P_{J0})、温度(T_0)及电阻(R_0)可以通过 I/V 曲线获得，未知的参数是 α_I、β_I 及热容(C)。β_I 可以通过高频复阻抗确定，复阻抗的半径可以确定环路增益及 α_I。复阻抗轨迹随着频率增加的扫描速率确定 τ_I，最终获得 C。

4.4 单像元超导相变边缘探测器

超导相变边缘探测器与其他热探测器之间的最大区别就是采用超导测温计，因此如何选择超导材料就决定了探测器的特性。超导材料的转变温度最为重要，因为超导相变边缘探测器的热容、热导以及噪声都具有很强的温度依赖性。同时考虑到制冷的问题，绝大多数超导相变边缘探测器的临界温度一般选择为 400 mK(采用 ^{3}He 吸附制冷机)，或者 100 mK(采用绝热去磁制冷机或者稀释制冷机)。主要有三种方法实现合适的临界温度，分别是单层超导薄膜、双层超导薄膜，以及合金膜。

4.4.1 单层膜超导相变边缘探测器

采用单层超导薄膜要求其临界温度小于 1 K，主要有 Ti 膜、W 膜和 Hf 膜等。单元素超导材料的主要特性见表 4-3。溅射的钨膜有两种相：α 相的临界温度约为 15 mK，而 β 相的临界温度为 1～4 K，为了获得合适的临界温度，需要两者共存的混合相[图 4-8(a)]。研究表明通过调节磁控溅射的功率和氩气压力可以调节 W 膜的临界温度：$T_c = 117.21 + 0.09 \times P_{wr} - 6.08 \times P_{ress}$。因此，在固定 W 膜厚度为 20 nm，基压为 1×10^{-5} Pa，基板温度为 40℃的情况下，选择 1.2 Pa的氩气压力和 600 W 的溅射功率，预计获得 121 mK 的临界温度，而通过 5 个循环制备的样品临界温度为 109 mK，两者吻合很好。β 相钨膜会逐渐转变为 α 相钨膜，经过大约 3 h 后稳定下来。实验发现在基板上先沉积非晶 Si 层，然后制备钨膜，会阻止 β 相转变为 α 相。另外，钨膜的电阻率(23 $\mu\Omega \cdot$ cm)也保持稳定，不随时间变化，与直接在基板上制备的钨膜(27 $\mu\Omega \cdot$ cm)相比较，非晶硅上的钨膜其 α 相的成分更高。而且在非晶硅上的钨膜具有更高的压应力和临界温度。在器件上制备防反射层(SiO_2 或 Si_3N_4)后，钨膜的临界温度会明显降低。主要是因为钨膜具有更高的热收缩(8.8×10^{-4})，而硅和 SiO_2 的热收缩分别为 2.2×10^{-4} 和 -0.05×10^{-4}，说明当温度从常温降低到 4 K 低温，钨膜受到硅的限制，表现为拉应力。当非晶 SiO_2 添加到钨膜表面，钨膜同时受到底部的非晶硅和顶部的非晶 SiO_2 限制，因此感应的应力导致临界温度的降低。经过 XRD 测量，发现在硅上的钨膜拉应力为 210 MPa，而加上 SiO_2 后拉应力增加到 1.3 GPa。研制的钨超导相变边缘单光子探测器在 1.55 μm 波长的量子效率约为 15%。进一步通过集成光学腔体[图 4-8(b)]增强光子吸收效率，其量子效率提高到 80%，同时能量分辨率为0.2 eV，适用于量子密钥分发、贝尔不等式检验等量子信息领域。但是钨超导 TES 单光子探测器的响应较慢(约 5 μs)，可以通过采用更高临界温度的超导材料解决。

表 4-3 单元素超导材料的主要特性

	ρ_{el} /($\mu\Omega \cdot$ cm)	n /(10^{28}/m^3)	ν_F /(10^6 m/s)	γ /(mJ/mol $\cdot$ K^2)	ρ/A /(mol/cm^3)	T_C /K	$\lambda_L(0)$ /nm
Al	2.74	18.1	2.03	1.35	0.100	1.14	16
Ti	43.1	10.5	0.41	3.35	0.094 4	0.39	310
W	5.3	37.9	0.7	1.3	0.105	0.012	82
Mo	5.3	38.6	0.6	2.0	0.107	0.92	—
Nb	14.5	27.8	0.62	7.79	0.092 2	9.5	39

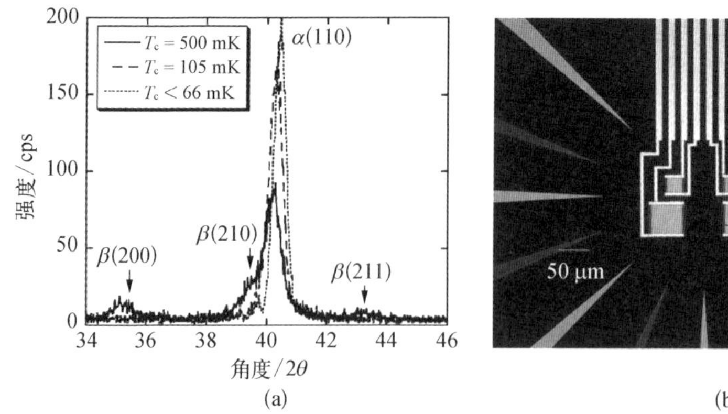

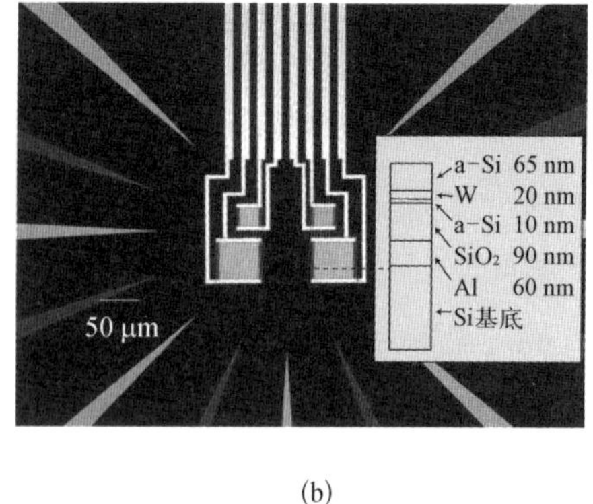

图 4-8 钨超导相变缘探测器

(a) 钨的临界温度与其相的相关性；(b) 集成光学腔体的钨超导相变边缘单光子探测器

钛膜的临界温度约为 400 mK，因此具有更强的电子-声子相互作用，导致更短的响应时间。选择绝缘衬底上的硅（Silicon-On-Insulator，SOI）基板，其中硅基板为 001 晶向的单晶硅，表面镀有 0.2 μm 的 SiO_x 和 0.5 μm 的 SiN。钛膜通过电子束蒸发沉积制备。电子束蒸发设备配备加载真空腔和低温泵，背景真空度达到 10^{-8} Torr①。SOI 基板固定在铝座上，在沉积过程中通过水冷使其温度保持为 5℃。纯度高达 99.95%的钛靶置于钼坩埚中作为蒸发源。通过调节电子束的功率、位置及扫描范围熔化钛靶。电子枪的电压固定为 7.6 kV，电流在 60～200 mA 范围内变化从而调节沉积速率。

我们通过不同速率制备了 60～65 nm 厚的钛膜，并测量了应力、电阻率(R_{es})及超导转变温度。所有样品均表现出压缩应力，随着沉积速率的提高，压缩应力逐渐减小。当沉积速率高于 10 A/s 时，压缩应力基本保持不变。主要原因是当沉积速率降低到小于 10 A/s 时，外部因素（主要是冷却水）的影响越来越小。

电阻率随着沉积速率的增加而降低，当沉积速率超过 1 A/s 后，电阻率基本保持不变。更低的沉积速率意味着单位时间内更少的钛原子到达基板表面，即更低的钛原子能量。因此颗粒尺寸更小，颗粒边界散射增加。另外一个可能原因是在沉积过程中污染物会随之增加。蒸发系统虽然具有超高的背景真空度，

① 1 Torr(托)≈133.322 Pa(帕)。

低温泵仍然有可能释放出一些气体(如氧和氮)。由于钛具有很高的活性,释放的氧和氮会污染钛膜,因此转变温度会随着沉积速率的增加而升高。

综上所述,当沉积速率大于 10 A/s 时,钛膜表现出合适的应力、稳定的电阻率、更高的临界温度。另一方面,考虑到实际的应用需求,钛膜的典型厚度约为 30 nm,应该避免过高的沉积速率以便有效地控制厚度。因此 10～15 A/s 的沉积速率对于超导 TES 探测器的研制是最优的。

超导钛膜的临界温度和电阻率具有很强的厚度相关性。随着厚度的增加,临界温度升高,而电阻率降低。但是这两个参数还受到其他因素的影响,因此具有一定的离散性。早期的研究也报道了类似的结果。我们采用 Y. Ivry 提出的模型描述临界温度与电阻率的相关性: $dT_c = aR_s^{-b}$,其中 a 和 b 是拟合参数。拟合结果如图 4-9(a)所示,a 和 b 分别为 228.951 和 0.961。拟合曲线与实测结果完全吻合,ΔT_c 随着电阻率的增加而减小。因此我们可以预计钛膜的临界温度 $T_c = 228.951/dR_s^{0.961}$,将有助于改善对钛膜的控制并提高重复性。

为了研究器件制备过程中加热对钛膜的影响,我们首先在制备好的钛膜表面镀上光刻胶作为保护层,并将样品置于热盘(温度为 100℃)上持续加热 15 h。从同一批次中选取钛膜作为参考,唯一的区别就是没有经过持续烘烤。图 4-9 (b)为烘烤和未烘烤的钛膜样品的电阻转变曲线。样品经过烘烤后,临界温度降低了4 mK,仅相当于临界温度的 1%。对于实际应用需求,临界温度的降低可以忽略不计,是完全可以接受的。为了进一步研究钛膜中的氧扩散,我们结合 X 射

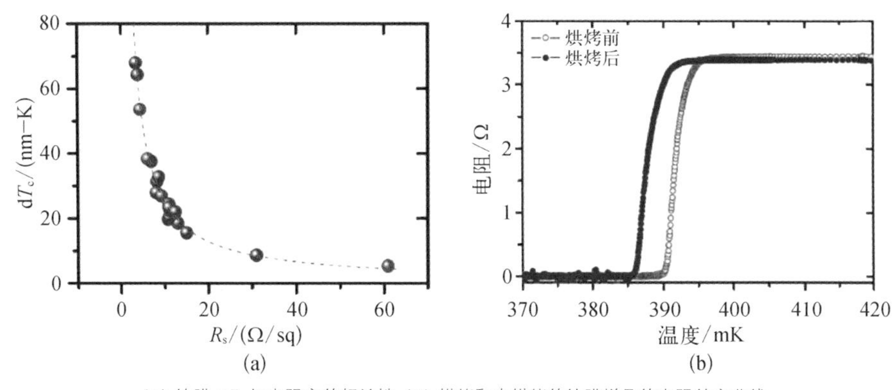

图 4-9 (a) 钛膜 ΔT_c 与电阻率的相关性;(b) 烘烤和未烘烤的钛膜样品的电阻转变曲线

线光电子能谱仪和氩离子刻蚀研究了钛膜不同厚度处的氧含量。TiO_2 中 O_1 的光电子束缚能为 530.1 eV。两个样品中都能检测到氧元素，直到刻蚀 160 s，相当于 5 nm 的深度为止。该氧元素为钛膜制备后暴露在空气中生成的氧化层。烘烤后的样品并没有表现出更厚的氧化层，表明生成的氧化层产生了保护作用。

4.4.2 双层膜超导相变边缘探测器

为了便于调节超导相变边缘探测器的临界温度，通常连续制备一层超导膜和一层金属膜，利用邻近效应（Proximity effect）精确调控双层膜的临界温度，从而扩大可选的超导材料范围。目前大多数超导 TES 探测器都是采用超导/金属双层膜。首先采用的是 Ir/Au 双层膜，其转变温度在 20～100 mK 区间可调，但是高质量的 Ir 膜要求在高真空条件下（气压小于 1×10^{-10} Torr）通过电子束蒸发沉积在高温（700℃）衬底上，因此给器件制备带来巨大的技术挑战。随后采用 Al/Ag 双层膜制备超导 TES 探测器，Al 的临界温度通过邻近效应从 1.2 K 降低到 100 mK，超导转变宽度依然小于 1 mK。但是在实验中发现 Al/金属双层膜（Cu, Ag, Au）并不稳定，在高温下存在一些中间相。同时 Al/金属双层膜的电化学效应给湿刻工艺带来挑战。后来很快采用其他高临界温度超导体（Mo, Ti）制备双层膜。Mo 的临界温度为 950 mK，制备的 Mo/Au 双层膜其临界温度约为 100 mK。Mo 的熔点与 Ir 超导体类似，电子束蒸发 Mo 薄膜同样要求高真空和加热。幸运的是通过磁控溅射可以制备出高质量的 Mo/Cu 双层膜。Ti 的临界温度约为 400 mK，制备的 Ti/Au 双层膜其临界温度约为 100 mK。

双层超导薄膜的临界温度可以根据 Usadel 理论计算：

$$T_c = T_{c0}\left[\frac{d_s}{d_0}\frac{1}{1.13(1+1/\alpha)}\frac{1}{t}\right]^{\alpha} \tag{4-65}$$

$$\frac{1}{d_0} = \frac{\pi}{2}k_B T_{c0}\lambda_f^2 n_s \tag{4-66}$$

$$\alpha = (d_n n_n)/(d_s n_s) \tag{4-67}$$

式中，d_n和d_s为正常金属和超导膜的厚度；n_n和n_s为正常金属和超导膜的态密度；T_{c0}为超导体的临界温度；λ_f为正常金属的费米波长；t为无单位的可调参数，表示正常金属与超导膜之间的传输系数，其值与工艺过程密切相关，通常是经过长期的工艺参数摸索而获得的经验值。

4.4.3 合金膜超导相变边缘探测器

合金膜可以通过两种成分的比例调节临界温度。如 NbSi 合金由超导材料 Nb 和绝缘材料 Si 通过共蒸发工艺得到。其电特性由材料的配比、薄膜的厚度和成膜后退火三个方面共同确定(图 4－10)。首先是材料的配比。Nb 的占比小于 9%时是绝缘体；Nb 的占比为 9%～12%时具有金属的特性；Nb 的占比超过 12%时有超导特性，且随着 Nb 的占比增加，超导转变温度升高。然后，当 NbSi 配比确定后，薄膜的厚度减小时，超导转变温度也随之下降，甚至超导特性消失。最后，是退火方面的因素。制成薄膜后进行退火可进一步精细调节超导薄膜的电阻温度特性，稍微降低临界温度并增加正常态面电阻。

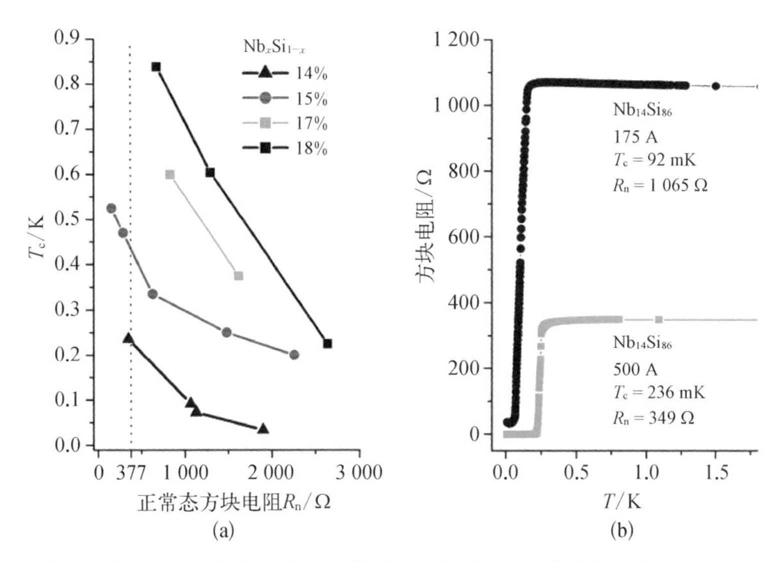

图 4－10 NbSi 超导薄膜的特性

(a) 不同配比 NbSi 超导薄膜的临界温度与正常态面电阻的相关性，两个参数可以独立调节；(b) 17.5 nm 和 50 nm Nb14Si86 超导薄膜的电阻转变特性

如图 4－11(a)所示，在 NbSi 超导 TES 探测器制备过程中，采用共蒸发工艺在 SiN/Si 衬底上制备 NbSi 薄膜，随后通过反应离子刻蚀定义出微桥结构，而

Nb 电极通过 lift-off 工艺制备。TES 外围网络状的金是吸收体，通过氟化物混合气体刻蚀未镀金保护的 SiN 形成支撑结构。最后采用 RIE 反应离子刻蚀和 XeF_2 化学刻蚀背部的 Si 衬底。NbSi 微桥表面的交指梳状结构将器件的正常态电阻降低到约 100 mΩ，以便与 SQUID 读出电路匹配。

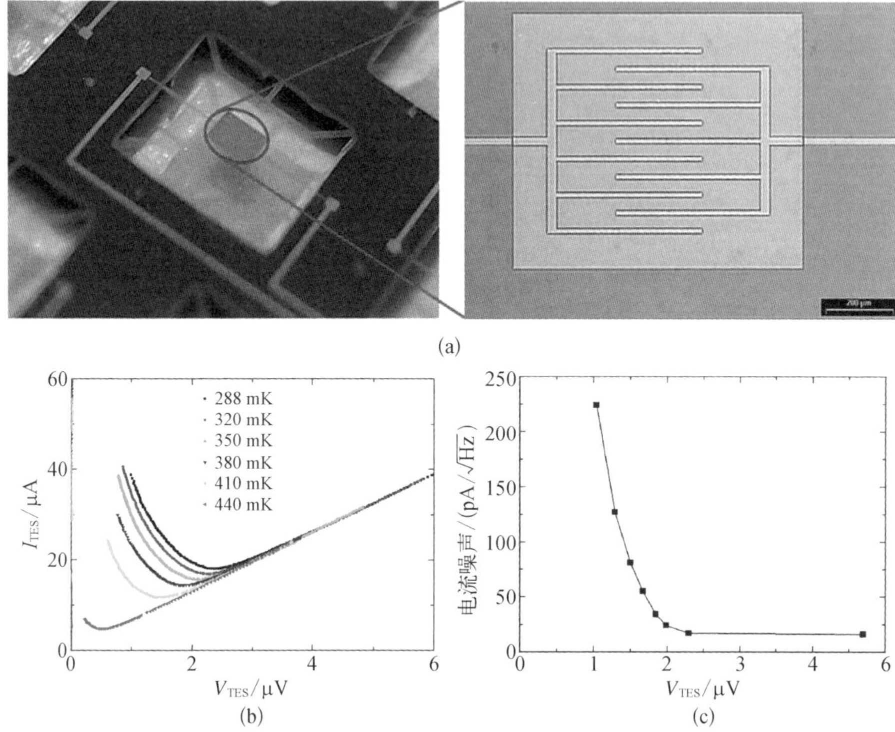

图 4-11 NbSi 超导 TES 探测器

(a) NbSi 超导 TES 探测器芯片及显微照片；(b) 探测器在不同温度下的电流-电压特性；(c) 探测器在 288 mK 测量的电流噪声

NbSi 超导 TES 探测器的临界温度为 460 mK，其电流-电压特性如图 4-11(b) 所示，由此计算得到的热导为 345 pW/K。图 4-11(c) 为探测器在 288 mK 测量的电流噪声，环境温度为 288 mK，因此噪声等效功率为 8×10^{-17} W/$\sqrt{\mathrm{Hz}}$。

4.5 大规模超导相变边缘探测器阵列

在实际应用中，可以利用大规模超导 TES 探测器阵列以提高观测效率。近十年来，大规模超导 TES 探测器阵列制备方面的研究取得了巨大的进步。常规的光刻工艺使得在一片基板上制备多个超导 TES 探测器成为可能，而微加工技术可以单独地热隔离每一个像元。

为了与超导 TES 探测器阵列匹配，需要新的多路复用读出技术。单独偏置并读出超导 TES 探测器阵列中的每一个像元，会使得从极低温到常温的引线与像元数呈比例增加。对于上千像元量级的超导 TES 探测器阵列，引线数目将会达数千从而会增加系统复杂性，同时这么多引线导致的传热会使得制冷机难堪重负，因此行之有效的方法是开发出低温多路复用读出技术，从而显著减少引线数目。基于超导 SQUID 的低温复用读出技术可以在同一根信号线上读出多个超导 TES 探测器的信号。

4.5.1 超导相变边缘探测器阵列

超导 TES 探测器阵列包括吸收体、测温计、热隔离及支撑结构。大多数应用要求大填充因子的大规模探测器阵列，从而限制了支撑和引线的区域。当与常规平面微加工工艺兼容后，制备大规模测温计阵列不是问题，主要技术难点在于热支撑、引线和吸收体的制备。为了实现低热导，需要将支撑超导 TES 探测器的基板部分刻蚀，常用的方法为各向异性的硅背部刻蚀技术（如 KOH 湿刻、等离子刻蚀、深硅刻蚀），以及表面刻蚀技术。

大多数超导 TES 探测器采用 Si_3N_4 膜支撑，通过微加工形成热隔离。硅是一种单晶体，热 KOH 碱性溶液对(110)面的刻蚀速率是(111)面的 600 倍，同时 KOH 溶液很难刻蚀 SiN，从而形成理想的阻隔层。对于表面镀有 SiN 薄膜的(100)硅基板，在 SiN 表面开一个正方形的窗，通过 KOH 湿刻会形成金字塔型的结构，其侧面与表面形成 54.7°的夹角，即为(111)面。为了保证每个像元的支撑，在 SiN 表面窗口之间的距离必须保证大于 $2\sqrt{2}t$，其中 t 为基板厚度，从而限制了像元密度。

为了提高刻蚀的各向异性，通常采用深反应离子刻蚀（Deep Reactive Ion Etching, DRIE），DRIE 采用离子直接在表面刻蚀，同时侧面钝化几乎可以刻蚀任何形状，而且侧面与表面几乎垂直。最常用的就是所谓的“Bosch”深硅干刻工艺，包含刻蚀相（采用 SF_6 气体刻蚀硅）和钝化相（采用 C_4F_8 气体在侧面生成保护膜），通过两个相的快速切换，可以产生高型比的垂直结构。

虽然体微加工技术广泛采用，但是依然存在如下的缺点：专业的 DRIE 设备昂贵且最终形成的超导 TES 探测器阵列像元间的特性存在差异。近年来，表面微加工技术逐渐兴起。通过表面微加工工艺，所有的刻蚀过程都在其表面发生。表面刻蚀技术是一种平面过程，其支撑基板基本不受影响，因此可以在其他结构（如引线、读出电路）上制备超导 TES 探测器阵列。因此通过表面刻蚀制备的超导 TES 探测器阵列具有更高的集成度。XeF_2 气体是一种气相化学刻蚀剂，不会产生表面张力。

4.5.2 超导相变边缘探测器阵列读出电路

正如前文所述，超导相变边缘探测器阵列已经能够做到上千像元，而采用 SQUID 放大器读出单一超导 TES 探测器需要从室温到低温布置多根引线，包括 TES 探测器偏置、第一级 SQUID 偏置、第一级 SQUID 反馈、串联 SQUID 阵列偏置/读出、串联 SQUID 阵列反馈。如果采用这种简单并行的方法读出大规模超导 TES 探测器阵列中的所有像元，那么由此产生的系统复杂性、高成本以及上千引线导致的传热等，将导致整个系统无法承受。基于超导 SQUID 的多路复用读出电路可以大大减少引线的数目。复用读出方案只需要少数几根引线就可以同时读出多个超导 TES 探测器的信号。多路读出复用技术根据频域可划分为低频和微波频分复用技术，根据编码技术还可划分为时分复用和码分复用技术。

在低频段，时分复用（TDM）技术采用 SQUID 切换不同的超导 TES 探测器，而频分复用（FDM）技术采用 LC 滤波器选择不同的超导 TES 探测器。低频工作的优点是可以采用与超导探测器类似的实验技术，如低功率双绞线、具有几兆赫兹带宽的低噪声放大器。缺点是具有挑战性的滤波器件（对于 TDM 来说，每一个像元的切换需要 SQUID 及相对较小的电感滤波器；对于 FDM 来说，每个像元需要较大尺寸的无源 LC 滤波器）以及较窄的带宽限制了可读出的像元数在微波频段，可以使用紧凑的微波滤波器（集总或者分布元件），以及较大的带宽才有可能读出更多的像元。但是微波读出复用技术处于发展初期，还不成熟，同时要求的室温电路更加复杂困难。在微波 SQUID 复用技术中，针对每一个 TES 像元，SQUID 放置在一个高品质因子谐振电路中，由 SQUID 构成的阵列通过频分复用技术在同一根同轴电缆中读出像元，同时需要另外的两根同轴电缆来实现 SQUID 磁通偏置。

超导 TES 探测器具有宽带噪声，但是只有有限带宽的信号可以通过多路复用读出，因此开发有限带宽的滤波器是多路复用读出技术中最重要的任务之一。在 SQUID 多路复用读出方案中，有限带宽滤波器的缺乏会导致信噪比恶化。比如多个超导 TES 探测器的偏置切换可以通过 Hadamard 编码实现，然后通过一个 SQUID 求和。最后信号通过 Hadamard 编码解码，但是噪声增加了 $\sqrt{N}$ 倍。

根据 Nyquist 采样定理，带宽为 δf 持续时间为 δT 的信号可以用 $2\delta_f\delta_T$ 个时间采样准确描述。同样的信号也可以表示为频域中的 $2\delta_f\delta_T$ 个傅里叶级数。时域和频域的采样形成正交基函数来表示带宽有限的函数。其他的基函数如 Hadamard 函数、小波变换基函数及由多频带的时间采样组成的基函数等也可以采用。

如果输出 SQUID 通道具有 δF 的带宽(大于信号带宽 δf)，原理上有可能在基函数的 $N(\leqslant \delta F/\delta f)$ 个不同子基函数不失真的传递信号。为了实现多路复用读出，信号的带宽通过滤波器限制。每一个信号的信息编码进入输出基函数的不同分量中(实现编码)，然后在输出通道中求和。信号编码通过将信号与一组正交调制函数相乘来实现(图 4-12)。相乘过程可以在超导 TES 探测器或者 SQUID 中实现。TDM 采用方波调制函数，而 FDM 采用正弦函数，然后信号通过求和成为一个输出通道。最终采用同一基函数分离或者解码。如果不考虑 SQUID 噪声，可以编码为同一个输出通道(具有一定的带宽)的信号数目与正交基函数的选择无关。

但实际上，在编码过程中宽带的 SQUID 噪声会混叠进入信号中。因此，在解码过程中，编码信号噪声带宽外的所有噪声都需要被滤出。叠加进入解码信号的噪声与编码信号的噪声带宽有关。SQUID 噪声为白噪声。在 TDM 中编码信号的带宽由方波调制函数确定。在频域中方波函数表示为 sinc 函数

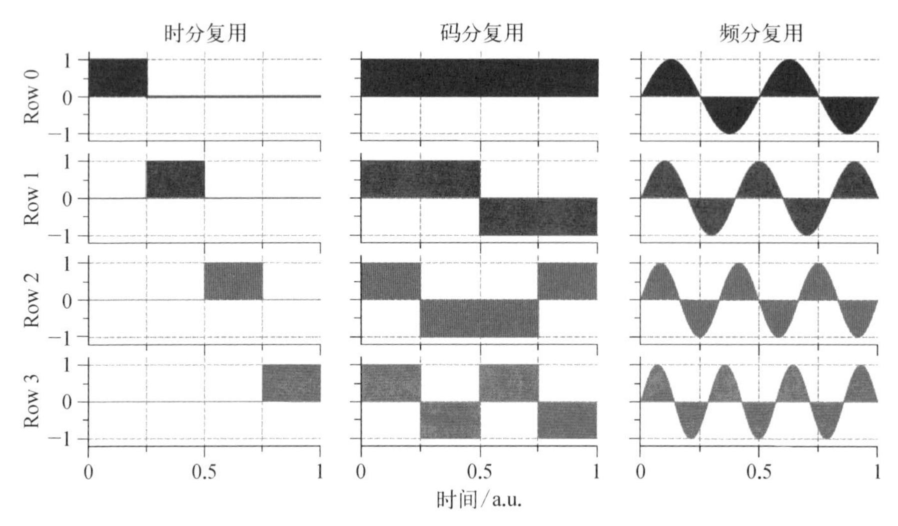

图 4-12 超导 TES 探器阵列多路出复用技术基函数(以通道为例)

$F_{mod}(f)=\sin(\pi f\delta t_s)/(\pi f\delta t_s)$，其中 δt_s是在每一个像元上的积分时间。sinc 函数的噪声带宽为

$$\delta B_{noise}=\int_0^{\infty}\left(\frac{\sin(\pi f\delta t_s)}{\pi f\delta t_s}\right)^2 df=\frac{1}{2\delta t_s} \tag{4-68}$$

超过 δB_{noise}的噪声在解码过程中被 sinc 函数滤除。解码通过模拟门积分器电路实现或者通过平均过采样信号的数字方式实现。帧率[$1/(N\delta t_s)$]是所有像元都被采样的频率。频率超过 $1/(2N\delta t_s)$的所有噪声未被滤出，会混叠进信号带内。因此 SQUID 的有效噪声功率会增加 $2N\delta_{Ts}/(2\delta t_s)=N$ 倍。为了保持相同的信噪比，增益必须相比于非多路复用超导 TES 探测器的增益增大 N 倍，意味着 SQUID 输入线圈的圈数必须增加。SQUID 的噪声非常小，即使对于要求的增益，在 TDM 中有可能多路复用几百个甚至上千个超导 TES 探测器的信号进入一个超导 SQUID 输出通道。提高 SQUID 输入线圈的圈数为原来的 $\sqrt{N}$ 倍，以此克服混叠的 SQUID 噪声，同时增加 SQUID 的摆率为原来的 $\sqrt{N}$ 倍。在高动态范围的应用中，如快 X 射线测热辐射计阵列，在常温电路中必须实现高带宽反馈来获得足够的摆率。

在 FDM 中，编码信号的带宽与输入信号的带宽相同。在正弦调制函数相乘过程中，信号移动到更高的频率但是保持原有的带宽，因此不会发生宽带

SQUID 噪声混叠效应。但是所有像元的信号在所有时间都被 SQUID 看到，不相关噪声的摆率要求随像元数以 $\sqrt{N}$ 增加，但是信号的摆率要求通常更加重要。在超导 TES 功率探测器阵列中，如果不同像元看到的功率变化是不相关的，摆率要求是适中的。但是，如果所有探测器看到的是一共模功率信号，那么对 SQUID 的摆率要求随着像元数成比例增加，相比于 TDM 来说，摆率要求则更加严格。这种要求在地面亚毫米波望远镜上是可以预期到的，因为天气变化会在所有像元上产生一共模信号。在超导 TES 能量探测器阵列中，摆率要求由源特性决定。如果不期望所有像元上一致的脉冲响应，摆率要求是适中的。但是如果一致信号是普遍情况，摆率要求与最大允许的一致信号呈近似于线性增加的关系。

1. 时分复用(TDM)

在 TDM 中，每一个超导 TES 探测器通过一负载电阻(R_L)实现恒压(V)偏置，并连接到超导 SQUID 开关上(图 4 - 13)。一次只打开一行中的一个 SQUID，而多个 SQUID 输出叠加到一个输出通道中。超导 TES 探测器的电流噪声中高于 Nyquist 采样频率的分量被提前滤出，以防止后面噪声叠加导致信噪比恶化。热起伏噪声(SI_{TFN})自然通过一滤波器截止，滤波器的下降频率为 $1/(2\pi\tau_-)$，上升频率为 $1/(2\pi\tau_+)$。但是超导 TES 探测器的热噪声(SI_{TES})和负载电阻的热噪声(SI_L)仅通过 $1/(2\pi\tau_-)$ 的单极截止。因此环路电感(即 τ_-)必须足够大以避免热噪声混叠而导致信噪比恶化，但是电感必须足够小以保持足够的稳定性。通常选择临界阻尼条件来平衡这两方面的要求。获得临界阻尼条件要求在超导 TES 探测器与 SQUID 之间增加一额外的 Nyquist 环路电感。

在第一代电压求和 SQUID TDM 中，调制函数加到 SQUID 开关上作为并联的寻址电压来打开一行 SQUID。每一列中的 SQUID 输出电压求和为一个输出 SQUID 通道。很遗憾的是，电压求和的拓扑结构不是很容易推广到工作在 1 K以下的二维阵列中。当在二维阵列中布置引线，二维网络中的寄生电流会产生严重的串扰。解决的方法是采用更大的寻址电阻来阻止寄生电流，但是大寻址电阻又会产生大量的热量。第二代 SQUID TDM 采用 SQUID 电流感性求

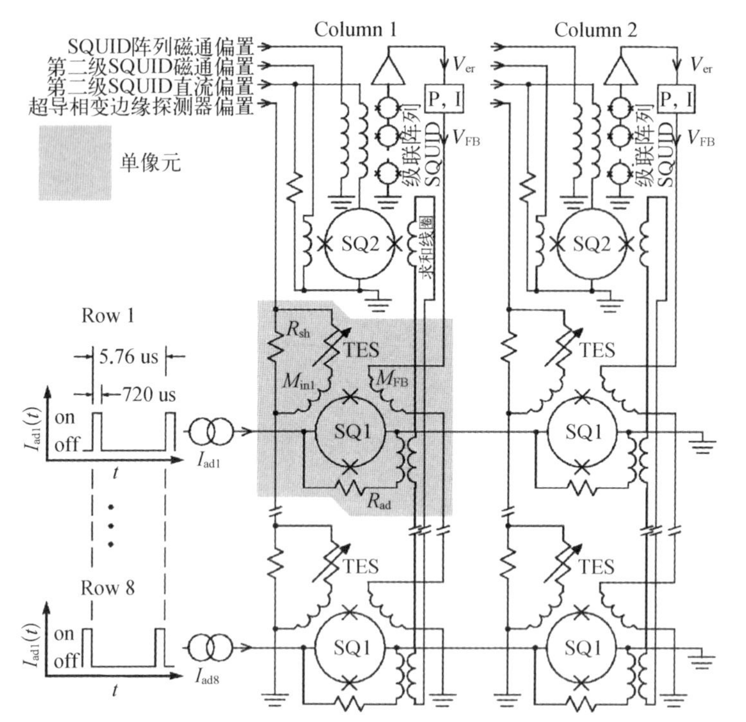

注：通过寻址方波函数依次打开一行中的 SQUID 放大器，对应的 TES 信号通过第一级和第二级放大读出。

图 4-13 2 列 8 行 T 电路原理图

和，从而阻止寄生电流。在感性求和 SQUID TDM 中，采用方波寻址电流 $I_1(T)$，$I_2(T)$，…，$I_N(T)$ 一次打开 N 个 SQUID 组成的一行。寻址电阻 R_A 与每一个 SQUID 并联。寻址电阻的阻值通常选择为接近 SQUID 的动态电阻，以便实现耦合、带宽及负载电阻热噪声之间的折中。流过寻址电阻的电流通过求和线圈感性耦合到第二级 SQUID 上。每一根寻址线可以引到常温，或者可以通过工作在 4 K 的 CMOS 复用读出电路提供寻址电流。

采用磁通反馈实现 SQUID 开关的线性化。在任何时刻一列中只有一个 SQUID 工作，因此一个反馈线圈可以与这列中的所有 SQUID 共用。反馈信号由室温电路提供，包括模数转换（ADC）、场可编程门阵列（FPGA）、数模转换（DAC）。当与一个像元相关的 SQUID 打开时，其输出通过 ADC 测量。由 DAC 产生的反馈信号刚好加到公共的反馈线圈上以补偿该 SQUID 的磁通变化。当该 SQUID 关掉，DAC 反馈信号的值存储在 FPGA 中，下一次打开该 SQUID 时，反馈算法从前面存储的值继续加到 SQUID 上以补偿磁通变化。SQUID TDM 已经在 FIBRE 上成功应用,开展初始天文观测研究。为此 SCUBA-2 设备开发了 1280 像元的 SQUID TDM 芯片。包含 32 列,每列有 40 个 SQUID。SCUBA-2 MUX 芯片通过铟球连接到 1280 像元的超导 TES 探测器阵列。整个 SCUBA-2 仪器包含 4 个 450 μm 的子阵列和 4 个 850 μm 的子阵列,总共 10 240 个像元。SQUID TDM 主要由 NIST 开发,用于多个设备。

2. 低频 FDM

在 FDM 中,正旋调制函数加到超导 TES 探测器的偏置上,一行中多个超导 TES 探测器的电流输出求和到一个 SQUID 上。N 个不同的正弦调制函数 $I_1(t)$, $I_2(t)\cdots I_N(t)$。偏置一行中 N 个不同的超导 TES 探测器。因此超导 TES 探测器的信号移动到它们相应的调制频率(或载频)附近。

如图 4-14 所示,每一个超导 TES 探测器的信号和噪声带宽由 LCR 滤波器确定。滤波器的谐振频率[1/(2πLC)]由每个像元上的可调电感和电容决定,而同一行中的每个滤波器谐振频率不同,因此同一行可以采用单一偏置线。偏置线载有所有像元的调制函数,形成频率梳,但是每一个独立像元的 LCR 电路只与对应超导 TES 探测器的调制频率匹配。在第一代 FDM 中,不同超导 TES 探测器的输出采用一公共的变压器线圈求和。为了改进耦合效率,在当前的电路中将超导 TES 探测器并联起来,使得所有的信号电流求和,且同时流过同一个 SQUID 线圈。反馈电流加到每一行 SQUID 以保持流过 SQUID 线圈的总电流不变,提供一虚拟的地以便线性化 SQUID 的同时减少串扰。

载频信号的幅度通常大于超导 TES 探测器产生的低频信号。所有超导 TES 探测器的载频信号组合会在 SQUID 中产生明显的磁通摆率以及大的总磁通摆幅。为了降低要求的 SQUID 反馈摆率,可以施加一载频补偿信号到 SQUID 上。一行上的所有载频补偿信号通过一根引线施加到行 SQUID 上。载频补偿信号与载频信号呈比例,但是调节相位和增益以最小化载频在 SQUID 上的负载。另外,超导 TES 探测器可以通过桥结构读出并补偿载频信号。

串联 LCR 谐振器的谐振频率为 $f=1/(2\pi LC)$,而带宽为 $\delta B=R/(2\pi L)$。

低频 FDM 要求大的电感和电容滤波元件。例如工作频率为 380 kHz～1 MHz，那么电感和电容分别为 $L=40\ \mu H$ 和 $C=0.64\ nF$。电感通常为大的平面螺旋超导线圈。为了获得要求的大电容值，通常采用离散电容连接到每一个像元，或者光刻的电容(大面积的薄介质层、$SrTiO_3$ 或 Nb_2O_5 等高介电常数的绝缘体)。介质中的损耗必须非常小以保证高 Q 值，否则会增加滤波器的带宽。Berkeley/LBNL 研究小组与 TRW 合作研制了尺寸为 10 mm×10 mm 的 LC 滤波器芯片，具有 8 个独立的 LC 谐振器。同时 Berkeley/LBNL 研究小组演示了 8 个超导 TES 探测器的多路复用读出，其 NEP 没有明显恶化。

低频 SQUID FDM 技术目前主要由 Berkeley/LBNL、VTT/SRON、LLNL 和 ISAS 等研究小组开发。这些研究小组计划将 FDM 技术应用到毫米波段的宇宙微波背景辐射研究，包括 APEX－SZ、SPT 望远镜、POLARBEAR，以及欧洲航天局的空间计划 ATHENA。

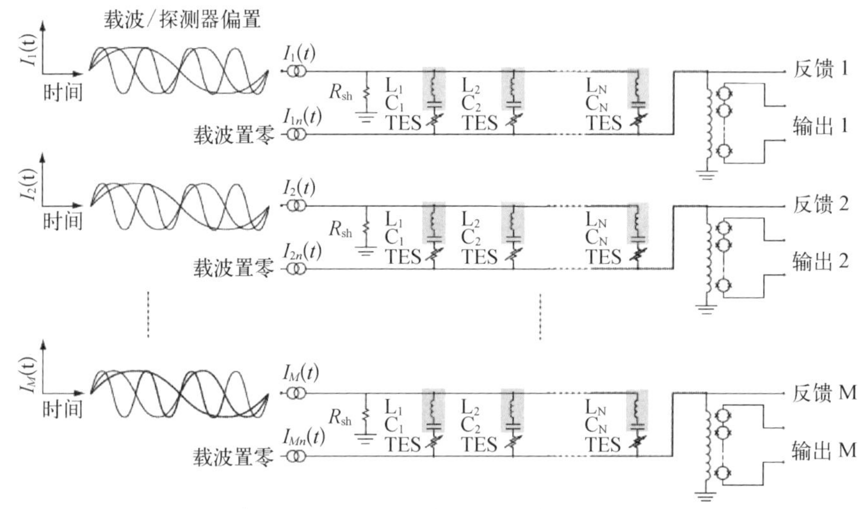

注：N 个不同的正旋载频信号叠加到一行 TES 探测器上。每一个 TES 与相应的电感 L 和电容 C 组成谐振电路。一行中所有 TES 产生的电流求和到 SQUID 阵列的输入线圈上。

图 4－14 两维 FDM 电路原理图

3. 微波 FDM

为了克服低频 FDM 技术中的大电感和大电容，人们提出了微波 FDM 技术，在微波频段，滤波元件更加紧凑，同时带宽更宽，因此可以读出更大规模的超导 TES 探测器阵列。工作在微波频段的 SQUID 大阵列可以通过频分复用技术在一根微波电缆中实现，另外还需要两根同轴电缆实现 SQUID 的磁通偏置。

如图 4-15 所示，在微波反射计 SQUID 复用技术中，每一个 SQUID 位于一个谐振电路中，其微波谐振频率是唯一的。所有的谐振电路并联连接，并通过微波频率梳同时激励所有的谐振电路。在每一个谐振频率上反射的微波信号的幅度和相位是相应 SQUID 磁通的函数，也即通过 SQUID 输入线圈流经超导 TES 探测器电流的函数。将所有的 SQUID 反射信号叠加起来进入低温 HEMT 放大器。类似的技术已经用于多路复用读出超导 MKID 和单电子晶体管。微波反射计读出方案可以采用 DC SQUID 或者 rf SQUID。

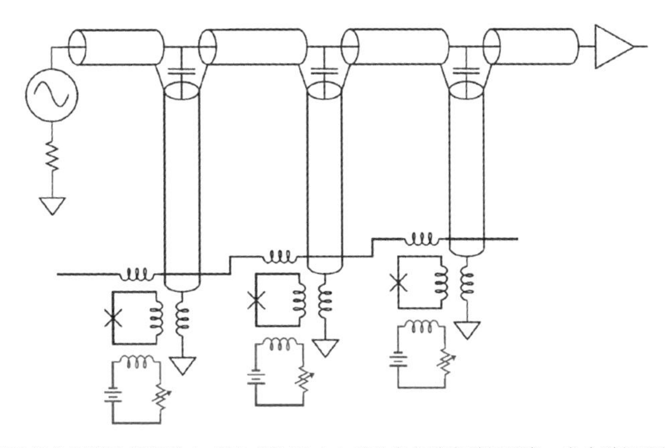

图 4-15 微波 FDM 电路原理图

注：rf SQUID 耦合到微波谐振腔中，因此 SQUID 中电感的变化改变谐振频率。多个谐振器耦合到一公共的反馈线上通过梳状频率读出。

由于 SQUID 具有非线性周期响应，通常采用磁通反馈实现响应的线性化。在大阵列中，给每个像元提供单独的反馈线是不切实际的。在微波 FDM 中，SQUID 通常开环工作，不需要反馈。开环工作可以应用于中等动态范围要求的应用中，包括被大多数低温探测器读出。在低频 FDM 方案，耦合多个探测器和多个载频信号到一个 SQUID，要求高动态范围。在微波 FDM 方案中，即使其幅度较大，每一个 SQUID 的响应保持探测器的单频信号。信号叠加起来进入低温 HEMT 放大器，其动态范围足够大。SQUID 开环工作导致一定的非线性，因此必须采用一定的方法加以校正。通常超导 TES 探测器的响应也带有一定的非线性，同样需要校正。为校正超导 TES 探测器的非线性开发的软件同样可以用于线性化 SQUID，不会增加额外的计算成本。

单像元的微波反射计读出已经成功演示，具有很好的噪声性能（磁通噪声＝$0.5\mu\Phi_0/\sqrt{\mathrm{Hz}}$@4 K）和大带宽（约 100 MHz）。另外，两像元的 SQUID 微波反射计多路复用读出也已经成功演示，电路中两个 SQUID 分别具有不同的谐振频率，其有载 Q 值为 60。谐振电路变换 SQUID 的阻抗到 50 Ω。两个谐振反射的功率是流经 SQUID 输入线圈电流的函数。将来采用光刻制备的滤波电路具有上千的 Q 值，允许上千的超导 TES 探测器同时通过一根同轴电缆多路复用读出。

4.5.3 8 像元×8 像元超导相变边缘探测器阵列

南极冰穹 A 具有极低的温度和水汽含量，表明冰穹 A 可以提供从亚毫米波到 THz 频段的极其稀少的观测窗口，对于地面天文学观测研究具有重要的影响。中国目前正在推动建设中国南极昆仑站天文台，其中的一台 5 米太赫兹望远镜将会配置高灵敏度 THz 外差接收机和大规模探测器阵列。美国 JPL 已经研制了基于钛的单像元超导 TES 探测器，具有极低的光学噪声等效功率。中国科学院紫金山天文台研制了不同钛微桥长度的超导 TES 探测器，其 NEP 达到 $10^{-17}\ \mathrm{W}/\sqrt{\mathrm{Hz}}$。但是直接制备在蓝宝石或者硅基板上的 Ti TES 响应时间为微秒量级，因此很难采用多路复用读出大规模阵列。为了进一步降低热导以增加响应时间，在器件制备工艺中引入 KOH 湿刻工艺去除 TES 微桥下面的硅衬底，研制了 Si_3N_4 薄膜支撑的 8 像元×8 像元 Ti 超导 TES 探测器阵列，如图 4－16 所示。

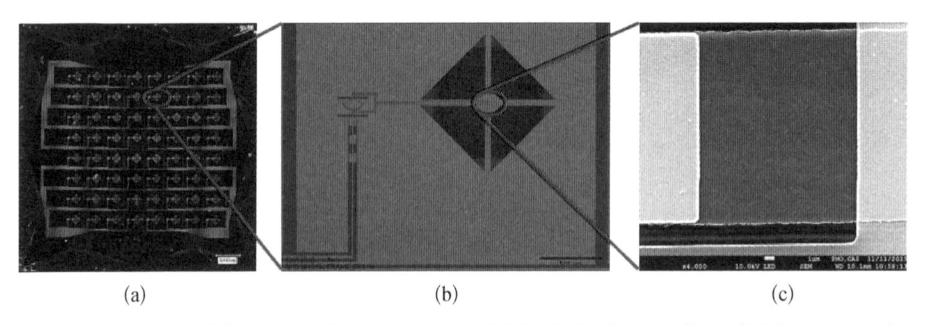

(a)　(b)　(c)

图 4－16　(a) Si_3N_4 薄膜支撑的 8 像元×8 像元 Ti 超导 TES 探测器阵列光学图像；(b) 双槽天线耦合的超导 TES 探测器；(c) 16 μm×16 μm 的 Ti 微桥

为了研究 KOH 湿刻对超导 TES 探测器的影响，在刻蚀前后分别测量了同一个器件电阻转变曲线。如图 4－17 所示，在常温下器件电阻约为 4 kΩ，随着温度降低电阻逐渐减小。Nb 膜在 9 K 超导后，Ti 微桥的正常态电阻为 13 Ω，并在约 0.38 K 超导。刻蚀后的 $R-T$ 曲线与刻蚀前在 Nb 超导之前完全重合，表明 Nb 基本上不受 KOH 湿刻影响，然而 Ti 微桥的正常态电阻却增加到 30 Ω，同时临界温度降低到 0.345 K，这些结果表明虽然超导 TES 探测器正面通过真空腔保护，背面有 SiO_x/Si_3N_4 双层膜隔离，但在经过 KOH 湿刻后 Ti 膜超导电性仍然受到了一定程度的影响。

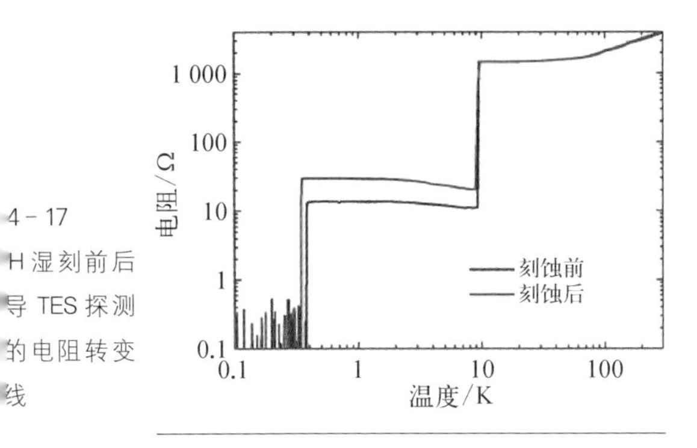

图 4－17 KOH 湿刻前后超导 TES 探测器的电阻转变曲线

随后研究了 KOH 湿刻工艺对超导 TES 探测器电流-电压（$I-V$）特性的影响。刻蚀前的 $I-V$ 曲线如图 4－18(a)所示，在超导转变区出现一些细小的台阶，可能源于相位滑移核（Phase-Slip Center），可以通过外加磁场消除。刻蚀后 $I-V$ 曲线如图 4－18(b)所示，因为稳定性问题，无法偏置到深度转变区，刻蚀后正常态电阻增加到 31 Ω，而临界温度基本保持不变。为了计算超导 TES 探测器的热导，在 $I-V$ 曲线上分别选择 2 Ω 和 9 Ω 的点，将其直流功率与环境温度的依赖关系绘制在图 4－19 中。功率从 Ti 微桥中的电子转移到介质基板中，其规

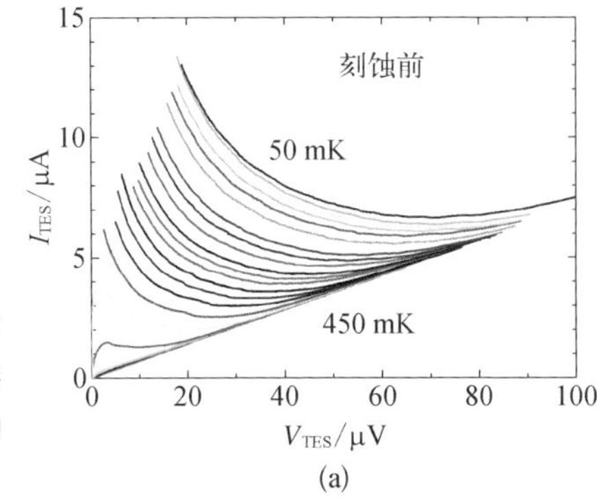

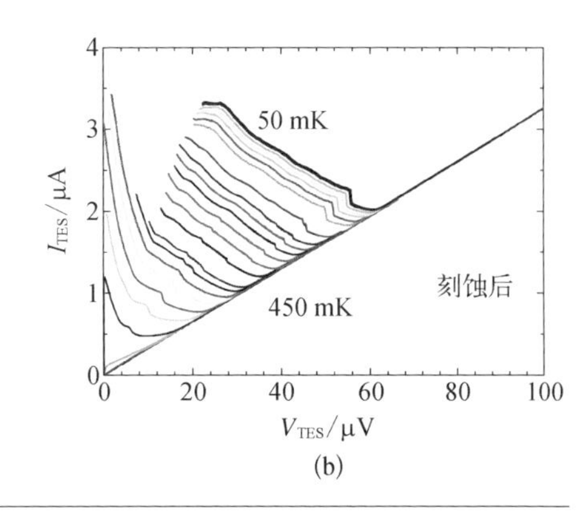

图 4－18 KOH 湿刻工艺刻蚀前后超导 TES 探测器的 $I-V$ 曲线

律满足 $P_{DC}=K(T_c^n-T_{bath}^n)$，式中，$P_{DC}=IV$ 为超导 TES 探测器的直流功率；K 为与结构和材料有关的常数；n 为依赖于主导传热机制的热导指数。拟合不同温度下的直流功率点到方程，得到 K、T_c 和 n 的值。而 Ti 微桥与介质基板之间的热导可以表示为 $G=nKT_c^{n-1}$，根据前面拟合的值，得到的热导为 3 078 pW/K。n 接近 5，说明主导的能量传输机制为电子-声子相互作用。KOH 湿刻后 Ti 微桥下面的硅衬底已经去除，主导的传热机制变成声子扩散，n 从而减小为 3.5。计算出的热导降低为 818 pW/K，约为 KOH 湿刻前的四分之一。超导 TES 探测器热起伏噪声决定的基本 NEP 为 $NEP_{phonon}=5.9\times10^{-17}\ \mathrm{W}/\sqrt{\mathrm{Hz}}$，约为刻蚀前的一半。

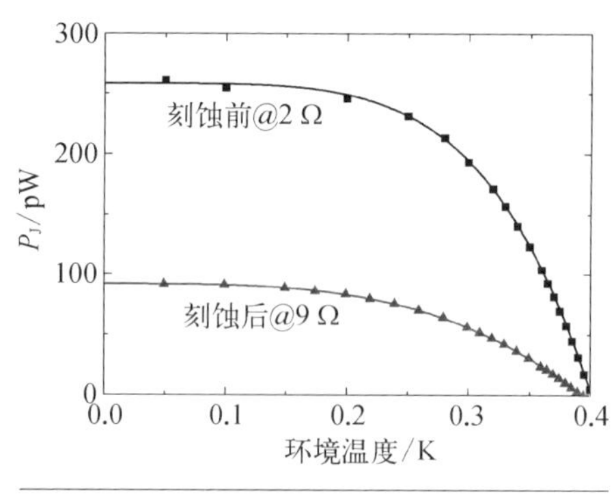

图 4-19 KOH 湿刻工刻蚀前后超TES 探测器直流功率与境温度的依关系

为了进一步提高超导 TES 探测器阵列的一致性，将 Ti 超导薄膜的厚度增加到 64 nm。刻蚀前 Ti 超导微桥的正常态电阻和临界温度分别为(3.3±0.1) Ω 和(400±10) mK。KOH 湿刻后，正常态电阻和临界温度分别为(3.8±0.4) Ω 和(390±20) mK，一致性有了明显的提高。另外，超导 TES 探测器的 $I-V$ 曲线与之前比较光滑了很多，当环境温度远低于临界温度情况下依然如此[图 4-20(a)]。计算的热导为 412 pW/K，比 40 nm 厚 Ti 超导 TES 探测器略低。

在超导 TES 探测器正面安装蓝光 LED，通过重复频率为 1 kHz 的脉冲电压供电照射 Ti 超导微桥，表征超导 TES 探测器的脉冲响应，其平均脉冲响应曲线如图 4-20(b) 所示。

脉冲响应可以通过双指数函数表示：

$$V(t)=V_0\left[\exp\left(-\frac{t-t_0}{\tau_{el}}\right)-\exp\left(-\frac{t-t_0}{\tau_{eff}}\right)\right] \tag{4-69}$$

式中，V_0 和 T_0 是常数。在 34 mK 的环境温度及 5.8 μV 偏置电压下，拟合得到电

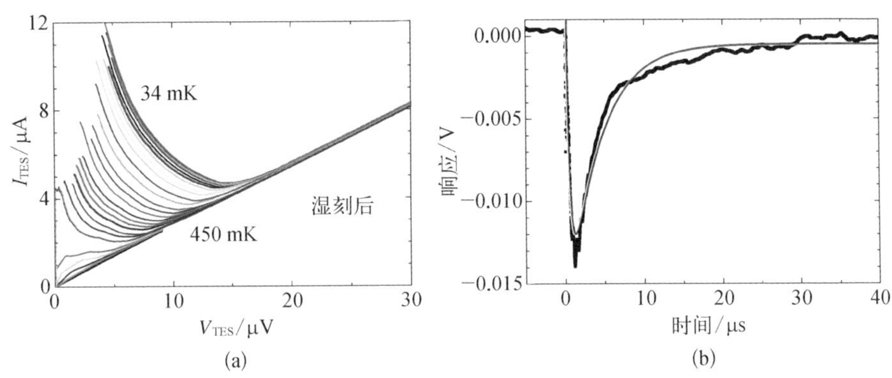

图 4-20 (a) KOH 湿刻后 64 nm 厚 Ti 超导 TES 探测器的 $I-V$ 曲线;(b) 超导 TES 探测器的平均脉冲响应曲线

时间常数(τ_{el})和有效响应时间(τ_{eff})分别为 0.44 μs 和 4 μs[图 4-20(b)]。薄膜支撑的超导 TES 探测器有效响应时间只是略为增加,远远达不到多路复用读出要求的 ms 量级,表明需要继续降低热导。

为此,通过干刻工艺首先将正面的 SiO/SiN 薄膜刻蚀只保留四条腿,然后通过 KOH 湿刻工艺去除 Ti 微桥底部的硅衬底,从而形成腿支撑的超导 TES 探测器。根据不同环境温度下测量 $I-V$ 曲线得到的热导为 509 pW/K,约为刻蚀前的 1/18。实验测量的电时间常数(τ_{el})和有效响应时间(τ_{eff})分别为 5.3 μs 和 143 μs。与薄膜支撑的超导 TES 探测器比较,响应时间虽然有了明显的增加,但是依然不能满足时分复用多路读出的要求。为了进一步增加 τ_{eff},需要继续减小支撑腿的宽度并增加其长度。

为了验证超导 TES 探测器的光学耦合特性,将单像元超导 TES 探测器安装到硅椭球镜(直径为 7 mm)远焦点上。光学功率由变温黑体产生,其温度在 2 K 与 15 K 之间可连续调节。光学带宽由低通滤波器(截止频率为 600 GHz)和带通滤波器(中心频率为 350 GHz)决定。平面双槽天线耦合的超导 TES 探测器只吸收单模辐射,因此根据普朗克定理在 2～15 K 的黑体工作温度范围内的辐射功率为 5 fW～4 nW。对应在不同黑体温度照射下超导 TES 探测器在 300 mK 下的 $I-V$ 曲线,其结果如图 4-21(a)所示。在 2.5 μV 偏置电压下,超导 TES 探测器的电流变化(ΔI)与黑体辐射功率的相关性如图 4-21(b)所示,其斜率为光学响应率 $S_I=\Delta I/\Delta P=7\times10^4$ A/W。实测的电流噪声(i_n)为 34.6×10^{-12} A/$\sqrt{\text{Hz}}$@

1 kHz。因此光学 NEP 为 $NEP_{optical} = i_n / S_I = 4.94 \times 10^{-16}$ W/$\sqrt{\text{Hz}}$。该器件的暗 NEP 为 $NEP_{dark} = 8.65 \times 10^{-17}$ W/$\sqrt{\text{Hz}}$，从而光学耦合效率为两者的比值

$$\eta = \frac{NEP_{dark}}{NEP_{optical}} = (17 \pm 1)\% \tag{4-70}$$

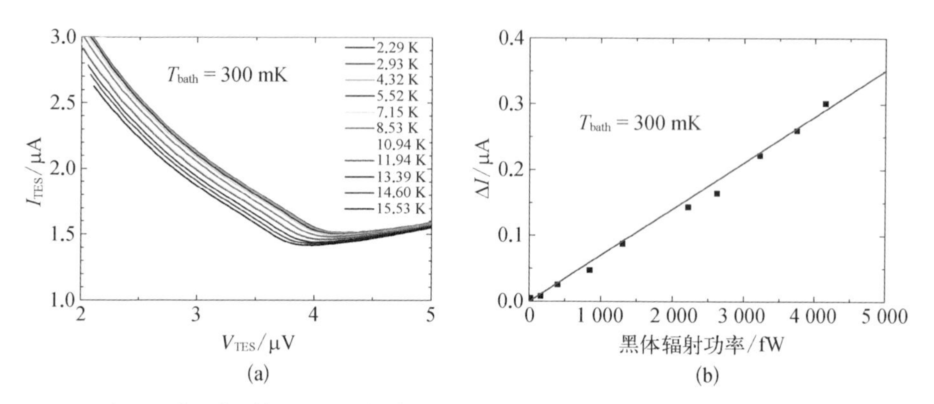

图 4-21 (a) 在不同黑体温度照射下超导 TES 探测器在 300 mK 下的 $I-V$ 曲线；(b) 在 2.5 μV 偏置电压下，超导 TES 探测器的电流变化(ΔI)与黑体辐射功率的相关性

光学耦合效率由硅透镜表面的反射(η_{lens})，超导 TES 探测器与平面双槽天线之间的失配($\eta_{antenna}$)，以及共面波导的传输损耗(η_{CPW})决定，因此 $\eta = \eta_{lens} \times \eta_{antenna} \times \eta_{CPW}$。$\eta_{lens}$ 和 $\eta_{antenna}$ 分别约为 70% 和 33.7%，剩下的部分主要来自 CPW 的传输损耗。将来需要在硅透镜表面镀防反射层以消除反射损耗，调整超导 TES 的电阻实现更好地匹配，从而进一步提高光学耦合效率。

4.5.4 256 像元超导相变边缘探测器阵列

法国正在开展 QUBIC(The Q&U Bolometer Interferometer for Cosmology)计划，测量宇宙微波背景 CMB 中的 B-mode 极化信号，充分利用超导相变边缘探测器的高灵敏度，同时采用 Bolometer 干涉法消除系统影响并控制前景。超导相变边缘探测器采用 NbSi 超导材料，基于 SOI(两层硅中间夹了一层 SiO_2)基板，通过低压化学蒸发沉积在表面生长了 1 μm 的 SiN。然后保持真空连续制备 NbSi 和 Al 以确保探测器有效区域与电极的良好接触，随后通过刻蚀形成有效区域和电极/引线。TiV 吸收网格添加到顶部完成整个器件的制备。为了减小

热导，从背部刻蚀 Si 形成膜支撑的探测器，而 SiO_2 作为刻蚀的阻挡层可以保证需要刻蚀的部分完全刻蚀。然后从正面刻蚀 SiN/Si 和 SiO_2 形成腿支撑的超导相变边缘探测器，如图 4-22(a)所示。

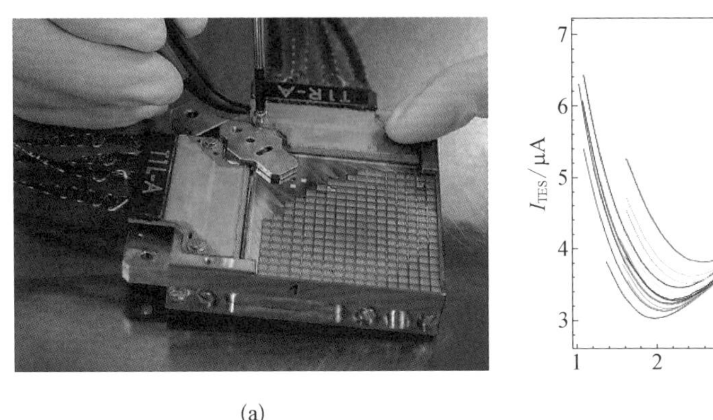

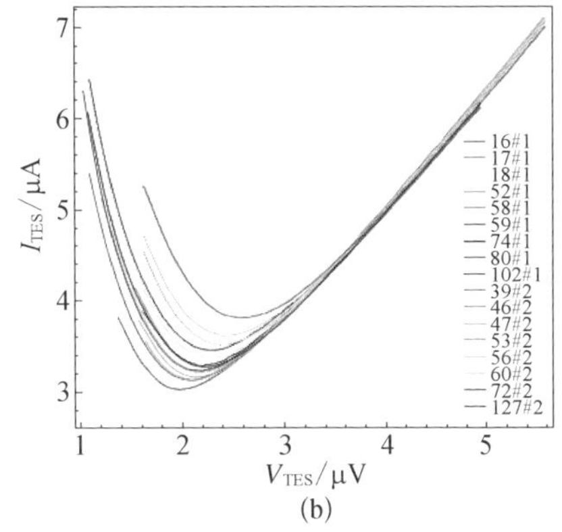

(a) (b)

图 4-22 (a) 256 像元 NbSi 超导相变边缘探测器阵列；(b) 在 350 mK 环境温度下记录的 17 个超导相变边缘探测器的电流-电压特性

NbSi 材料通过高真空环境下 Nb 和 Si 的共蒸发制备而成，通过 Nb 和 Si 的成分调节可以实现绝缘体、金属和超导体。对于给定的厚度，当 Nb 的成分超过 12%就会形成超导体，通过调节 Nb 的成分来控制 NbSi 超导薄膜的临界温度，可以实现很好的可预见性、重复性及均匀性。制备好后的器件安装进稀释制冷机中，测试其性能。NbSi(Nb 的成分为 15.45%)厚度为 30 nm，临界温度为 420 mK。每一个超导相变边缘探测器耦合到对应的 SQUID，采用 32×4 时分复用读出电路读出。SQUID 后面是位于 40 K 的 SiGe 专用集成电路(ASIC)，负责 SQUID 的时分复用以及感应信号的放大。因此 256 像元超导相变边缘探测器阵列需要 2 路 32×4 的时分复用读出电路。图 4-22 (b)为在 350 mK 环境温度下记录的 17 个超导相变边缘探测器的电流—电压特性。平均热导为 100 pW/K，相应的噪声等效功率为 $3\times10^{-17}\ W/\sqrt{Hz}$。通过 ^{241}Am 源的 5.5 MeV α 粒子测试了探测器的响应时间，其中电响应时间为 14.8 ms，衰减响应时间为 42.2 ms。

整个 QUBIC 计划已经进入技术演示阶段，即只包括 150 GHz 波段的 256 像元超导相变边缘探测器阵列，64+64 的背对背喇叭阵列，64 个开关和更小的光学系统。256 像元的超导相变边缘探测器阵列已经与 SQUID+ASIC 读出电路集成为焦面阵列。2018 年 11 月，欧洲研究组开展了超导相变边缘探测器阵列低温性能测试与校准。2019 年，整个超导相变边缘探测器阵列被运至阿根廷观测基地，同年在欧洲制备剩余部分的部件，包括探测器阵列和读出，400+400 的背对背喇叭阵列及开关，以及光学系统。

4.6 超导相变边缘单光子探测器

超导相变边缘探测器是利用超导薄膜在临界温度附近其电阻对温度的极度敏感而实现的高灵敏度探测，因此除了太赫兹/亚毫米波段还可以应用到其他波段，如光学/红外波段，实现光子数可分辨的高效率探测，满足量子信息、天文、生物成像等领域的应用需求。

4.6.1 超导相变边缘单光子探测器特性

在太赫兹/亚毫米波段通常要求超导相变边缘探测器组成大规模阵列从而实现快速扫描天区，但是在光学/红外波段要求超导相变边缘探测器具有高效率、低暗计数、快速响应、光子数分辨等能力，因此该波段的超导相变边缘探测器具有低热容、快速恢复、高能量分辨率等特性。在设计中，低热容通过小探测器体积在低温下实现，通过电子-声子相互作用可以达到微秒甚至亚微秒的响应时间，而高能量分辨率由探测器本身和读出电路的低噪声保证。为此，一般选择低临界温度(T_c<1 K)的超导材料(如钨、钛或者钛金双层膜)，直接在介质基板上制备一层超导薄膜(20～50 nm)，采用 lift-off 或者刻蚀工艺形成小面积(约 10 μm×10 μm)的有效区域，最后利用具有更高临界温度的超导材料(铝或者铌)形成电极。

超导相变边缘单光子探测器的偏置电路与太赫兹/亚毫米波超导相变边缘探测器基本一致(如图 4-2 所示)，也是通过小并联电阻实现恒压偏置，超导 SQUID 的输入电感与超导相变边缘探测器串联读出其感应的电流信号。一般为了保证探测器工作的稳定性，SQUID 的输入电感更小(几纳亨至几十纳亨)。

有效响应时间简化为

$$\tau_{\mathrm{eff}}=\frac{\tau_0}{1+\frac{P_{\mathrm{J0}}\alpha}{T_0 G}} \tag{4-71}$$

从式(4-71)可以看出,α 一直为正(大于0),表明分母大于1,因此有效响应时间大于0,同时任何导致超导相变边缘探测器偏离平衡态的因素都会被抑制,从而增强探测器的稳定性。此外,电热反馈有效缩短探测器的响应时间,$\tau_{\mathrm{eff}}<\tau_0$。为了进一步理解超导相变边缘单光子探测器的有效响应时间,将 P 和 G 代入式(4-71)中得到

$$\tau_{\mathrm{eff}}=\frac{\tau_0}{1+\frac{\alpha}{n}\left[1-\left(\frac{T_{\mathrm{b}}}{T_{\mathrm{C}}}\right)^n\right]} \tag{4-72}$$

在强电热反馈($T_{\mathrm{b}}\ll T_{\mathrm{C}}$, $\alpha/n\gg 1$)的情况下,式(4-72)简化为

$$\tau_{\mathrm{eff}}=\frac{\tau_0}{1+\frac{\alpha}{n}}\approx\frac{n}{\alpha}\tau_0 \tag{4-73}$$

在该区域,超导相变边缘探测器吸收光子后恢复热平衡过程中焦耳制冷远远超过基板制冷,即探测器恢复热平衡主要依靠降低焦耳热,而不是通过电声相互作用将热量传递到介质基板。

在实际实验中,很难直接读出超导相变边缘探测器的温度变化。正如前文所述,在恒压偏置下,超导相变边缘探测器的电流变化可以表示为

$$\Delta I=-\frac{V_0}{R_{\mathrm{TES}}^2}\cdot\frac{\mathrm{d}R}{\mathrm{d}T}\cdot\Delta T=-\frac{I\alpha}{T}\cdot\Delta T=-\Delta I_0\mathrm{e}^{-t/\tau_{\mathrm{eff}}} \tag{4-74}$$

结果表明,超导相变边缘探测器吸收光子后的电流响应是一脉冲响应,其下降时间常数是受到电热反馈修正的有效时间常数 τ_{eff},而上升时间常数由超导相变边缘探测器的电阻和超导 SQUID 的输入电感共同决定,即 $\tau_{\mathrm{elec}}=L/R_{\mathrm{TES}}$。此外,吸收光子的热平衡时间和后端读出电路的带宽对其也有一定影响。

超导相变边缘单光子探测器的一个重要参数是能量分辨率:

$$\Delta E_{\mathrm{FWHM}} = 2\sqrt{2\ln 2}\sqrt{4k_{\mathrm{B}}T_{\mathrm{C}}^{2}\frac{C}{\alpha}\sqrt{n/2}} \tag{4-75}$$

饱和能量 $E_{\mathrm{sat}} = P_0\tau_{\mathrm{eff}} = CT_{\mathrm{C}}\tau_{\mathrm{eff}}$，因此式(4－75)转化为

$$\Delta E_{\mathrm{FWHM}} = 2.355\sqrt{4k_{\mathrm{B}}T_{\mathrm{C}}E_{\mathrm{sat}}\sqrt{n/2}} \tag{4-76}$$

式(4－76)是超导相变边缘单光子探测器的能量分辨率表达式。需要说明以下三点内容。(1) 可以通过降低探测器的临界温度(T_{c})提高能量分辨率。如临界温度从 0.3 K 降低到 0.1 K,能量分辨率可以提高大约一倍。(2) 这是探测器能量分辨率的下限(即最小值),其他的噪声源(如并联电阻的热噪声、SQUID 读出电路的噪声)会降低探测器的能量分辨率。(3) 能量分辨率直接受到能量收集效率(ε)的影响,因此有效的能量分辨率 $\Delta E_{\mathrm{eff}} = \Delta E_{\mathrm{FWHM}}/\varepsilon$。

4.6.2 钨超导相变边缘单光子探测器

美国 NIST 研究小组从 20 世纪 90 年代开始研究超导相变边缘单光子探测器,他们主要采用钨为超导材料,其临界温度约为 100 mK。直接在介质基板上制备超导相变边缘单光子探测器,其探测效率约为 20%。后续设计光学腔体提高光子吸收效率,并改进光纤与超导相变边缘单光子探测器的耦合效率,在 1 550 nm 波长系统探测效率提高到 89%。由于不同层(包括介质层和金属层)的热膨胀系数不同,因此在降温过程中会产生应力,从而影响钨膜的临界温度。为了提高钨膜的稳定性,采用 α－Si/W/α－Si 三层膜结构。在此基础上,优化设计了光学腔体(Al/SiO_2/α－Si/W/α－Si/SiO_2),使其在 1 310 nm 和 1 550 nm 的吸收效率几乎为 100%。钨膜厚度为 20 nm,临界温度为 178 mK,探测器有效面积为 25 μm×25 μm。采用 9 μm 单模光纤耦合光子到超导相变边缘单光子探测器。光纤的输出端镀有防反射层,其反射损耗从常规的 4%降低到 1%。通过红外显微镜背面成像实现光纤与探测器的对准。器件封装完成后,装入绝热去磁制冷机中降低到 100 mK 实现高性能工作。探测器的热容(C)和热导(G)分别为 0.74 fJ/K 和 56 pW/K,而物理时间常数为 13 μs,实测的时间常数为 800 ns,因此温度灵敏度系数 $\alpha = 60$,能量分辨率为 0.18 eV。

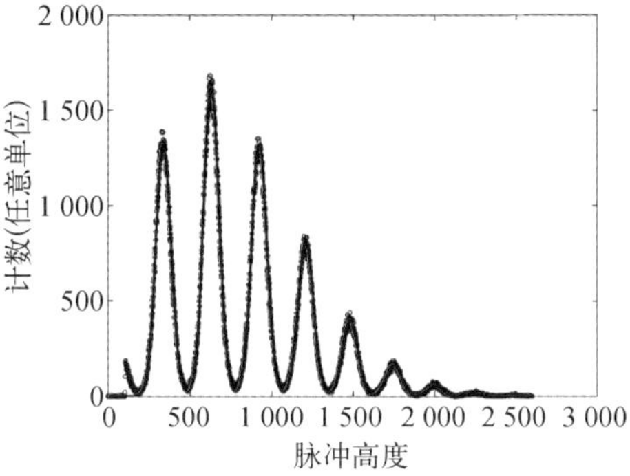

-23
超导相变边
单光子探测
的光子响应
度直方图

图 4-23 为钨超导相变边缘单光子探测器的光子响应高度直方图。每个脉冲的平均光子数为 2.463。该探测器可以分辨 0～7 个光子。根据光子的柏松分布拟合测量的直方图曲线得到每个脉冲的平均光子数为 $\mu = 2.449 \pm 0.002$，方差为 $\sigma_E = 0.29$ eV。实测的能量分辨率大于期望的能量分辨率，表明探测器的额外噪声和读出电路噪声严重影响了能量分辨率。实测探测器的系统探测效率为 95%。

前面的器件封装虽然达到了较高的探测效率，但是也存在如下的缺点。(1) 光纤对准需要具备红外显微镜以及微米级的精确移动装置；(2) 即使对于一个熟练的操作者而言，整个封装过程也需要约半个小时；(3) 探测器低温工作需要慎重考虑材料的选择，精细的机械设计和加工，从而尽量避免热胀冷缩带来的对准误差；(4) 对于每一个器件厚度和器件基座都要求精确地测量以确保光纤端面与芯片的距离，保证高耦合效率的前提下避免损害器件；(5) 手动对准及随后的封装只能保证大约 1/4 的器件在低温条件下的耦合效率高于 85%。

为了克服以上缺点，NIST 提出了一种自对准的光纤封装方法。光纤封装包含 4 个关键的部件：① 带有氧化锆柱子的标准通信单模光纤，② 氧化锆套筒，③ 定制的器件基板，④ 定制的氧化锆或者蓝宝石基板柱。如图 4-24 所示，这种方法保证探测器有效面积位于芯片硅基板的中心。硅基板的直径约小于光纤套管的内径。标准光纤套管的精确尺寸使得光纤的 9 μm 直径内核与探测器有效面积对准。自对准的精度依靠探测器芯片、光纤尾部氧化锆柱子和陶瓷套管的精确尺寸保证。氧化锆陶瓷柱子和套管是通信工业中的标准产品，因此保证了对面的氧化锆柱子与光纤尾部氧化锆柱子的对准误差达到亚微米级。芯片硅基板的圆形图案通过标准的半导体光刻工艺形成。随后通过标准的“Bosch”深硅干刻工艺刻蚀出圆形基板。深硅刻蚀工艺在 275 μm 厚的硅基板上形成几乎垂直的刻蚀面。通过显微镜观察，在 2.5 mm 的圆形硅基板边缘上形成了约

1 μm的过刻蚀。在长时间的深硅刻蚀过程中，光阻胶也慢慢被刻蚀了一部分。7 μm厚的光阻胶能够保护芯片表面的引线和探测器。所有的刻蚀过程(包括光阻胶烘烤、芯片安装、侧向腐蚀、刻蚀时间等)都通过仔细地优化以保证光刻胶回流、显影过刻蚀、刻蚀中的过刻蚀产生的累积误差足够小，最终的芯片尺寸为(2.497±0.001) mm，保证芯片的外部直径比氧化锆套管内径小3 μm，避免破坏芯片。

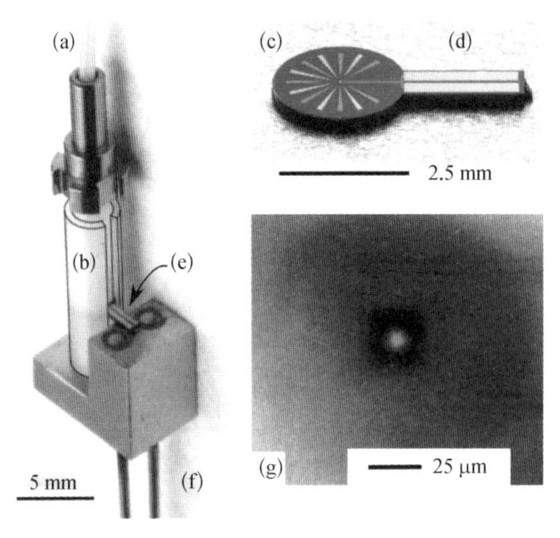

(a) 带有氧化锆陶瓷柱的光纤；(b) 氧化锆陶瓷套管；(c) 探测器；(d) 探测器引线；(e) 芯片引线的支撑舌头；(f) 探测器的偏置读出线；(g) 穿过探测器芯片的光斑

图4-24 光纤自对准安装

随后检测了通过该方法安装的探测器，结果表明光纤与探测器芯片的对准误差分布满足高斯分布，中心值为3.1 μm，计算的耦合效率误差小于0.1%。此外测量了封装好的探测器反射，在1 525～1 630 nm波长范围内的绝对反射率小于1%。说明自对准光纤封装的有效性，保证近乎完美的耦合效率。最后测量了在805 nm、850 nm和1 550 nm的探测效率，在805 nm的探测效率高于95%，而在850 nm的探测效率高于85%，在1 550 nm的探测效率约为90%。

4.6.3 钛超导相变边缘单光子探测器

日本AIST研究组主要研究钛超导相变边缘单光子探测器。与钨超导相变边缘单光子探测器比较，钛膜具有更高的临界温度，因此具有更快的响应速度

(有效响应时间小于 1 μs),但是能量分辨率却更差。为了提高能量分辨率,需要进一步降低有效面积,同时为了不影响探测效率需要采用更小模场直径的光纤。光学腔体由介质反射镜和防反射层组成。防反射层包含 5 层 SiO_2 和 Ta_2O_5,而介质反射镜包含 15 层 SiO_2 和 Ta_2O_5,其反射率大于 99.9%。通过优化各介质层的厚度实现约为 40 nm 的工作波长范围。钛超导相变边缘单光子探测器的有效面积为 10 μm×10 μm,钛膜厚度为 22 nm。

采用模场直径为 5 μm 的单模光纤,并通过背面成像实现与超导相变边缘单光子探测器之间的精确对准。为了保证高达 99%的光子耦合到探测器,光纤端面与探测器之间的距离小于 1 μm,估计的光斑直径为 8 μm[图 4-25(a)]。采用紫外固化胶固定光纤,其折射率($n=1.56$)与光纤核的折射率非常吻合,因此光纤端面的反射可以忽略不计。实际测量的器件吸收效率大于 99.5%。图 4-25(b)为钛超导相变边缘单光子探测器的光子响应分布图。可以分辨出 0~7 个光子。实测的系统探测效率为 98%@850 nm。

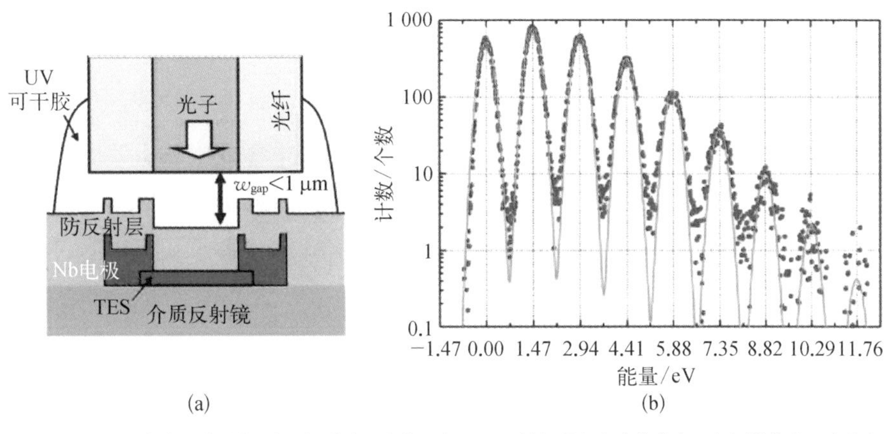

图 4-25 (a) 钛超导相变边缘单光子探测器的光纤安装示意图;(b) 钛超导相变边缘单光子探测器的光子响应分布图

中国科学院紫金山天文台基于太赫兹/亚毫米波段超导相变边缘探测器的经验,为了满足天文和量子信息领域的应用需求,从 2017 年便开始研制光学/红外波段超导相变边缘单光子探测器。采用钛为超导材料,膜厚度为 30~60 nm,其临界温度为 300~500 mK 可调,器件有效面积为 10 μm×10 μm~40 μm×

40 μm。钛膜采用 lift-off 工艺通过电子束蒸镀制备，而 Nb 电极通过磁控溅射制备。

通过交流电阻桥测量超导 TES 的电阻随温度的变化。常温电阻约为 300 Ω，并随着温度降低而减小，主要为 Nb 电极的温变特性。当温度降低到 9 K 时，Nb 电极超导后钛微桥的正常态电阻约为 7 Ω。在钛膜的临界温度附近，电阻刚开始随着温度降低缓慢减小，然后在临界温度 T_c附近急剧下降，残余的电阻随着温度下降也缓慢降低直至为零，从而具备较大的转变宽度（约 10 mK）。一个可能的原因是 Nb 与钛膜的界面不是非常干净，即钛膜制备后期表面形成氧化层。

为了深入研究界面质量，通过聚焦离子束刻蚀（FIB）制备了电极部分的剖面样品，通过透射电子显微镜（TEM）研究界面质量。在钛膜和铌膜中间存在一缓冲层，厚度约为 10 nm。进一步通过 X 射线能量色散谱（EDX）研究了元素组成。结果表明，中间缓冲层主要由氧和钛组成。将来我们会进一步改进器件制备工艺，首先清洗钛膜表面再沉积铌膜。所有测量的器件只表现出一个临界温度（约为 300 mK），正常态电阻为 6～7 Ω。

可以利用低噪声 SQUID 读出电路来测量器件的电流-电压曲线。从 50 mK 逐渐升高环境温度直到 500 mK，测量了器件的电流-电压曲线。能量从电子扩散到热沉遵循 $P_{DC}=K(T_C^n-T_{bath}^n)$，其中 P_{DC}是加到超导 TES 单光子器件上的直流偏置功率，K 是一个与基板材料和器件结构有关的常数，n 为与主导的传热机制有关的热导指数。通过拟合实测的直流偏置功率找到未知的 K、n 和 T_c，随后直接计算出热导 $G=nKT_C^{n-1}$。热导正比于超导 TES 的有效面积，表明电子-声子耦合是主导的能量扩散机制。

声子噪声决定的噪声等效功率为 $NEP_{phonon}=\sqrt{4k_BT_C^2G}$，其中 k_B 是 Boltzman 常数。对于器件 1B1（有效面积为 10 μm×10 μm），获得的 NEP 为 2.8×10^{-17} W/$\sqrt{\text{Hz}}$。根据 $R-T$ 曲线得到的温度灵敏度系数 $\alpha=T/R\times \mathrm{d}R/\mathrm{d}T=40$。能量分辨率 $\Delta E_{FWHM}=2.36\sqrt{4k_BT_C^2\dfrac{C}{\alpha}\sqrt{n/2}}$，其中 $C=\gamma VT_c$是超导 TES 的热容。计算出的能量分辨率为 0.23 eV（器件 1B1），远小于 1 550 nm 单光

子的能量(0.8 eV)。

为了研究超导 TES 单光子探测器的光学响应特性,我们安装了单模光纤。在超导 TES 单光子探测器基座中心加工了一个直径为 1 mm 的孔,光纤首先固定在孔中。超导 TES 单光子探测器通过压片固定到基座中心,并采用 wire bounding 与偏置电路板连接,实现对器件的恒压偏置和信号读出。为了实现光纤与超导 TES 单光子探测器的精确对准,借助于红外显微镜和宽波段光源,光源发出的光通过光纤照射到超导 TES 单光子探测器上,通过调节超导 TES 单光子探测器的位置使得光纤与超导 TES 单光子探测器有效区域完全重合。

通过 1 550 nm 皮秒脉冲激光器照射超导 TES 单光子探测器,其产生的脉冲电流响应首先通过 SQUID 低噪声放大器放大,随后在常温条件下连接到数字示波器。在同步参考信号的作用下,通过多次积分得到其平均响应,对于器件 3C1 在 275 mK 和 1.6 Ω 的工作点,实测的时间常数分别为 $\tau_{el}=0.5\ \mu s$ 和 $\tau_{eff}=3.4\ \mu s$。估计的热容为 $C=4.8\times10^{-15}$ J/K,因此物理时间常数 $\tau_{e\text{-}ph}=C/G=14\ \mu s$,有效时间常数 $\tau_{eff}=\tau_{e\text{-}ph}/(1+L_0)=4.2\ \mu s$。计算的值与实测的值基本吻合。

由于背面光纤对准会导致光纤与超导 TES 单光子探测器之间距离约为介质基板的厚度,而光在介质基板中的传输使得光斑进一步扩大,降低了与超导 TES 单光子探测器之间的耦合效率。因此,为了进一步提高探测效率,将光纤安装到超导 TES 单光子探测器的正面,光纤端面与超导 TES 之间的距离约为 100 μm。计算脉冲响应的面积得到吸收的平均功率。通过功率计和衰减器标定得到输入信号功率,从而估算出超导 TES 的效率为 1.2%。

为了实现高效的光子耦合,研究团队与南京天文光学技术研究所合作研制光学腔体。首先利用 Essential Macleod 商业薄膜仿真软件设计了钛膜底部的介质反射镜和上面的防反射膜,其中防反射膜包含 2 层 SiO_2/Ta_2O_5 的周期结构,而介质反射镜包含 8 层 SiO_2/Ta_2O_5 的周期结构。介质反射镜的每层厚度约为四分之一有效波长,而防反射层各层的厚度根据钛膜的厚度优化,最终实现整个光学腔体对光子的吸收最大化。依据设计结果采用离子辅助沉积制备了光学腔体,并通过光纤光谱仪测量了其反射率。如图 4-26 所示,整个光学腔体的反射率在 1 550 nm 波长小于 5%,与仿真结果基本吻合,说明光学腔体的吸收效率大于 90%，能够有效提高超导相变边缘单光子探测器的光子收集效率。随后测量了超导相变边缘单光子探测器的光学特性。根据电流噪声计算出的能量分辨率为 0.23 eV，远小于 1 550 nm 光子的能量 0.8 eV，有望实现单光子探测。此外，有效响应时间约为 4 μs，随着环境温度降低和偏置电压升高，有效响应时间降低到小于 1 μs，可以满足接近 MHz 的计数速率要求。降低单模光纤端面与超导相变边缘单光子探测器的距离，并增加介质反射镜，能量收集效率提高到 35%。今后，通过增加防反射层有望实现高效率的超导相变边缘单光子探测器。

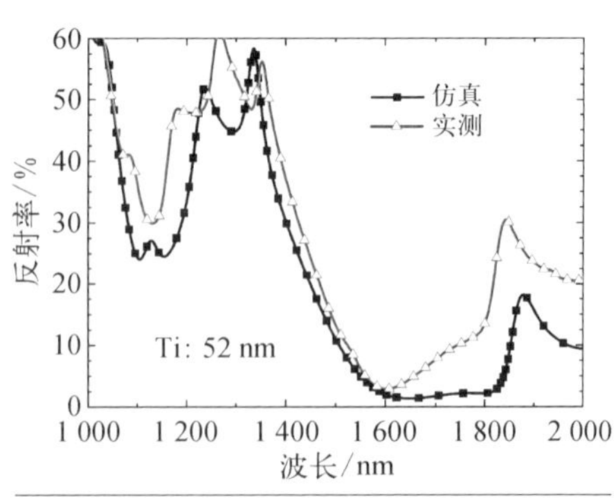

图 4－26 仿真和实测光学腔体射率

4.6.4 钛金超导相变边缘单光子探测器

意大利 INRIM 研究小组主要研究钛金双层膜超导相变边缘单光子探测器。采用表面镀有 SiN 的硅基板，通过电子束蒸发制备 Ti(45 nm)/Au(45 nm)双层膜。器件的有效面为 10 μm×10 μm，临界温度约为 100 mK，正常态电阻为 0.45 Ω。实验测量了超导相变边缘单光子探测器在不同环境温度(58 mK、72 mK 和 93 mK)下的电流-电压特性。通过超导相变边缘单光子探测器的电/热微分方程计算发现其热导为 $G=44$ pW/K，温度灵敏度系数 $\alpha=23$，与通过阻抗测量提取的参数一致。器件热容估计为 $C=0.35$ fJ/K，因此理论能量分辨率 $\Delta E_{FHWM}=0.064$ eV。图 4－27 为该探测器的光子响应分布图，可以清晰地分辨出至少 5 个光子。采用 Wiener 滤波处理采集的光子响应脉冲信号，信噪比可以提高 2 倍。实线为光子响应的高斯分布拟合曲线，获得能量分辨率为 $\Delta E=(0.113\pm0.001)$ eV，量

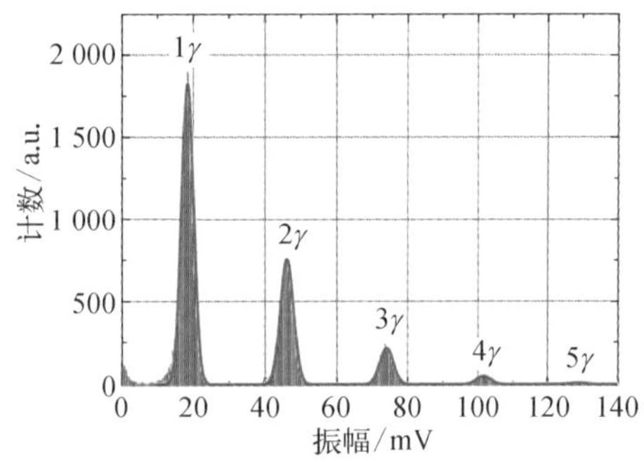

图 4－27 钛金超导相变边缘单光子探测器的光子响应分布图

子效率为30%。

在此基础上，通过增加钛膜的厚度将临界温度提高到300 mK，有效响应时间则缩短到186 ns，故响应速度提高了约50倍，可以区分至少13个光子而不会饱和。同时，因为临界温度的提高，导致能量分辨降低至0.263 eV。因为采用了日本AIST的光纤封装方法，有效地降低了光纤端面与探测器之间的距离，大大提高了光学耦合效率，实测的探测效率约为50%，已经接近无光学腔体的理论极限。

4.7 小结与展望

超导TES探测器的探测灵敏度只受背景噪声限制。地面和空间应用要求的噪声等效功率分别为10^{-16} W/$\sqrt{Hz}$和10^{-19} W/$\sqrt{Hz}$。20世纪90年代采用电压偏置和SQUID读出，解决了超导TES探测器的两大技术瓶颈，该技术获得了快速发展，并成功应用于多个天文领域。人们正在开发大规模超导TES探测器阵列以提高望远镜的观测效率。单芯片像元数已经达到1 K量级，通过多块拼接可以实现10 K像元的焦面阵。针对将来的发展需求(如美国的微波背景辐射第四阶段计划，CMB-S4)，将会进一步要求研发100 K像元量级的焦面阵。为了满足CMB的高精度观测要求，多频段、双极化是一个重要的发展方向。超导TES探测器因为固有的能量分辨率和高探测效率，可以满足通信波段光子数可分辨的单光子探测，因此在量子信息领域也具有广阔的发展前景。中国科学院紫金山天文台正在研发地面观测应用的毫米波/亚毫米波段超导TES探测器阵列，并与法国天体粒子和宇宙学(Astroparticle and Cosmology，APC)研究所联合开发大规模超导TES探测器阵列所需的时分复用多路读出技术。同时，为了满足国内量子信息领域对器件无关的量子密钥分发等应用的需求，还在研制光子数可分辨的高效率光学/红外波段超导相变边缘单光子探测器，期望在1 550 nm波长实现高达90%的量子探测效率。

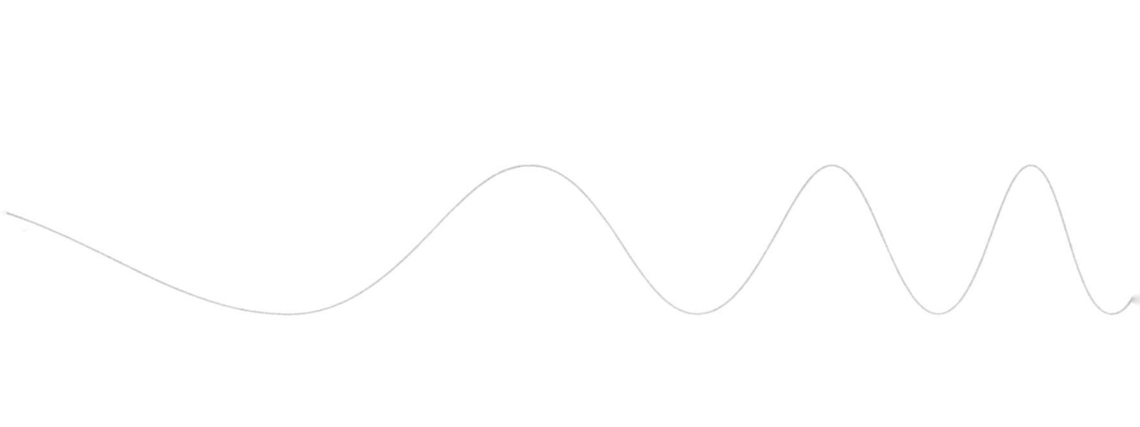

5 量子级联激光器与超导热电子混频器集成技术研究

5.1 引言

除了高灵敏度超导混频器，太赫兹外差混频接收机还需要高频率和功率稳定度的太赫兹本振参考信号源。在过去的二十年，由于太空观测计划的推进(Herschel 空间望远镜)，基于倍频器的固态振荡源技术取得了长足的进步，成为低于 2 THz 频段主要的技术选择，而该项技术亦正向更高的频率发展。而此外太赫兹返波振荡器、气体激光器和光混频器等类型的信号源也都面临着诸如工作频率受限、功耗体积和输出功率大小等限制因素。本章将简要介绍上述类型的太赫兹本振抽运源的特点，重点介绍近年来取得长足发展的太赫兹量子级联激光器作为外差式接收机本振抽运源的进展情况。

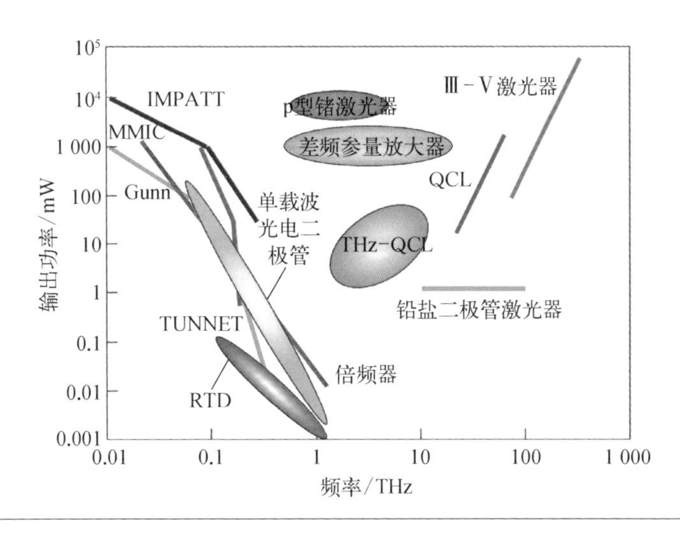

图5-1 太赫兹频段各种信号源的工作频率与输出功率范围

1. 固态倍频器振荡源

固态振荡源基于 n 型含杂质半导体材料，应用耿氏效应，形成振荡频率输出。固态振荡源体积小，功耗低，稳定性高且易于与外部系统集成。而固态倍频器利用肖特基二极管非线性特征，产生多次谐波信号，并通过最终的射频滤波器实现频率选择特性。应用固态振荡器(100 GHz)与磷化铟单片微波集成电路倍频器 MMIC(Monolithic Microwave Integrated Circuit)集成，可以在 2 THz 产生 20 μW 输出功率。近年来，美国喷气动力(JPL)实验室和 VDI(Virginia Diodes, Inc.)公司已经成功实现了 2.7 THz 频段的固态本振源技术。

2. 返波振荡器

返波振荡器(Backward wave oscillator, BWO)是一种基于真空管来产生太赫兹信号的振荡器。通常，它能够工作在较宽的频率范围(800～1 500 GHz)并且具有较高的输出功率(毫瓦级)。然而它工作所需的高功耗(2～6 kV 控制电压)，高磁场(约 1 T)，较短的真空管寿命(几百小时)，以及需要水冷等条件限制了其应用，尤其是针对空间或者高空气球观测项目。在实际的观测应用中，美国 NASA 与德国 DLR 联合负责开发的基于飞机的太赫兹望远镜 SOFIA 中的 1.9 THz 频段曾利用返波振荡器作为本振源联合超导热电子混频器一起工作。

3. 气体激光器

远红外气体激光器作为目前最常用的实验室太赫兹本振源，具有较高的输出功率(毫瓦级)、较宽的频率范围(0.4～6 THz)、线性极化和高斯波束等。远红外气体激光器通常基于栅栏调节 CO_2 激光器产生 9 μm(9 P 和 9 R)和 10 μm(10 P 和 10 R)波段的大功率信号(20～100 W)，耦合进入低压流动气体的谐振腔，这些气体(如 CH_3OH)在太赫兹频段有较多的分子跃迁谱线，最终产生太赫兹信号(1～20 mW)。为了满足空间应用的要求，远红外气体激光器在功耗、体积、重量和稳定性等方面都进行了重大改进。通过利用不同气体在不同频率的分子跃迁谱线，气体激光器可以实现输出频率的离散调节。然而较高的功耗、较大的体积，以及有限的输出频率选择均制约了其在空间以及高空气球观测项目中的应用。

4. 光混频器

光混频器(Photomixer)是基于低温生长的 GaAs 半导体材料。通过利用两个极化相同频率稍稍不同的红外信号进行混频，产生差频太赫兹辐射信号。光混频器的优势是较宽的连续频率调节范围，以及固有的频宽较窄的特性。然而它的混频效率较低，在较高的太赫兹频段会存在输出不足的缺点（1 μW在1 THz和0.1 μW在3 THz）。近年来，利用光混频器作为本振源，基于超导隧道结(SIS)混频器在450 GHz与超导热电子混频器在750 GHz的接收机得以实现。

5.2 太赫兹量子级联激光器基本原理

量子级联激光器(Quantum Cascade Lasers, QCLs)是基于电子在半导体材料量子阱中的导带子带间跃迁的新型单级半导体激光器。它于1994年首先由J. Faist等在贝尔实验室(Bell Labs)于红外频段4 μm(75 THz)成功实现。量子级联激光器不同于传统pn结型半导体激光器利用电子一空穴复合受激辐射机制，它仅仅利用电子在导带子带间跃迁实现辐射，如图5-2所示。其辐射激光的波长不受半导体材料固有能隙的限制，可通过导带中的势阱与势垒的能带剪裁改变发光波长。这一全新的激光器设计理念，打破了自然界缺少能隙适于中远红外波段辐射的半导体材料的限制，实现了激光技术的革命。量子级联激光器由于其独特的工作原理，使其具有以下特性。

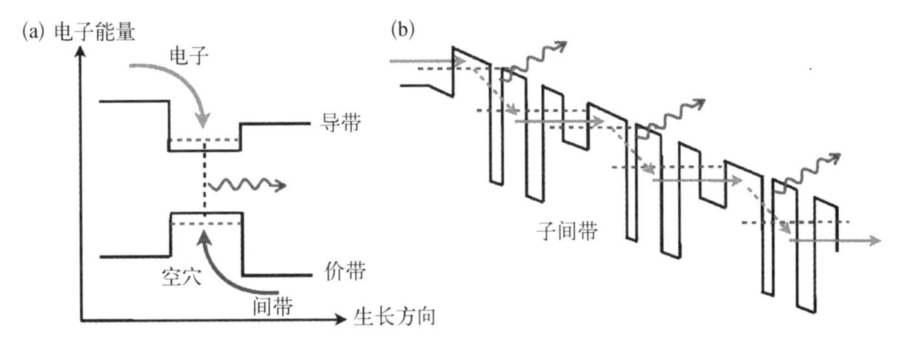

图5-2 (a) 传统半导体激光器利用价带的空穴和导带的电子复合产生受激辐射；(b) 量子级联激光器利用电子在量子阱中的导带子带间跃迁来实现辐射激发

辐射频率取决于量子阱导带中两个激发态之间的能量差，实现了从中红外到太赫兹频段的超宽的光谱辐射范围。

单个电子通过注入激发态并跃迁至基态，释放能量发射光子并隧穿至下一级再次注入激发态。这样单个电子级联传递下去，通过多个量子阱单元将激发多个光子，实现了高辐射效率。

子带间跃迁固有属性决定了量子级联激光器高效的辐射效率以及集中的辐射频宽。

迄今，在中红外频段，量子级联激光器基于室温工作、低功耗、高功率输出（>100 mW）、频率可调性，以及超宽的频率覆盖范围（$\lambda=3\sim24\ \mu m$）等优点，从而成为重要的相干信号源。在红外通信、远距离探测、大气污染监控、工业烟尘分析、化学过程监测、分子光谱研究以及无损伤医学诊断等方面具有广泛的应用前景。相比中红外频段，太赫兹频段的量子级联激光器的实现变得更加困难。这主要有以下原因。

太赫兹光子能量（4～20 meV）相比红外频段更小，通过子带间跃迁来实现粒子数反转，如何高效选择性地注入电子以及实现基态电子的快速逃逸变得十分重要。

太赫兹辐射的波长（$\lambda=50\sim300\ \mu m$）相对较长，进而使得激光器谐振腔的损耗增加（自由载荷损耗 α_{fc} 正比于 λ_2）。

基于有源区和谐振腔的原创性突破，在 2002 年意大利 A. Tredicucci 小组首次实现了太赫兹频段的量子级联激光器。从最初的 4.4 THz 仅仅能工作在脉冲模式并且最高工作温度低于 50 K，经过十余年的长足发展，如今太赫兹量子级联激光器辐射频率覆盖了几乎整个太赫兹频率（1～5 THz），实现了连续模式工作，以及近 200 K 的最高工作温度，如图 5-3 所示。

5.2.1 太赫兹量子级联激光器电子输运特性

与传统半导体激光器不同，量子级联激光器是一种单极型激光器，仅依赖电子作为载流子。图 5-4 为经典太赫兹量子级联激光器的三个能级跃迁示意图。对于量子级联激光器不同的有源区设计，均可简化为三个不同能级。在外加电场状态下，电子通过量子遂穿通过由一组耦合量子阱构成的注入区，到达由另一组耦合量子阱构成的有源区。电子由第三能级（激发态）注入，而第三能级的粒

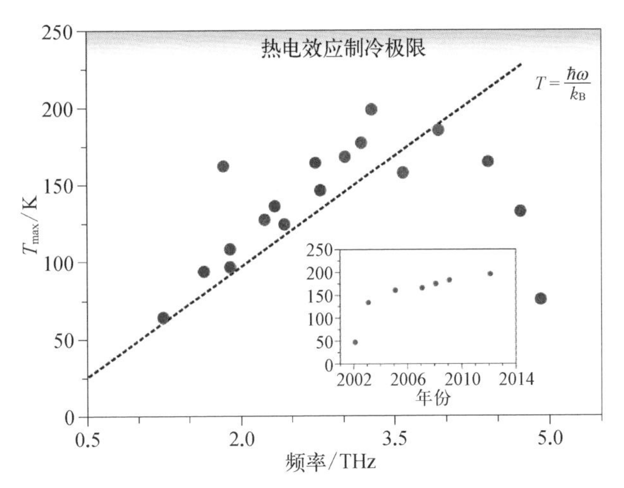

图5-3 太赫兹频段量子级联激光器在脉冲模式下不同辐射频率下的最高工作温度(插图为太赫兹量子级联激光器最高工作温度的发展趋势)

子通过释放太赫兹光子而跃迁至第二能级,随之快速地逃逸至第一能级,成为下一个量子阱周期结构的注入电子。第二能级的电子逃逸速率 τ_2 高于第三能级与第二能级之间的电子跃迁速率 τ_{32}

$$\tau_{32} > \tau_2 \tag{5-1}$$

式(5-1)是实现粒子数反转的必要条件。对于激光器的有源区来讲,最重要的性能指标即为增益,它体现了激光器将自身能量转化为电磁辐射能量的效率。对于量子级联激光器,增益可以表示为

$$g \propto \frac{\Delta N f_{32}}{\Delta\nu} \tag{5-2}$$

式中,ΔN 为激发态与基态之间的粒子数反转效率;f_{32} 为跃迁辐射的振子强度(oscillator strength);$\Delta\nu$ 为自激辐射带宽。粒子数反转效率可以写为

$$\Delta N \propto \frac{J}{e}\tau_3\left(1-\frac{\tau_2}{\tau_{32}}\right) \tag{5-3}$$

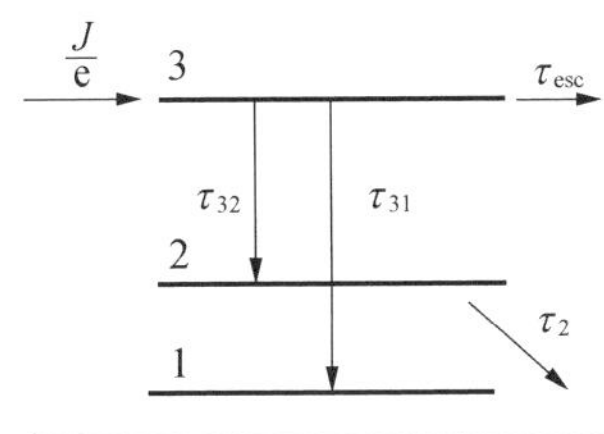

图5-4 经典太赫兹量子级联激光器的三个能级跃迁示意图

如图5-4所示,τ_{32} 为第三能级与第二能级之间的跃迁速率,τ_{31} 为第三能级与第一能级之间的跃迁速率,τ_2 为第二能级的逃逸速率,τ_{esc} 为第三能级

的逃逸速率。由此我们可以看出，使 $\tau_{32} \gg \tau_2$，并且 τ_3越大，才能得到较高的粒子数反转效率以及有源区增益。在太赫兹频段，在子带间能量差很小的情况下，如何有效地实现选择性电子注入以及基态电子的逃逸是设计的重点。对于中红外频段，量子级联激光器多利用纵向光学声子散射（longitudinal-optical phonon）来实现快速的基态粒子逃逸，进而实现粒子数反转。然而，太赫兹频段的光子能量（4～24 meV）要小于砷化镓（GaAs）材料中的纵光学声子能量（E_{LO} = 36 meV），这就使得在太赫兹频段利用纵光学声子来实现粒子数反转变得更加困难。这里我们简要地介绍三种有源区量子阱设计思路。

1. 啁啾超晶格结构

由于种种技术挑战，太赫兹频段的量子级联激光器终于在红外量子级联激光器问世八年之后，由意大利 A. Tredicucci 小组于 2002 年首次实现了技术突破。这一突破是基于广泛应用于红外频段的啁啾超晶格结构有源区设计。它由多个量子阱级联形成的微能带与微能隙结构组成。而辐射跃迁则由电子自上层微能带的基态跃迁至下层微能带的高能态。而粒子数反转则基于电子在微能带内部传输的速度远比电子在微能带之间传输速度快实现。电子通过微能带之间传输，由上层微能带跃迁至下层微能带后，释放出一个太赫兹光子，并且该电子通过快速的微能带内部传输扩散至该能带的基态，使得用于跃迁辐射的下层微能带始终保持空载，有效地保证了高效粒子数反转。啁啾超晶格结构有源区设计，由于微能带之间高度重叠，振子强度 f_{32}因此变得很大。

2. 束缚态向连续态跃迁结构

随着第一个太赫兹量子级联激光器的成功研制，也进而出现了其他不同的有源区设计。其中有瑞士 J. Faist 小组所提出的束缚态向连续态跃迁结构设计。它基于原有的啁啾超晶格结构设计思路，仍然利用连续的微能带结构，以及快速的微能带内部传输速度，用于将电子快速地扩散至微能带的基态，仍然保证高效的粒子数反转。然而，束缚态向连续态跃迁结构设计的改进在于取代微能带而利用孤态作为上层激发态。这样的设计，不仅保证了高效的粒子数反转，还能通过微弱地减小振子强度 f_{32}，从而得到更高的粒子注入效率，以及更加倾斜的辐射跃迁。综上所述，束缚态向连续态跃迁结构设计的功率，以及高温运行表现有了显著的改善。

3. 共振声子结构

另一种成功的有源区设计为美国 MIT 小组首先于太赫兹频段实现的共振声子结构设计。它与啁啾超晶格结构和束缚态向连续态跃迁结构设计的根本不同点在于，对于实现基态电子的快速释放，其不再利用超晶格结构，却采用由共振隧穿和纵光学声子散射来实现。对于传统中红外频段的量子级联激光器，通常将粒子注入态与低辐射态之间的能量差设计为 $E_{LO}=36$ meV (GaAs)，这样就可以使得低辐射态中的电子通过快速地释放出一个纵光学声子来快速地扩散至注入态，用于下一个光子辐射循环。共振声子结构设计的主要进步在于在相邻几个量子阱间，利用将低辐射态通过共振隧穿与下一个量子阱的激态相联系，这样就保证了快速高效的基于纵光学声子的电子数释放。然而，对于高辐射态，它却由于缺少与粒子注入态的相互关联，抑制了其非辐射跃迁，并且保证了较长的跃迁速率。综上所述，共振声子结构设计可以从本质上抑制从粒子注入态至低辐射态的电子热回流。并且，有利于简化量子阱的设计复杂度。至今，最简单的设计为基于共振声子结构设计的双量子阱结构。此外，共振声子结构设计还展现出了优良的高温性能，以及在太赫兹低频段工作的性能。

5.2.2 太赫兹量子级联激光器谐振腔特性

一般来讲，激光器由有源区和谐振腔组成。有源区实现粒子数反转，而谐振腔起到光学反馈的作用，使受激辐射光子在腔内多次往返以形成相干的持续振荡。另一方面，其对腔内往返振荡光束的方向和频率进行限制，以保证输出激光具有一定的方向性和单色性。

对于太赫兹量子级联激光器，由于波长较长，基于掺杂半导体材料的谐振腔内部损耗增加。因此低损耗谐振腔对于实现高效太赫兹辐射十分重要。谐振腔

损耗可以表述为

$$\Gamma g_{\text{th}}=\alpha_{\text{w}}+\alpha_{\text{m}} \tag{5-4}$$

式中，g_{th}为有源区增益阈值；Γ 为有源区对于辐射的限制因子；α_{w}为谐振腔吸收损耗；α_{m}为谐振腔镜面损耗。其中

$$\alpha_{\text{m}}=-\frac{\ln\left(R_1R_2\right)}{2L} \tag{5-5}$$

式中，R_1与 R_2为谐振腔界面反射率；L 为谐振腔长度。如今，应用最为广泛的两种谐振腔设计分别为半绝缘表面等离子体谐振腔(Semi-insulating Surface Plasmon, SP)以及金属-金属谐振腔(Metal-Metal, MM)。并且，许多新型的谐振腔设计例如分布反馈结构(Distributed Feedback, DFB)，将会在 5.3 节中介绍。

1. 半绝缘表面等离子体

首个太赫兹量子级联激光器基于表面等离子体谐振腔。它利用金属作为谐振腔上表面，以及一层重度掺杂层(0.1～1 μm 厚)作为下表面，包裹着激光器的有源区。如图 5-5 所示，整体谐振腔置于半绝缘砷化镓基底上，由于重度掺杂层厚度小于其趋肤深度，因此有源区电场分布将穿透掺杂层，透入至砷化镓基底中。由此，表面等离子体谐振腔的模式限制因子 Γ 相对较小，为 0.1～0.5。表面

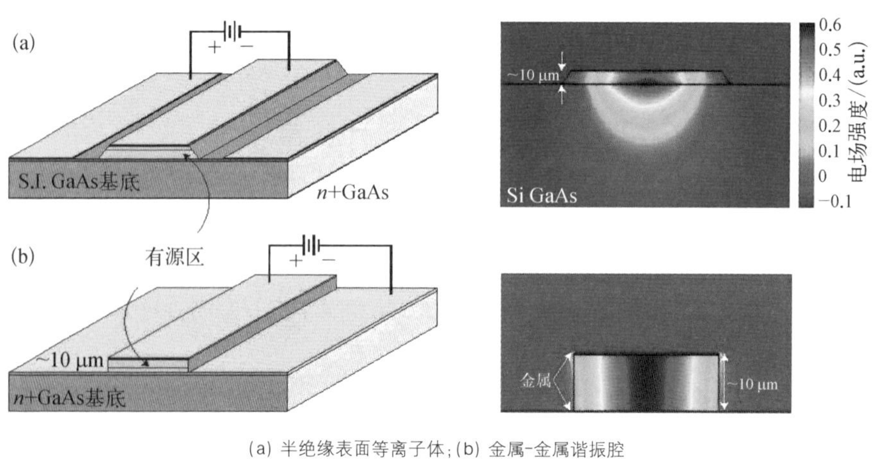

(a) 半绝缘表面等离子体；(b) 金属-金属谐振腔

图 5-5 两种太赫兹量子级联激光器谐振腔结构及谐振腔内电场分布

等离子体谐振腔的优势在于，由于有源区的场分布能够穿透掺杂层，扩大了激光器的有效辐射面积增加，从而得到发散度相对较小的远场辐射波束。此外，较低的限制因子使得表面等离子体谐振腔随着腔体宽度增大时不易产生多模辐射，能够提供相对较大的输出功率。

2. 金属-金属

金属-金属谐振腔是从微波频段的微带线演化而来，利用上下两层金属将有源区覆盖于其间。如图 5-5 所示，有源区所有的场能量被完全限制与金属波导之内，通过这种方式，金属-金属谐振腔的模式限制因子近似为 1。对于量子级联激光器，其阈值电流密度（J_{th}）可以描述为

$$J_{th} \propto \frac{\alpha L}{f_{osc}} \tag{5-6}$$

式中，$\alpha = \alpha_w + \alpha_m$ 为谐振腔波段损耗和镜面损耗之和；L 为谐振腔周期长度；f_{osc} 为振子强度。由此可以看出，对于金属-金属谐振腔，随着镜面损耗较小，使得激光器阈值电流值减小，同时也改善了激光器的高温特性。

对金属-金属谐振腔，由于谐振腔端口的亚波长尺寸，端口的反射率很高。通常其镜面损耗（$\alpha_m = 1 \sim 2\ \text{cm}^{-1}$）仅为波导损耗（$\alpha_w = 10 \sim 20\ \text{cm}^{-1}$）的 5%～20%，也就是说有源区激发的太赫兹光子，大部分被波导吸收而未被辐射。而另一方面，由于金属-金属谐振腔场分布特性，其远场辐射十分发散。为此，各个研究小组均提出了不同的方式来改善此类激光器的光学耦合以及远场辐射特性。如在 A. Lee 等的研究中，通过利用硅透镜与金属-金属谐振腔相结合，改善了激光器的远场辐射特性，实现 145 mW 的输出功率。R. Wallis 等实现了利用柔性金属波段耦合的量子级联激光器，实现了准高斯波束的远场辐射。

5.3 太赫兹量子级联激光器辐射特性及调控

5.3.1 太赫兹量子级联激光器波束特性

基于金属-金属谐振腔的太赫兹量子级联激光器，由于谐振腔端口的亚波长

尺寸，其远场辐射波束十分发散。此外，由于整个激光器腔体各部分辐射的波束又相互干涉，最后造成了环状的干涉远场波束图。这种情况下，将激光器的远场辐射波束与超导热电子混频器这类对耦合信号相位敏感的探测器相耦合，由于远场干涉波束相邻峰值的相位相差 180°，其最终得到的总功率将互为抵消。例如在最初应用 2.8 THz 金属-金属谐振腔量子级联激光器作为本振源的实验中，经统计仅有 1.4％的激光器输出功率耦合至超导热电子混频器中。相比本振功率需求仅仅为几百纳瓦的超导热电子混频器，能够输出超过毫瓦功率的太赫兹量子级联激光器无疑更具发展前景。然而，在天文观测中往往需要太赫兹量子级联激光器工作在相对较高的温度，并且能够同时驱动多个探测器，此时较低的功率耦合效率成为应用中的瓶颈。综上所述，关于太赫兹量子级联激光器的研究，追求更好的远场辐射波束也成为一个重要方向。

1. 二阶分布反馈式

分布反馈式激光器与传统的法布里-佩罗谐振腔（Fabry-Perot）式激光器不同，它通过对谐振腔折射率或者激光器增益的周期扰动产生的布拉格散射，来提供反馈机制。分布反馈式波导的主要优势在于能够提供很强的模式（频率）选择特性，从而保证了量子级联激光器激光器作为本振源时的单模输出。

而相应的 Bragg 条件为

$$2\Lambda n_{\mathrm{eff}} = N\lambda_0 \tag{5-7}$$

式中，Λ 为栅格周期；n_{eff} 为平均折射率；λ_0 为空气中的波长。而传播常数（propagation constant）为

$$\beta = n_{\mathrm{eff}} k_0 = \frac{2\pi n_{\mathrm{eff}}}{\lambda_0} \tag{5-8}$$

倒易适量（reciprocal vector）G 为

$$G = \frac{2\pi}{\Lambda_0} \tag{5-9}$$

根据布拉格衍射条件，N 阶分布反馈式激光器的栅栏结构能够提供 N 个衍

射波矢量，如图 5－6 所示。同样第 N 阶衍射波矢量 β_n 恰好达到反向传播常量 $-\beta$，以达到反馈的效能。处于发光区中的波矢量则能够被耦合用于激光辐射，而辐射波束的大小以及辐射角度则由激光器有源区材料固有的反射常数所决定。

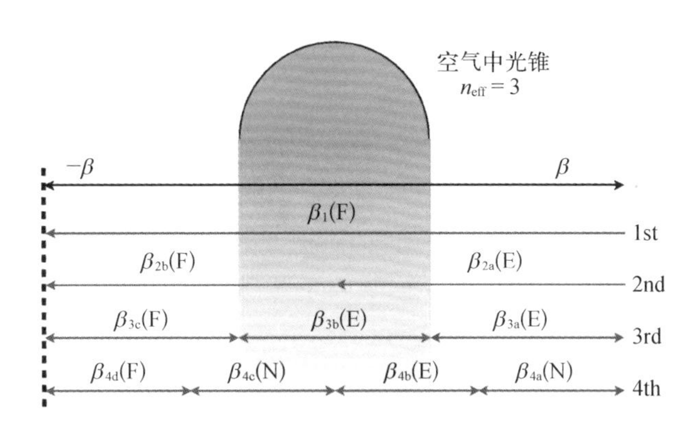

5－6
阶 Bragg 反条件示意图

注：图中箭头代表了传播常数，而 β 代表了栅栏的衍射波矢量，其中 E 为辐射模式，F 为反馈模式，N 为无耦合模式。上方半圆形为光区，其半径等于空气中传播常数 k_0（$n_{eff}=3$）。

在保留金属-金属谐振腔优点的基础上，Harvard 和 MIT 小组分别提出了二阶分布反馈式量子级联激光器。通过在谐振腔上表面金属层中引入二阶分布反馈式栅栏，如图 5－7 所示，辐射信号有效地从上表面耦合而出。这样的优势在于，随着辐射表面积的增加（40 μm×1 070 μm），产生了更加汇聚的远场辐射波束。另一方面，在谐振腔中增加的栅栏结构而引入的周期性不连续性，使得谐振腔的镜面损耗 α_m 增加。而激光器的输出功率正比于 $\alpha_m/(\alpha_w+\alpha_m)$，故随着镜面损耗的增加激光器输出功率也会同步增大。另外，通过精确控制各个栅栏辐射信号之间的相位关系，该类型激光器能够在谐振腔长轴方向实现很好的低旁瓣远场辐射波束。

然而，该型激光器在两个方向上的远场辐射波束并非对称，尺寸较大的长轴方向波束较汇聚（5°），而尺寸较小的短轴方向波束则较发散（50°）。MIT 小组通过将数个该型激光器整合成为相位锁定的激光器阵列（图 5－7），在短轴方向的辐射方向性也得以提高。二维表面辐射型激光器阵列实现了在各个方向均能提供汇聚波束，并且其中的锁相模块还可以实现独立偏置，可用于辐射频率的微调

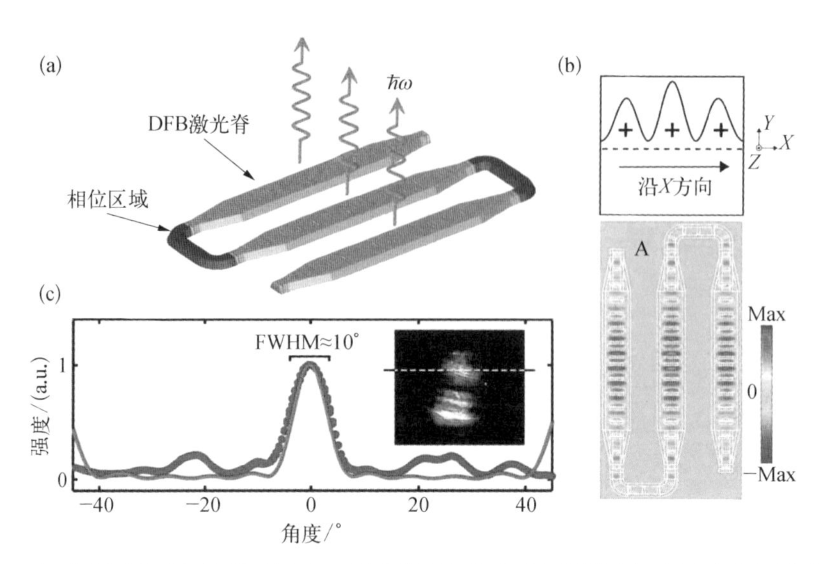

(a) 二维表面辐射型分布反馈式太赫兹量子级联激光器示意图；(b) 激光器内部磁场分布；(c) 实验测试(蓝色)与理论计算(红色)所得出的远场辐射波束图

图 5-7

以及激光器频率与相位的锁定。

2. 三阶分布反馈式

由图 5-6 可以看出，对于一阶以及二阶栅栏结构，衍射波矢量 β_n 与初始传播常数无关。例如对于二阶栅栏，β_{2a} 总是能够实现表面辐射，而 β_{2b} 总是用于反馈。而对于三阶反馈栅栏，激光器有源区基于砷化镓材料($n=3.6$)，则第一个和第二个衍射波矢量由于材料折射率较大，而出现了全反射情况，即意味着第一个和第二个衍射波矢量无法耦合至自由空间。而当折射系数 $n=3$ 时，则第一个和第二个衍射波矢量将会以沿着激光器腔体的角度辐射。而现实中，由于激光器器件有限的长度，波矢量的耦合不再是一个狄拉克函数，而与器件的整体长度相关，如图 5-8 所示。

基于该想法，演化出了第一个太赫兹频段的三阶反馈式量子级联激光器。在 2009 年，瑞士 ETH 小组提出了通过对有源区材料进行深度刻蚀，增加空气的占空比，成功实现了对第一个和第二个衍射波矢量的辐射耦合。同时，由于激光器有限的谐振腔长度，在有源区材料的反射系数大于 3 时，仍能够得到较强的耦

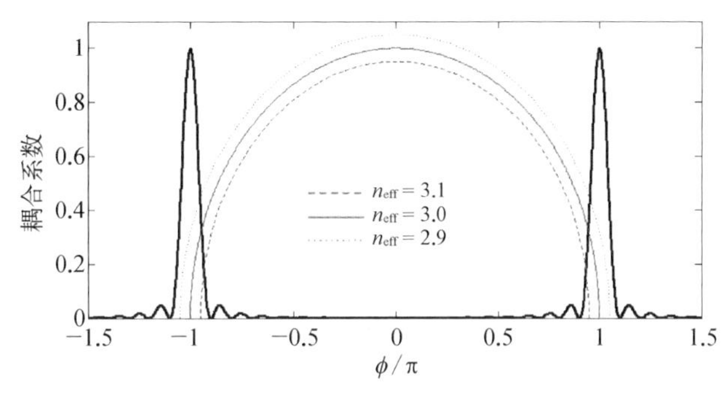

注：图中半圆环表示了不同材料反射系数情况下的耦合情况。

5-8
于有 20 节、节长度为 $=\lambda_0$ 的分布馈式结构的合系数

合效率。此外，根据天线理论计算得知，较大的反射系数也使得激光器的远场辐射波束有了相应的倾斜角度。

由布拉格衍射条件可以看出，对于三阶分布反馈式结构，当 n_{eff} 为 3 时，$2\Lambda=3\lambda_0$。图 5-9 中描绘出了此时谐振腔中电磁分布的情况，可以看出相邻的两个栅栏结构的电场相位相差 180°。由天线理论可知，每一个栅栏结构的辐射最终形成了周期结构的天线阵列：

$$(\mathrm{AF})_N=\frac{\sin\left(\frac{N}{2}\phi\right)}{N\sin\left(\frac{1}{2}\phi\right)} \tag{5-10}$$

并且

$$\phi=k\Lambda\cos\theta+\beta \tag{5-11}$$

式中，k 为波矢量；Λ 为栅栏周期；θ 为倾斜角度；β 为栅栏之间的相位差，此时等于 180°。当 $\Lambda=\lambda_0/2$ 时，天线阵列最大耦合强度位于 $\phi=\pm 2\pi$：

$$k\Lambda\cos\theta+\beta=\pm 2\pi \tag{5-12}$$

由此我们得到当 $\theta=0°$ 或 180°时，天线阵列成为端射阵天线（end-fire antenna），并且辐射方向为沿着谐振腔长轴水平方向。

通过计算端射阵天线的辐射波束图来计算三阶分布反馈式太赫兹量子级联激光器的最终辐射图谱。如图 5-10 所示，当激光器的折射率为 n_{eff} 为 3 时，远

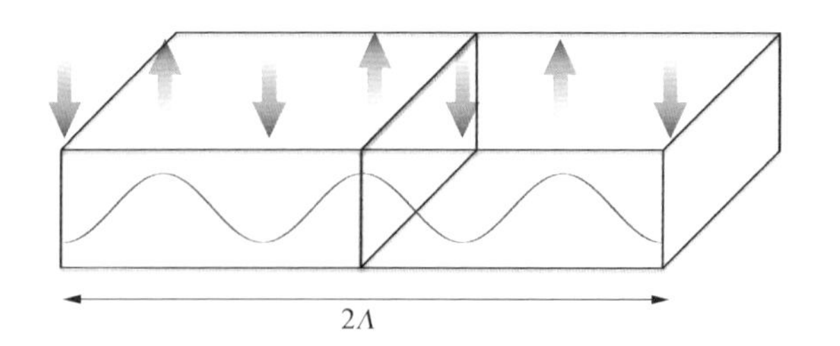

图 5-9 三阶分布反馈式谐振腔中电磁分布

场波束集中汇聚,并且有着很高的主瓣效率(>90%)。而当 n_{eff} 高于 3 时,激光器的远场波束变得非常发散并且出现了较强的高阶衍射旁瓣。

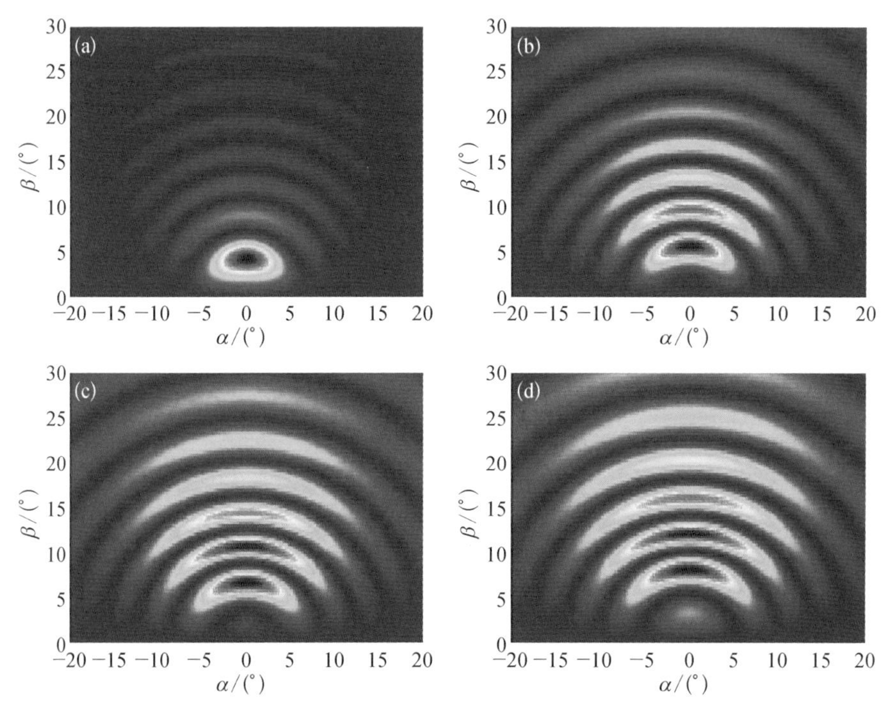

注：图中对应了不同的器件反射率(a) 3.0;(b) 3.2;(c) 3.4;(d) 3.6。图中所示为在距离原点 100 倍波长处的理论计算值。

图 5-10 三阶反馈量子级联激光器的远场辐射波束图

综上所述,三阶反馈式量子级联激光器的主要优势在于:① 分布反馈式结构确保了单模输出,并且提高了输出功率的耦合效率;② 所有的栅栏结构组成了端射阵天线结构,提供了波束汇聚的远场图谱。较高的输出功率耦合效率能够有效地降低激光器的功率耗散,而更好的远场波束能够提高激光器与混频器之间功率耦合效率。此外,基于三阶反馈式量子级联激光器的外差式频谱仪的研究工作已经取得了阶段性成果，将会在 5.4 节中着重讨论。

5.3.2 太赫兹量子级联激光器频率特性

量子级联激光器通过电子在导带中子带间跃迁实现光子辐射。与传统的半导体激光器利用价带的空穴和导带的电子之间跃迁相比，子带间跃迁的优势在于其高辐射增益以及集中的辐射频宽。如图 5－11 所示，对于传统的半导体激光器，通过电子与空穴的复合，光子的能量由材料本身的导带与价带之间的能量差所决定，而光子的能量也就决定了辐射信号的频率。对于传统半导体激光器，由于导带与价带的能量色散方向不同，激光器的增益曲线将会增宽。而量子级联激光器利用电子在导带子带之间的跃迁，子带中的能量色散具有相同的曲率。因此，量子级联激光器的增益曲线为光子能量的狄拉克函数，即 $\rho(E)=\delta(E-h\nu)$。也就是说，量子级联激光器将所有注入电子通过子带跃迁，而产生相同的光子能量 $h\nu$。因此，对于量子级联激光器，其辐射频谱增宽因子远小于传统激光器，并且已经通过实验得以论证。

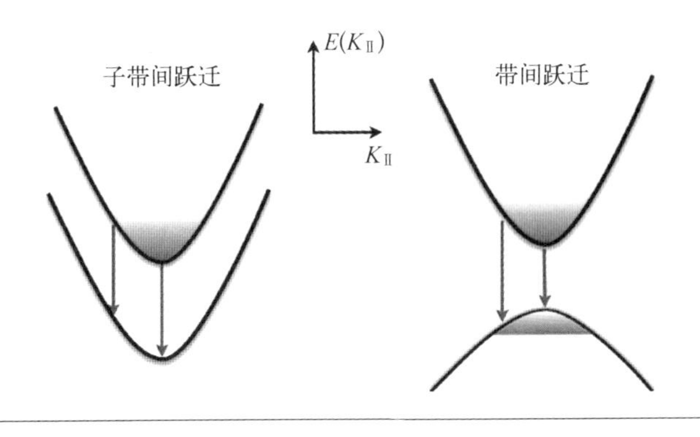

图 5－11 半导体激光器与量子级联激光器能量色散图

在太赫兹频段，频率或相位锁定的本振信号源对于天文观测、大气遥感，以及实验室精细分子谱线测量均十分重要。而通过测量频率噪声谱密度，可以由不同频谱范围的频率噪声计算出信号源真正的本征频率线宽。意大利的研究小组基于该方法得到太赫兹量子级联激光器的本征频率线宽约为 110 Hz。然而，实际中当激光器工作于自由振荡模式，太赫兹量子级联激光器的实际频率线宽由于受到许多外部因素的影响，例如偏置源噪声，以及工作环境的温度及噪声等因素影响，激光器的实际线宽较大，往往在兆赫兹量级。因此，应用太赫兹量子级联激光器作为接收机本振源，则需要对其进行频率锁定。下面我们将简要地介绍该方面的工作进展。

1. 利用参考射频信号源锁频

太赫兹量子级联激光器，与传统的固态振荡器一样，是一种压控振荡器，它的频率可以通过偏置电压进行调节。利用外差混频技术，将太赫兹量子级联激光器的信号与外部稳定参考信号源相比较，再通过反馈控制系统调节激光器的偏置电压，则能够实现激光器的频率稳定。对于频率锁定，激光器的输出频率保持稳定。而对于相位锁定，激光器不仅频率保持稳定，并且能够完全复制参考射频信号的相位信息。不同研究小组已经成功实现了基于远红外气体激光器，并利用固态倍频器作为参考信号实现太赫兹量子级联激光器的锁相，如图 5-12 所示。然而，气体激光器由于其高功耗与大体积，很难应用于实际的天文观测中。此外，超高太赫兹频率固态信号源又很难实现，这是由于倍频器很难在高于 3 THz 的情况下正常运行。近年来，基于超晶格二极管(Super-Lattice Diodes)的谐波倍频器已经成功应用于 4.7 THz 量子级联激光器的相位锁相，为超高太赫兹频率的天文观测例如 GUSSTO 以及 SOFIA 奠定了技术基础。

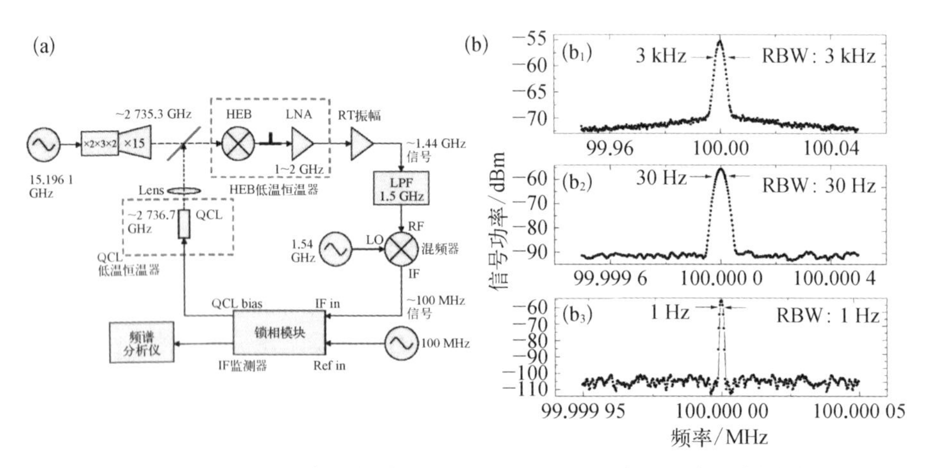

图 5-12 (a) 利用 2.7 THz 倍频器作为参考射频信号源对太赫兹量子级联激光器进行相位锁定的实验装置图；(b) 锁相后的中频信号的功率谱

2. 利用频率梳锁相

2010 年，法国的研究小组成功实现了将 2.7 THz 量子级联激光器与固有频率锁定掺铒光纤激光器。这种方法基于 ZnTe 材料的电光探测效应，将太赫兹量子级联激光器与光纤激光器的 90 MHz 的重复频率的 N 次谐波信号相混频。进而利用后端的锁频电子线路产生反馈信号控制太赫兹量子级联激光器的偏置电压，实现相位锁定。该方法可以使超过 90%的量子级联激光器信号功率实现相位锁定，并且该方法基于飞秒激光器，从本质上便可实现超高工作带宽（可在超过 5 THz 的情况下正常运行）。此外，相比于超导混频器，利用光电二极管作为探测器使得整体实验装置更加简化。然而，飞秒激光器的大体积、大功耗，以及光电二极管较差的灵敏度（太赫兹量子级联激光器的本振功率需求大于 2 mW）还是制约了该锁频方式在空间观测中的应用。

3. 利用分子吸收谱线锁频

在实际天文观测中，像 ALMA（Atacama Large Millimeter/submillimeter Array）这样拥有超过 60 个望远镜的干涉阵，所有的本振信号源均实现了频率与相位的同步，而此时本振信号源自身的频率以及相位的锁定是必备条件。而对于单个望远镜的观测来讲，仅频率锁定便足够了。而基于分子吸收谱线作为参考信号，中红外量子级联激光器成功地锁频至 1 176.61 cm^{-1} 的 N_2O 吸收谱线上。而近年来，这一方法被推广至太赫兹频率，利用甲醇（Methanol，CH_3OH）气体吸收谱线将 2.5 THz 量子级联激光器的线宽从自由振荡模式下的 15 MHz 减少至锁频情况下的 300 kHz。

该锁频方法的原理是利用分子吸收谱线将量子级联激光器的频率噪声转化，并且放大成为功率噪声，如图 5 - 13 所示。进而，利用功率探测器与后端锁频电路，产生反馈信号控制量子级联激光器的偏置电压，使得探测器接收功率保持稳定，从而实现锁频。具体的实验装置与测试方法将在 5.4 节中做详细介绍。该锁频方式仅仅利用一个气室与一个功率探测器，而不需要额外的信号源，且实验装置简单，可以应用于空间观测中。此外，基于甲醇以及水（H_2O）分子在太赫兹频段丰富的吸收谱线特性，该方式可以应用于超高太赫兹频段。然而，缺少连

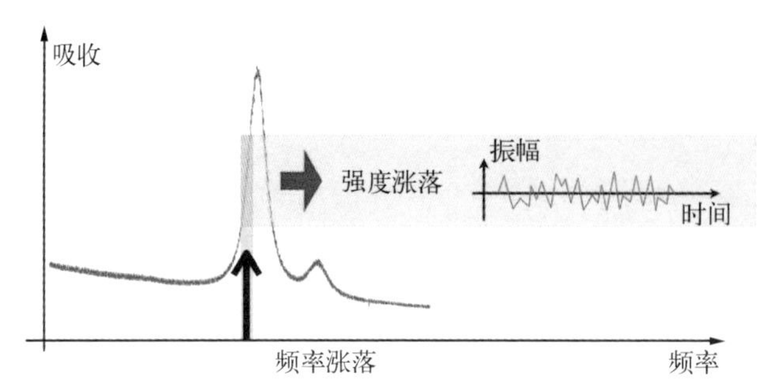

注：通过太赫兹分子吸收谱线将量子级联激光器的频率噪声转化并放大成为功率噪声，进而利用功率探测器与后端锁频电路实现对量子级联激光器频率的锁定。

图 5－13 利用分子吸收谱线锁频原理图

续频率调节能力是该方法的一个固有缺点。

5.3.3 太赫兹量子级联激光器功率特性

太赫兹频段的远距离通信以及医学成像都需要信号源并具有高输出功率，而对于量子级联激光器而言，其输出功率直接取决于器件的有源区设计、谐振腔设计与器件体积大小等因素。

量子级联激光器有源区的设计决定了激光器能级间粒子数反转和增益，且直接影响激光器的发光特性。量子阱级联结构中的势垒宽度以及掺杂浓度等均存在特定优化范围。其中势垒层宽度将影响电子的注入与收集效率，而掺杂浓度将决定器件的工作电流密度。通常，量子级联激光器的发光效率可表示为

$$\frac{\partial P}{\partial I}=N_{\mathrm{p}}\cdot\frac{h\nu}{q}\cdot\frac{\alpha_{\mathrm{m}}}{\alpha_{\mathrm{W}}+\alpha_{\mathrm{m}}}\cdot\frac{\tau_{\mathrm{eff}}}{\tau_{\mathrm{eff}}+\tau_{2}} \tag{5-13}$$

式中，P 为输出功率；I 为工作电流；$h\nu$ 为光子能量；N_{p} 为级联周期数；q 为电子电量；$\tau_{\mathrm{eff}}=\tau_{3}(1-\tau_{2}/\tau_{32})$ 为电子有效时间常数。可以看出有源区的设计将直接决定器件的有效时间常数，并影响器件的输出功率特性。

而对于量子级联激光器的谐振腔，半绝缘表面等离子体波导的限制因子低，因此其增益阈值高，而金属波导的限制因子高，其增益阈值低。因此，高输出功率可以通过增加器件尺寸来实现。近年来，英国利兹大学研究小组已经实现了基于半绝缘表面等离子体谐振腔，输出功率高于 1 W 的 3.4 THz 波段量子级联激光器。

5.4 太赫兹量子级联激光器与超导热电子混频器的集成技术

5.4.1 2.5/2.7 THz 频段高集成度超导接收机

我们知道大多数太赫兹量子级联激光器工作时热功耗相对较大,可达几瓦甚至几十瓦。在以太赫兹量子级联激光器为本振抽运源的超导热电子混频器中,通常需要单独使用 4 K 杜瓦冷却太赫兹量子级联激光器,这使得太赫兹超导热电子混频器结构复杂,难以得到实际应用。为此,研究基于太赫兹量子级联激光器的超导热电子混频器显得尤为重要。2008 年,德国 DLR 小组实现了将超导热电子混频器和太赫兹量子级联激光器分别集成于 4 K 杜瓦的 4 K 和 40 K 冷级上,成功实现首个集成式太赫兹量子级联激光器与超导热电子混频器的外差式接收机。但其要求杜瓦外有可调光学元件耦合激光器输出信号,结构仍相对复杂。为了简化结构,研究人员首次提出将超导热电子混频器、太赫兹量子级联激光器以及所有光学元件全部集成于单一 4 K 杜瓦的 4 K 冷级上(图 5-14),并成功实现结构更加紧凑的超导热电子混频器。在该超导热电子混频器中,所有光学元件均低温集成,空气以及声波对探测器的干扰可完全避免。考虑到太赫兹量子级联激光器热功耗会影响超导热电子混频器工作,研究人员采用了 2.7 THz 基于"束缚态至连续态跃迁"设计以及递变型光子异质结谐振腔低功耗量子级联激光器。

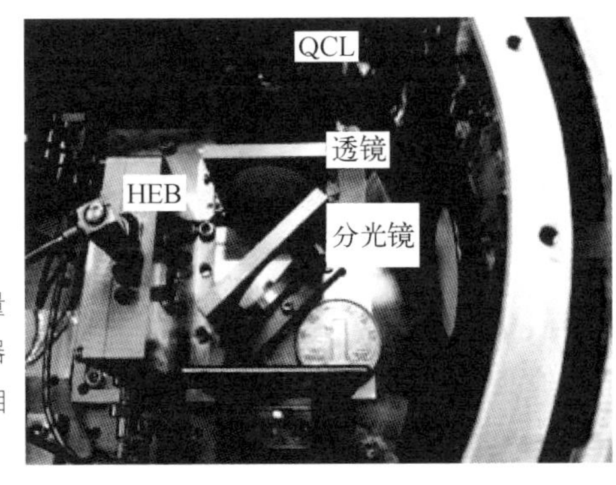

图 5-14 基于太赫兹量子级联激光器与超导 HEB 相集成探测器

由于太赫兹量子级联激光器与超导热电子混频器之间的信号在低温下难以调节,研究人员准确模拟了 2.7 THz 量子级联激光器远场辐射波束,并实现了 2.7 THz量子级联激光器辐射波束整形。图 5-15(a)是 2.7 THz 量子级联激光器(QCL)结构示意图,图 5-15(b)和图 5-15(c)是模拟仿真整形前与整形后的 2.7 THz QCL 远场辐射方向图,整形后的 QCL 远场辐射发散角减小为 $2^{\circ}\times3^{\circ}$,

同时整形后的 2.7 THz QCL 与超导热电子混频器之间信号耦合系数提高了 10 倍。图 5－15(d)是模拟仿真整形后 2.7 THz QCL 远场辐射方向图实测结果，与理论结果相符。另外，实验测得超导热电子混频器接收机噪声温度约为 1 500 K，扣除准光学损耗后噪声温度仅为 600 K。

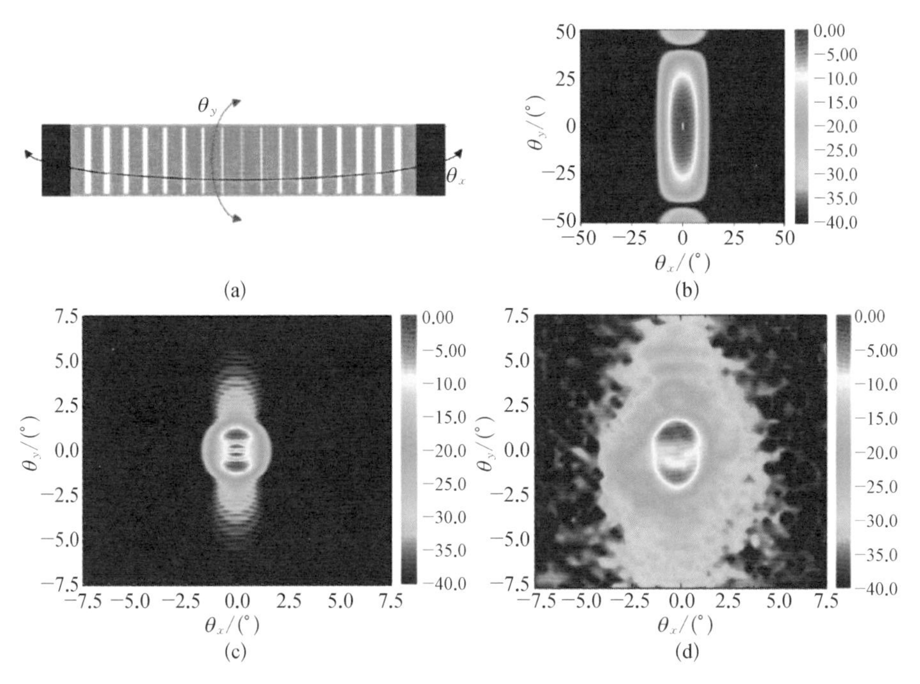

图 5－15　(a) 2.7 THz 量子级联激光器(QCL)结构示意图；(b) 模拟仿真整形前 2.7 THz QCL 远场辐射方向图；(c) 模拟仿真整形后 2.7 THz QCL 远场辐射方向图；(d) 实测模拟仿真整形后 2.7 THz QCL 远场辐射方向图

为进一步提升系统集成度，我们基于束缚态向连续态跃迁结构的 2.5 THz 低功耗量子级联激光器，实现了超导热电子混频器与太赫兹量子级联激光器在同一混频腔中的集成。该量子级联激光器由中国科学院上海微系统所曹俊诚研究员的课题组设计，在 4.2 K 温度下，直流功耗仅为 0.9 W，而输出功率为 0.4 mW。通过对激光器远场波束的模拟计算，设计了通过在混频腔内集成的抛物面反射镜与 Mylar 分光膜实现的本振信号耦合系统，如图 5－16 所示。

该高集成度接收系统相比之前的设计系统，其优势在于：(1) 系统集成度进一步提高；(2) Mylar 分光膜的低温集成不仅能够降低其热噪声，还能够减少空气中震动等额外噪声的影响。

(a)

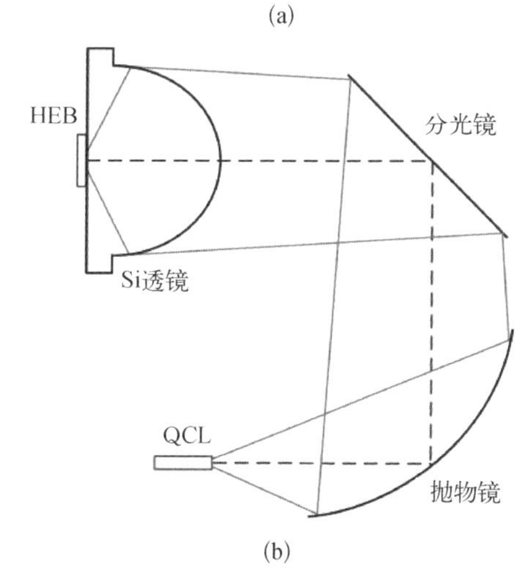

(b)

5-16 (a) 集成 2.5 THz 量子级联激光器与超导热电子混频器的混频腔；(b) 混频腔内通过抛物面反射镜与 Mylar 分光器实现太赫兹本振信号耦合

通过计算，试验中采用了直径 20 mm，焦距为 12 mm 的抛物面反射镜。图 5-17 为不同本振功率下超导热电子混频器的电压-电流曲线和超导接收机的噪声温度。通过切换冷热负载测得接收机的噪声温度约为 750 K，约为 6 倍量子噪声极限($6h\nu/k$)。该研究工作为将来高频段基于太赫兹量子级联激光器与超导热电子混频器的接收机应用提供了一体化高集成度的解决方案。尽管太赫兹量子级联激光器在本振抽运源应用方面已取得很多突破，但仍有很多方面有待进一步发展。目前，美国 Sandia 小组利用高掺杂度砷化镓将太赫兹量子级联激光器与肖特基混频器叠加，同时作为激光器正极与肖特基混频器负极，获得了以太赫兹量子级联激光器为本振抽运源的一体化全固态肖特基集成相干探测器。但肖特基相干探测器噪声性能相对较差，因此太赫兹量子级联激光器与超导热电子混频器一体化全固态集成技术将是未来的研究重点。

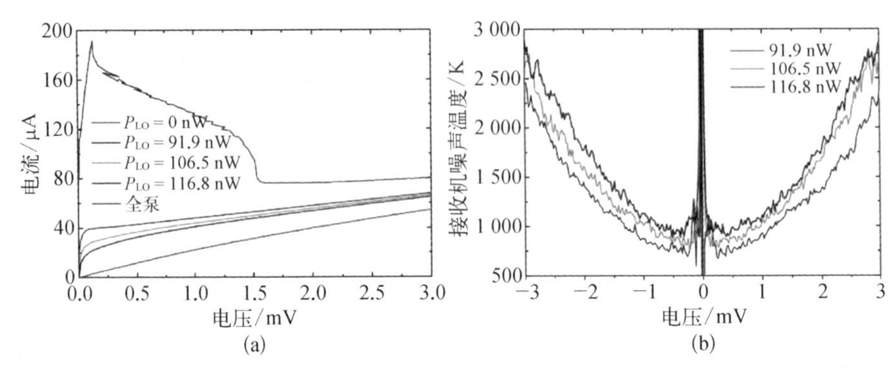

(a) 不同本振功率下超导热电子混频器的电压-电流曲线；(b) 不同本振功率下超导接收机的噪声温度　图 5－17

5.4.2　2.9/3.5 THz 频段基于量子级联激光器的高分辨率频谱仪

超高太赫兹频段(2～6 THz)的高分辨率光谱学($\lambda/\Delta\lambda > 10^6$)在天文观测与大气遥感探测研究中扮演着十分重要的角色。一方面，对于天文观测，借助高分辨率光谱学人们可以深入研究天际宇宙间物质的物理及化学构成和演化，进而探寻原始宇宙中的重要信息。另一方面，对于大气探测，超高太赫兹频段的高分辨率光谱学为全球气候变暖、臭氧空洞等问题的解答提供了有利的科学依据。但是，迄今为止，由于受到本振抽运源技术发展的限制，超高太赫兹频段(2～6 THz)的高分辨率光谱学发展还相对滞后。基于固态振荡器与倍频器的本振源技术，在频率高于 2 THz 后由于受到寄生电路响应时间的影响，输出功率急剧减少；而气体激光器又由于其自身的高功耗，以及频率无法自由调节等缺陷，使得其无法应用于深空气球或空间卫星等仪器中。

太赫兹量子级联激光器技术为该领域向超高太赫兹频段的发展提供了新的技术手段与方向。近年来，基于太赫兹量子级联激光器用于外差式接收机的研究取得了一系列进展，其中包括：基于太赫兹量子级联激光器的外差接收机的噪声温度研究，对太赫兹量子级联激光器相位锁定的研究，对太赫兹量子级联激光器本征频宽的研究，以及对太赫兹量子级联激光器输出功率稳定度的研究。

尽管利用太赫兹量子级联激光器作为信号源的分子谱线探测已经实现，但是该项研究的探测本身并非基于外差接收机，其频率分辨率并不高。综上所述，直接利用基于太赫兹量子级联激光器的外差式接收机对太赫兹分子谱线探测具有重要的意义。

荷兰代尔夫特理工大学与中国科学院紫金山天文台研究小组合作，在该领域取得了一系列重要成果，其中包括首次实现了基于太赫兹量子级联激光器(2.9 THz)的高分辨率外差式分子谱线探测；首次实现了频率可调节基于太赫兹量子级联激光器(3.5 THz)的高分辨率外差式分子谱线探测；首次实现了频率和功率同时稳定基于太赫兹量子级联激光器的高分辨外差式分子谱线探测。

基于分子和原子的辐射(或吸收)谱线的高分辨率外差式光谱学研究，为学习探究分子和原子本身，以及关于辐射的相关物理过程提供了有利的工具。对于低压气体，其自身的分子结构以及旋转扰动形式决定了其辐射谱线的频率以及强度。分子谱线还与分子的背景温度以及气压相关。而外差式光谱学，基于超高的频谱分辨率($\lambda/\Delta\lambda>10^6$)，在分子谱线的研究中起到了十分重要的作用，它不仅能够用于气体分子探测，并且能够用于研究分析分子结构。

此外，外差式高分辨率光谱学还为外差式接收机的校准提供了有效的手段，有助于解决包括驻波以及本振源纯净度等问题。它还可用于校准混频器，例如边带比例。综上所述，外差光谱学广泛地应用于对空间观测外差接收机进行地面校准，例如 SWAS 卫星(Submillimeter Wave Astronomy Satellite)，TELIS 空间气球望远镜(terahertz and submillimeter Limb Sounde)和 Herschel 空间望远镜。

利用外差光谱学校准混频器的边带比例，通常选择已知的饱和辐射谱线(即100%辐射)。由于饱和谱线的选择受到分子种类与频率的限制，并不能够覆盖整个太赫兹频段，对于类似 HIFI 的仪器，在整个工作频率范围内(至 2 THz)，没有合适的气体饱和辐射谱线供混频器进行校准。因此，研究分析各个分子谱线的频率，强度以及线宽则变得十分重要。用于 Herschel 空间太赫兹望远镜中 HIFI 仪器实验室校准的各个频段范围所利用的气体分子如图 5－18 所示。太赫兹频段不同气体分子谱线特征(频率与强度)，包括外界环境的影响(包括温度、气压和气室光学长度)主要有 4 个方面的影响机制。

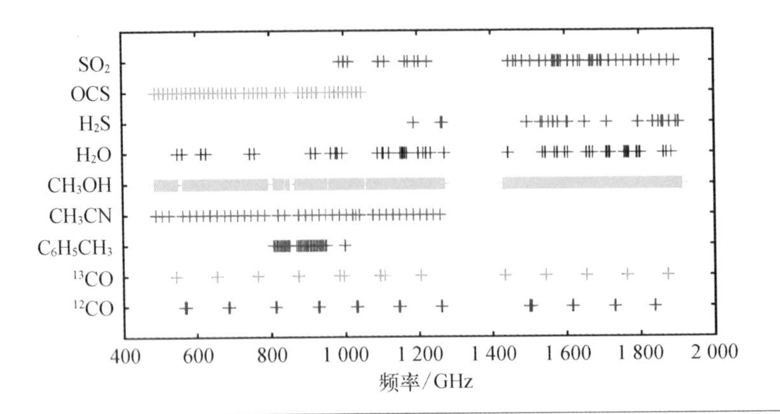

图 5-18 用于 Hersc 空间太赫兹 远镜中 HIF 器实验室校 的各个频段 围所利用的 体分子

1. 自然展宽(nature broadening)

对于任何分子谱线，由于其激态响应时间与辐射能量之间的不确定原理 $\Delta E \cdot \Delta T \approx h/2\pi$，其辐射频率将会按照洛伦兹定律自然展宽。太赫兹频段，分子谱线的自然展宽一般为 kHz 量级，相比其他展宽影响较小。

2. 热学多普勒展宽(Thermal Doppler broadening)

由分子跃迁所产的分子谱线，由于其分子具有一定的速度分布，并且其跃迁谱线随着分子自身相对观测者的移动方向不同而产生的频谱展宽被称为热学多普勒展宽。伴随着分子飞离观测者，跃迁光子则产生频率红移，相似情况下如果分子飞向观测者，跃迁光子则产生频率蓝移。热学多普勒展宽表现出高斯频谱分布：

$$\phi_\nu = \frac{1}{\sqrt{\pi}\,\delta\nu_D} e^{-\ln(2)(\nu-\nu_0)^2/\delta\nu_D^2} \tag{5-14}$$

式中，$\delta\nu_D$定义为

$$\delta\nu_D = \frac{\nu_0}{c}\sqrt{\frac{2\ln(2)kT}{m}} \tag{5-15}$$

式中，ν_0 为分子跃迁频率；c 为光速；k 为波尔兹曼常数；T 为气体温度；m 为相对分子质量。可以看出，气体分子温度越高，跃迁光子的频谱展宽越大。

3. 气压展宽(pressure broadening)

随着气体相邻分子间相互撞击而带来的频率展宽效应被称为气压展宽，换言之，这种展宽效应与气体密度(气压)以及温度有关。与自然展宽相同，气压展宽亦呈现洛伦兹分布：

$$\phi_\nu = \frac{\delta\nu_L}{\pi[(\nu - \nu_0)^2 + \delta\nu_L^2]} \tag{5-16}$$

式中

$$\delta\nu_L = \gamma_{self} P_{gas} \tag{5-17}$$

式中，P_{gas} 为气体气压；γ_{self} 为气体气压展宽系数。

4. 不透明度展宽(opacity broadening)

由光子在气室中传输特定光学长度后引起的展宽效应被称为不透明度展宽。

$$\delta\nu = e^{-\alpha L} \tag{5-18}$$

式中，α 是气体分子的不透明度展宽系数；L 为气室光学长度。

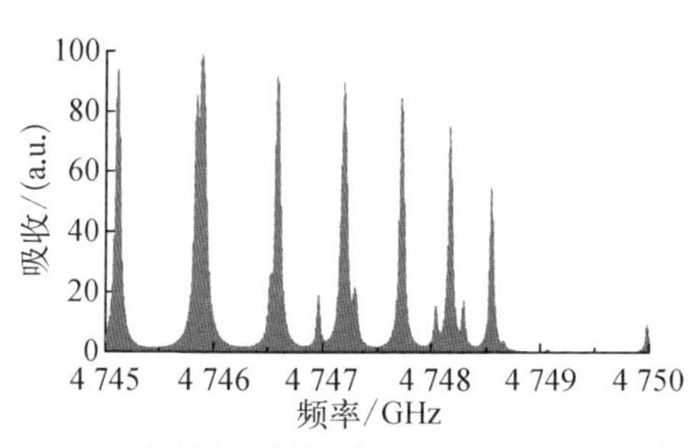

图 5-19 理论计算的甲醇(CH_3OH)气体跃迁谱线

注：计算中光学长度为 41 cm，气体温度 300 K，气压 1 mbar，频率范围为 4 745～4 750 GHz。

综合考虑所有的频率增宽机制，基于美国 JPL 实验室公布的根据原子模型所计算得出的气体分子谱线数据库。如图 5-19 所示，计算所得甲醇分子在 4.75 THz 频段的吸收谱线，可以看出许多强度较高的吸收谱线可以用于太赫兹量子级联激光器，并可作为本振源探测 4.7 THz OI 谱线时的频率锁定的参考频率信号。

外差式高分辨率分子谱线探测，首先利用量子级联激光器作为本振源，而信号源由冷/热黑体与气室组成。通过分光器太赫兹信号耦合进入超导热电子混频器，而混频器则将太赫兹分子跃迁谱线与本振信号混频至中频，最终由中频信号频谱仪读出。外差光谱学测量包含了三条混频器中频功率频谱的测量：(1) $P_{emp,\ cold}(f)$，基于低温黑体与真空气室；(2) $P_{gas,\ cold}(f)$，基于低温黑体与充气气室；(3) $P_{gas,\ hot}(f)$，基于高温黑体与真空气室。利用上述三条中频功率谱，即可以算出气体辐射谱线的相对有效温度：

$$T_{gas}(f)=T_{cold}+2\left[T_{hot}-T_{cold}\cdot\frac{P_{gas,\ cold}(f)-P_{emp,\ cold}(f)}{P_{gas,\ hot}(f)-P_{emp,\ cold}(f)}\right] \quad (5-19)$$

式中，T_{hot}和T_{cold}分别为热/冷黑体辐射的有效温度，而公式中的两倍系数则是由于超导热电子混频器的双边带工作原理决定（这里假设混频器的上下边带变频增益比为 1）。并且$[P_{gas,\ cold}(f)-P_{emp,\ cold}(f)]/[P_{gas,\ hot}(f)-P_{emp,\ cold}(f)]$代表了相对于 300 K 黑体辐射的气体分子的辐射温度。

基于 3.5 THz 三阶反馈式量子级联激光器作为本振抽运源以及超导热电子混频器作为相干探测器，研究人员获得了基于太赫兹量子级联激光器的、输出频率和功率同时稳定的高分辨率超导相干频谱仪。激光器的三阶栅栏结构，保证了器件的单模输出特性，并且所有的栅栏结构组成端射天线阵，获得了低发散的远场波束，进而保证了激光器与超导混频器之间的高功率耦合效率。实验中，激光器基于 10 μm 厚 GaAs/AlGaAs 材料结构，包含 27 节栅栏结构，激光器腔体长为 1 070 μm。在温度 12 K 时，激光器输出功率为 0.8 mW，输出频率为 3 452 GHz。其远场辐射播出发散角度为 12°×12°。

器件采用了超导氮化铌超导热电子混频器。器件工作在液氦温度，由尺寸 0.2 μm×2 μm 的微桥与宽带螺旋天线组成，其本振功率大小为 150 nW。作为在 1.5～6 THz 最灵敏的混频器，超导热电子混频器的变频增益以及中频功率信号的稳定性与本振功率以及直流偏置情况相关。任何本振功率与偏置电路的不稳定特性都将影响探测器的工作状态进而影响其混频效应。而通常来说，探测器的直流偏置电路可以十分稳定，而器件主要的不稳定性则由本振源信号的噪声引起。

图 5－20 为基于太赫兹量子级联激光器的频率与功率锁定系统实验装置图，而同时也是最终的稳定性与高分辨率光谱学实验装置图。在稳定性实验中，太赫兹量子级联激光器工作在脉冲管制冷机中，其基底温度稳定在 16 K。而激

光器辐射波束通过高聚酯乙烯(High-Density Polyethylene, HDPE)透镜汇聚，穿过音圈电机(Voice Coil)。这里音圈电机作为快速可调衰减器，通过改变穿过电机波束的大小来实现输出功率的稳定。之后，利用 13 μm Mylar 分光膜将激光器的信号分为反射信号以及用于超导热电子混频器的本振信号，而透射信号则用于频率锁定系统。透射信号穿过气室，利用甲醇气体的吸收谱线作为锁频参考信号。再利用另一个超导氮化铌探测器与后端 PID 反馈控制器与锁相放大器，产生反馈控制信号至激光器的偏置电路，实现最终的频率锁定。

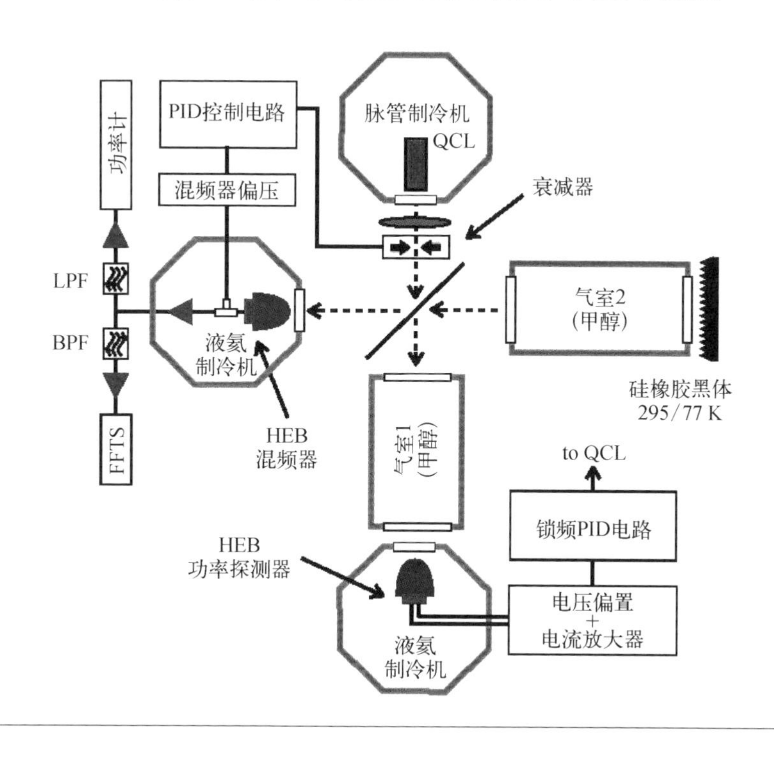

5-20 于太赫兹量级联激光器频率与功率定系统实验置图

对于激光器的频率锁定，研究人员使用了特别的偏置线路来为激光器提供偏压。该偏置线路整合三组信号，包含了直流电压信号，为激光器提供基本偏压；交流调制信号，频率约为 1 kHz，幅度为直流信号值< 0.01%；反馈控制信号。利用锁相放大器对超导氮化铌探测器输出信号解调，实现了气体吸收谱线一阶微分信号读出。另外，通过 PID 反馈控制器，提供反馈信号至激光器偏置线路，能够将该一阶微分信号稳定至零值。进而太赫兹量子级联激光器的频率将会锁定至分子吸收谱线上。

通过改变激光器的偏置电压，图 5－21 展示了当甲醇气压为 1.1 mbar 时激光器通过调节偏置电压改变辐射频率时超导氮化铌探测器的读出信号。而在 3.45 THz 处，由于甲醇气体的强烈的吸收特性，探测器读出信号展示了清晰的气体吸收谱线。此外，通过将探测器读出信号与锁相放大器结合，得到了该吸收谱线的一阶微分信号谱。如图 5－21 所示，在吸收谱的峰值附近，其一阶微分信号随着激光器偏置电压呈线性关系。进而可以利用该线性区域与后端 PID 反馈线路相作用，产生反馈信号至激光器的偏置电路，进而实现一阶微分信号的稳定。如图 5－21 所示，微分信号在激光器自由振荡模式时，由于激光器自身的本征频率噪声以及外部噪声的影响，信号呈现出很大的噪声特性。而当 PID 反馈线路工作后，该微分信号即锁定至零值，也即意味着激光器的频率锁定至气体的吸收谱线上。

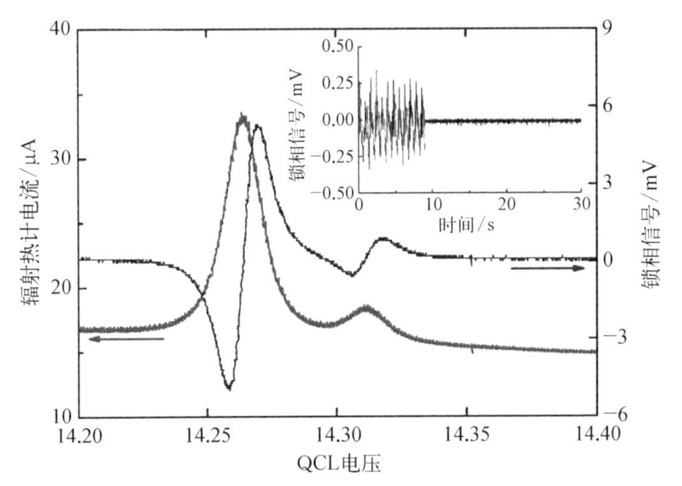

注：通过利用超导氮化铌探测器与锁相放大器，得到了图中蓝色锁相信号。该信号的线性区域用于锁频线路。小图中表示了自由振荡以及锁频后的锁相信号的变化。

图 5－21 当甲醇气压 1.1 mbar 时 光器通过调 偏置电压改 辐射频率时 导氮化铌探 器的读出信号

对于功率锁定，使用超导热电子混频器的直流偏置电流作为参考信号，结合第二个 PID 反馈控制器驱动音圈电机来实现对超导热电子混频器直流电流值的稳定。该稳定系统的优势在于快速响应速率（大于 1 kHz）、高分辨率和高动态范围，可以用于本振功率锁定以及减少大气扰动等干扰。实验记录了不同工作模式下的锁相放大器信号（激光器频率噪声），超导热电子混频器电流信号（激光器功率噪声），以及超导热电子混频器中频功率信号（接收机稳定性），其中包括：① 自由振荡模式；② 频率锁定模式；③ 功率锁定模式；④ 频率与功率同时锁定模式。图 5－22 记录了在 10 s 测量时间内四种工作模式下的锁相放大器信号(激光器频率噪声)。在自由振荡模式情况下，激光器的频率噪声信号随着脉冲管制冷机的温度波动而变化，而同时脉冲管制冷机的温度波动以及机械振动同时还导致了激光器的输出功率的不稳定性，随即引起了超导热电子混频器的工作电流以及中频输出功率的波动。在频率锁定模式下，锁相放大器信号代表了激光器的频率噪声稳定于零值，这即意味着激光器的频率实现了锁定。但同时，超导热电子混频器的工作电流噪声增大，即激光器的输出功率稳定性开始变差，同时混频器的中频功率信号的稳定性也随之变差。在功率锁定模式下，超导热电子混频器的工作电流以及中频功率信号均保持稳定，即表明激光器的输出功率以及整体接收机的稳定性提高，而同时激光器的频率噪声保持不变。在频率与功率同时锁定模式下，可以看出不仅锁相放大器信号，而且超导热电子混频器工作电流以及中频输出功率信号均保持稳定。即表明了太赫兹量子级联激光器作为本振源，实现了辐射频率与输出功率的同时稳定。

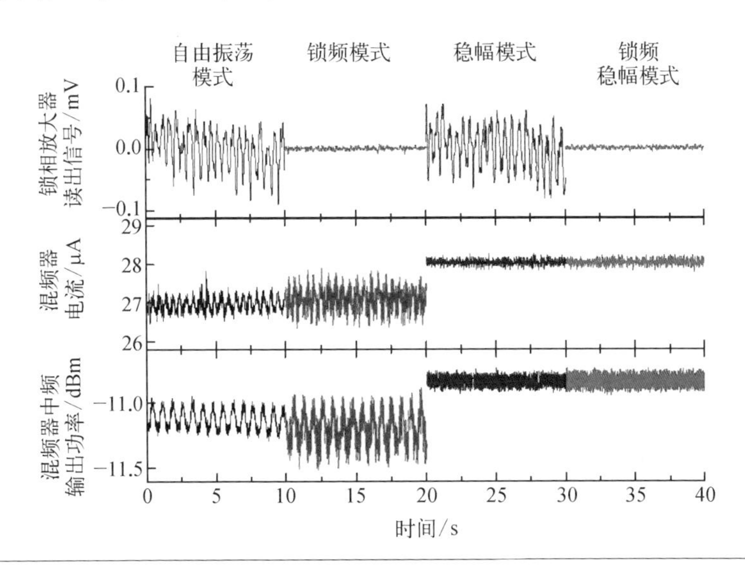

图 5－22 在 10 s 测量时间内四种工作模式下的锁相放大器信号（激光器频率噪声）

在频率锁定模式下，激光器的频率保持稳定，而其输出功率的波动变大。这说明在通过偏置电压作为反馈信号时，激光器的辐射频率与输出功率呈反相位(anti-phase)关系。对于太赫兹量子级联激光器，偏置电压与工作温度共同决定了激光器的辐射频率与输出功率。在器件的工作区域内,随着温度的增加和偏置电压的减少,其输出功率均减少。对于该激光器,其辐射频率也随着温度的增加和偏压的增加而降低。当频率锁定情况下,假设器件的温度增加,进而器件的输出功率与辐射频率同时减少。然而锁频电路此时会为激光器提供一个负电压,使得激光器的辐射频率增加,但同时激光器的输出功率则会进一步减少。所以,当采用激光器偏置电压作为调节手段来实现频率锁定的同时,激光器的输出功率稳定性也会产生额外的噪声。而在功率锁定模式下,音圈电机仅仅通过改变透射波束的大小实现功率的稳定,不会对激光器的辐射频率造成影响。

通过将锁相放大器读出信号转换至频域,我们得到了激光器的辐射频率线宽。在自由振荡模式的条件下频率线宽为 1.5 MHz,而在频率与功率同时稳定的条件下,激光器的频率线宽为 35 kHz,这一数值已经符合接收机本振源的要求。

此外,还通过接收机记录超导热电子混频器的中频输出功率信号,检测了接收机的稳定特性。基于中频功率信号,计算了接收机的连续模式下的 Allan 方差时间。我们已经知道,Allan 方差时间可以有效地刻画系统的稳定性。而根据辐射计公式,对于随机白噪声,随着积分时间的增加而按照 $T^{-1/2}$ 关系减少。而对于实际的任意系统而言,随着积分时间的增加,Allan 方差偏离辐射计公式曲线的时间点,即代表了系统的 Allan 方差时间。并且,校准后的中频信号的 Allan 方差 $\sigma_{\mathrm{A}}^{2}(\tau)$ 为

$$\sigma_{\mathrm{A}}^{2}(\tau)=\frac{1}{2}\sigma^{2}(\tau) \tag{5-20}$$

式中,σ_{2} 为每一数据点的均方差;τ 为采样率。图 5-23 为不同工作模式接收机状态下所测得的 $\sigma_{\mathrm{A}}^{2}(\tau)$[自由振荡模式,频率和幅度稳定模式,以及超导热电子混频器零偏置模式三种情况下]。与之相比,图中还描绘了带宽为 13.5 MHz 的辐射计公式计算结果。

由图中可以看出,当激光器的频率与幅度同时稳定的情况下,接收机系统的 Allan 方差时间为 0.3 s,噪声带宽为 13.5 MHz。而自由振荡时,系统的 Allan 方

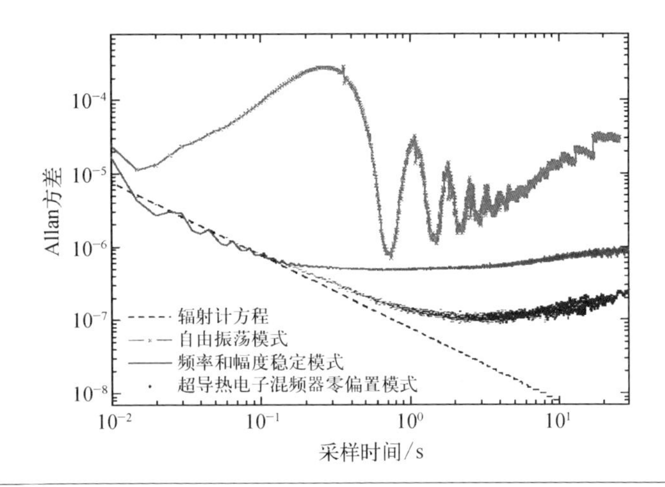

5-23
同工作模式
收机状态下
lan方差时间
量结果

差时间则小于 0.01 s。此外，自由振荡时的强烈振荡曲线是由脉冲管制冷器的低频温度波动所引起的。可以看出，功率稳定装置使得系统的稳定性提高了 30 倍。而图中的蓝色曲线代表了超导热电子混频器在超导态条件下，即去除器件偏置源以及本振功率的影响后的测量结果。可以看出，整个中频放大器线路的稳定性约为 2 s，与之前的测量结果相比其稳定性较低，这是由于宽带的中频放大器以及实验室的气流等因素引起的。

为了进一步检验接收机的工作性能，我们测试了两组甲醇气体谱线。其中一组在为当激光器的频率与功率同时稳定的条件下，实验结果与理论计算结果有着很好的吻合。其次，又分别测试了低气压[(0.12±0.05) mbar] 时，在仅有功率稳定，以及功率和频率同时稳定的状态下的两组曲线。每一组测量中均有两条谱线，其中测量间隔为 1 h。由图 5-24 可以看出，在频率与功率同时稳定的状态下，两条谱线完全重合；而当仅有功率稳定，而频率在自由振荡时，两条谱线有明显的频率差别，验证了频率锁定模块的性能。

此外，外差式高分辨率频谱仪的频谱探测范围由本振抽运源的频率调谐范围与混频器的中频带宽所决定。而通常混频器的中频带宽(小于 10 GHz)远小于本振抽运源的频率调谐范围，因此不断提高本振抽运源的频率调谐范围对于外差式高分辨率频谱仪有着重要的意义。基于该 3.5 THz 三阶分布反馈式量子级联激光器，通过调节激光器的工作电压可以实现约 1 GHz 的频率。

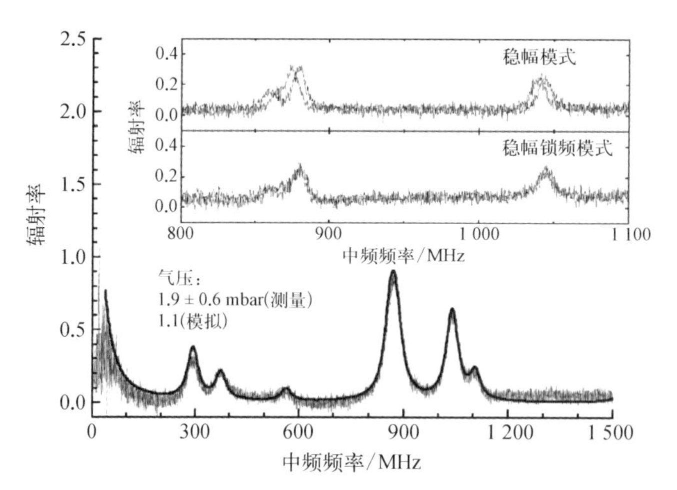

注：上图中显示了分别在仅有功率稳定，以及功率频率同时稳定两种状态下，低气压[(0.12 ± 0.05) mbar]时的甲醇分子谱线。而蓝色与红色两条谱线之间测量时间间隔均为 1 h。

图 5-24 基于 3.5 THz 量子级联激光器作为本振源，在频率与功率同时锁定条件下的高频谱分辨率甲醇气体谱线测量

图 5-25 显示了基于理论模型计算所得的 3.5 THz 接收机工作频率范围内的甲醇气体辐射频谱。实验中，量子级联激光器仍工作于自由振荡模式，没有任何额外的锁频与功率稳定措施。作为本振信号，激光器的辐射波束通过制冷机的 HDPE 窗口，并且利用 HDPE 透镜($f=26.5$ mm)对波束加以汇聚。信号源由热/冷(295/77 K)黑体辐射源与充有甲醇气体的室温气室组成。进而，太赫兹甲醇气体辐射的谱线与激光器输出的辐射信号，通过 13 μm Mylar 分光片耦合至超导热电子混频器中。而超导热电子混频器则将甲醇分子谱线 f_S，通过混频下变频至中频频段 f_{IF}。而由于混频器的双边带工作特性，中频信号同时包含上边带信号 $f_{USB}=f_{LO}+f_{IF}$ 与下边带信号 $f_{LSB}=f_{LO}-f_{IF}$。进而，中频信号 f_{IF} 经过宽带低温放大器(0.5～12 GHz)，以及二阶室温放大器和 1.5 GHz 低通滤波器输送至快速傅里叶变换频谱仪中(FFTS)，最终得到谱线信息。

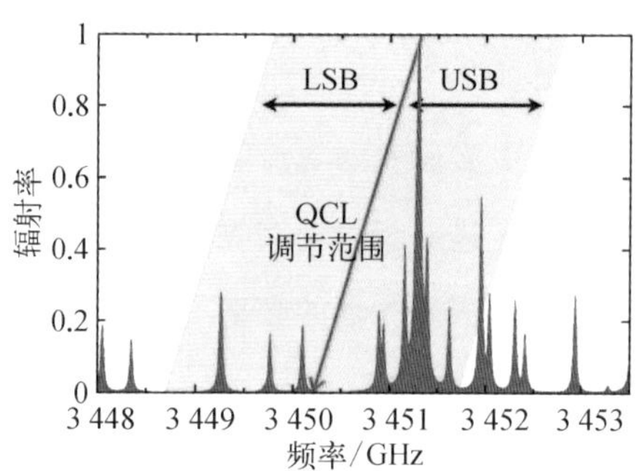

注：气压：1 mbar，温度：300 K，气室长度：41 cm。其中红色箭头为本振信号频率调节范围，而蓝色与绿色区域标示接收机系统的上、下边带接收范围。

图 5-25 基于理论模型计算所得的 3.5 THz 接收机工作频率范围内的甲醇气体辐射频谱

测量三条不同状态的中频功率谱线 $P_{emp,\ cold}(f)$，$P_{gas,\ cold}(f)$ 以及 $P_{gas,\ hot}(f)$，其

中每条谱线积分时间为 3 s。而中频谱线 $2[P_{\mathrm{gas,\ cold}(f)} - P_{\mathrm{emp,\ cold}(f)}]/[P_{\mathrm{gas,\ hot}(f)} - P_{\mathrm{emp,\ cold}(f)}]$ 则为甲醇气体的相对辐射温度,而其中系数 2 则反映了超导热电子混频器的双边带工作模式。

基于上述方法,在不同的激光器的偏置电压以及不同的气体气压条件下,研究人员获得了一组 3.5 THz 甲醇气体谱线。基于 NASA 喷气动力实验室所提供的甲醇气体谱线数据库,通过考虑三种气体增宽机制(热学多普勒展宽、气压展宽和不透明展宽)计算了该频段的甲醇气体分子谱线。作为本振源,频率可调特性不仅要求激光器自身的频率调节性能,并且要求其不同频率下的输出频率要足够驱动混频器,而三阶反馈式量子级联激光器则能够同时满足这些需求。图 5-26 显示了通过调节量子级联激光器的偏置电压,在不同本振信号频率下的 3.5 THz 甲醇气体辐射谱线。随着激光器偏置电压的增大,其输出功率随之减少,进而导致处于 3 451.298 8 GHz 的较强的甲醇谱线由下边带的 13 MHz 处引动到了上边带的 1 064 MHz 处。在本振源 1 GHz 频率调节范围内,图中显示了测量谱线与理论计算值的比较。可以看出,在频率调节范围内甲醇谱线测量有着很好的信噪比,并且都与理论计算结果有着很好的吻合。通过两者的比较,可以计算出不同偏置条件下的量子级联激光器的辐射频率。此外,与一阶反馈式激光器不同,通过该实验还验证了三阶反馈式量子级联激光器在整个频率调节范围的单模辐射特性。

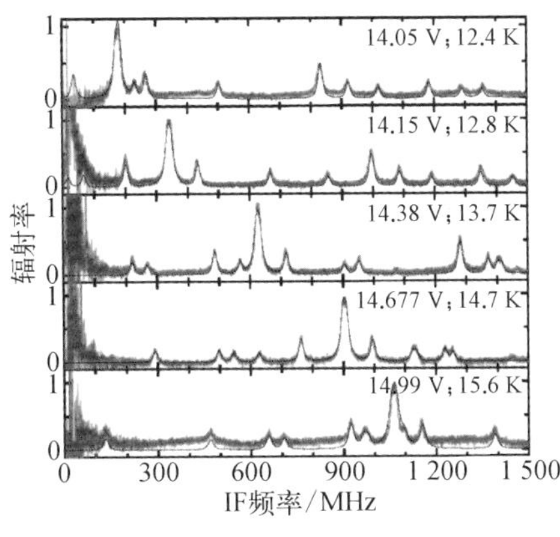

图 5-26 通过调节量子级联激光器的偏置电压,在不同本振信号频率下的 3.5 THz 甲醇气体辐射谱线

在该实验中,量子级联激光器的频率由不同温度下的器件有源区的反射系数决定。通过测量相同偏置电压、不同温度下的激光器的输出功率,可以计算得到器件的频率随温度变化而发生的变化率。如图 5-27 所示,当器件的基底温度从 13.2 K 升至 17.6 K 时,激光器的输出信号频率减少了 150 MHz,相对应的频率调节系数为 −33 MHz/K。相类似,通过去除器件的温度变化的影响,可以得到响应的频率随偏置电压变化率为 −859 MHz/V。与 Fabry - Perot 激光器

相比，三阶反馈式激光器的频率调节变化率较低，这主要是由于该器件的有源区的增益设计为3.3～3.8 THz，而辐射频率位于3.5 THz，则两个方向不同偏压下的频率调节特性相互抵消并导致了较低的频率变化率。

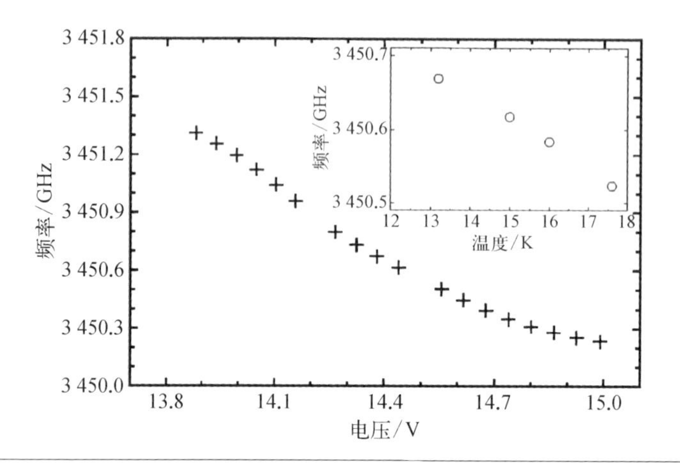

图5-27 不同偏置电压，温度条件下太赫兹量子级联激光器的输出频率

5.4.3 30 THz频段基于量子级联激光器的高分辨率频谱仪

远红外、中红外频段的天文观测对于研究宇宙状态和演化，包括早期宇宙演化、恒星和星系形成，以及行星系统形成等研究方面具有非常重要的意义，在现代天文学研究中具有不可替代的作用。高分辨率谱线观测不仅能够精确探测分子谱线的信号强度，并且能够清晰地识别各个谱线的频谱信息，为我们系统地研究恒星和星系形成，行星以及行星系形成过程中的运动、温度，以及其他物理特性提供了重要的科学手段。由于受到大气层中水分子吸收的影响，2～10 THz(150～30 μm)频段的星际信号几乎无法穿透大气层，因此该频段的地基天文观测变得异常困难。然而，在频率更高的中红外频段(10～25 μm)，地球大气层则提供了良好的观测窗口(夏威夷Mauna Kea台址测得的大气透过率显示，该频段的大气透过率高于50%)。该频段内一些重要的原子谱线([Ne II] 12.8 μm、[Ne III] 15.6 μm、[S III] 18.7 μm、33.5 μm、[Si II] 34.8 μm)为我们研究初期恒星形成，以及相关联的星际气体及尘埃提供了重要的科学手段。此外，该频段内的一些重要的分子谱线([CO_2] 10 μm、[H_2O] 9.2 μm、[SiO] 9.2 μm、[O_3] 9.5 μm，9.7 μm)有助于我们研究行星以及星际介质的大气状态，包括温度、分子组成，以及动力学特性。

迄今，中红外频段由于缺少灵敏高效的相干接收频谱仪，现有的观测手段多采用频谱分辨率相对较低的非相干阵列式接收机，例如NASA的Spitzer空间望远镜中的红外频谱仪IRS（InfraRed Spectrograph）就采用了低频谱分辨率（$\lambda/\Delta\lambda < 600$）的非相干探测器，以及SOFIA望远镜中FORCAST仪器（the Faint Object infrared Camera for the SOFIA telescope）的频谱分辨率则小于50。对于恒星的大气层，由于相对较高的物质温度以及对流作用，大气层的分子特征谱线相对较宽，分辨率在10^5之下的光谱观测即可揭示其物质动态结构。而对于行星大气层系统，由于其自身较低的温度以及气压，需要高分辨率（$\lambda/\Delta\lambda > 10^6$）谱线观测来揭示其内部信息。而国际上，中红外频段高分辨率频谱接收机仅有：美国NASA研制的HIPWAC（Heterodyne Instrument for Planetary Wind and Composition）以及德国科隆大学研制的iCHIPS（Infrared Compact Heterodyne Instrument for Planetary Science）。这两台仪器均是以行星以及卫星的表面大气层温度以及物质组成为研究目标。

作为高分辨率相干频谱仪的核心器件之一，上述两台仪器的混频器均采用碲镉汞（HgCdTe）探测器。碲镉汞探测器具有量子效率高、工作温度高以及工作频段宽等诸多优势。然而作为混频器，其响应速度较慢，进而导致了混频带宽较窄（约1.4 GHz）。而与之相对应，基于氮化铌材料的超导热电子混频器已经在远红外频段（1～6 THz；300～50 μm）展现了优异的噪声性能（突破5倍量子极限），以及3～5 GHz的中频带宽。此外，超导氮化铌热电子混频器的变频效率并未随着频率的增长而受到影响。在中红外频段（10 μm）以及近红外频段（1.5 μm），超导氮化铌热电子混频器都展现了不错的应用前景。该项工作首先基于螺旋天线理论设计出工作在10 μm频段的平面天线，通过矩量法对该平面天线进行全波分析，通过调整天线尺寸参数，以及计算天线的阻抗、S参数等特性来实现天线与超导氮化铌微桥的良好射频匹配。其次，通过三维有限元电磁场模拟仿真设计10 μm频段超导热电子混频器，包含平面天线与椭球透镜。针对中红外频段，采用砷化镓材料作为超导热电子混频器的基底。不同于广泛应用于远红外频段的高阻抗硅，砷化镓基底不仅能够为氮化铌材料的生长提供良好的晶格匹配，并且在中红外频段还有着很好的射频传输特性。而针对椭球镜，采用在红外频段广泛采用的锗(Ge)作为加工材料，其透射率可达到超过 50%(增加防反射涂层后可达到 90%)，如图 5-28 所示。

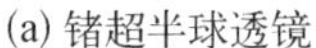

(a) 锗超半球透镜

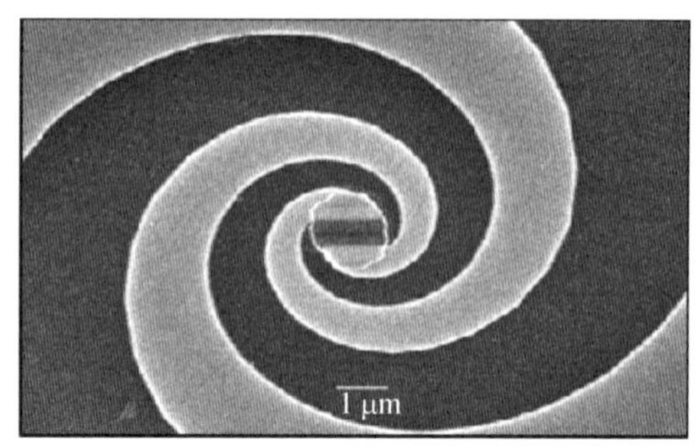

(b) 超导热电子混频器SEM图片

图 5-28

高分辨率相干接收频谱仪的另一项核心器件是本振泵浦抽运源。自从 1994 年量子级联激光器首次实现以来(4 μm 频段)，实现波长更长的激光器成为该领域的主要研究方向。在 2001 年，美国贝尔实验室首次实现了基于 InGaAs/AlInAs 材料体系，并选择啁啾超晶格结构有源区设计，其工作频段为 21.5 μm 和 24 μm 的量子级联激光器。此外，量子级联激光器由于自身结构以及外部工作环境的影响，其波前相位、功率稳定性与频率稳定性等需要通过外部调控来满足作为本振泵浦源的需求。在中红外频段，量子级联激光器技术已经实现了商业化。本项工作采用 Thorlabs 公司的分布反馈式中红外量子级联激光器。如图 5-29 所示，激光器工作在室温，阈值电流为 300 mA，直流功耗小于 10 W，最

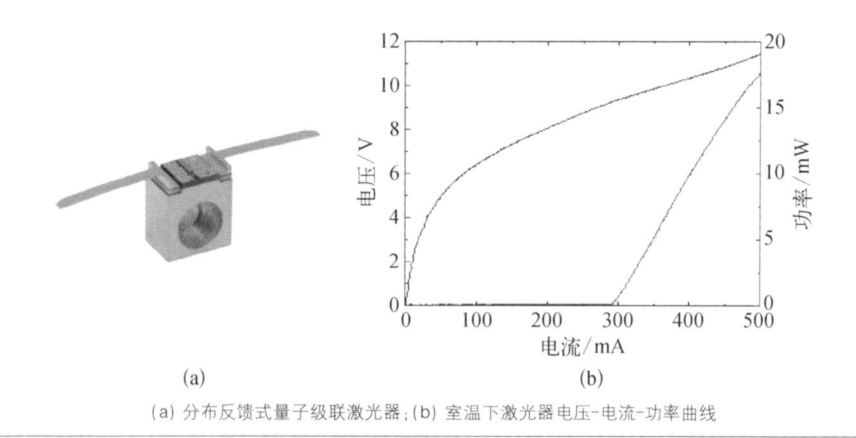

(a) 分布反馈式量子级联激光器；(b) 室温下激光器电压-电流-功率曲线

图 5-29

大输出功率约为 40 mW。基于分布反馈式结构，激光器提供 10.6 μm 波长的连续单模信号输出，并且输出信号的单模抑制比高于 20 dB。通过调节激光器的偏置电流与工作温度，可以实现 2 cm^{-1}的频率调节范围。

如图 5-30 所示，超导热电子混频器置于脉管制冷机中，工作温度约为 4.2 K。量子级联激光器信号通过 Mylar 分光，经过锗透镜耦合至超导热电子混频器上。超导热电子混频器在 4.2 K 时的临界电流约为 55 μA。量子级联激光器工作在 9.3 V、300 mA 时，其输出功率已足够驱动超导热电子混频器。

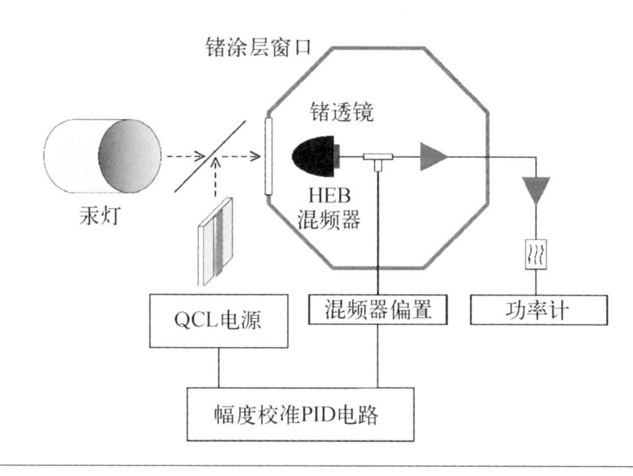

5-30 .6 μm 波段于超导热电混频器与量级联激光器外差接收机验装置图

利用汞灯(800 K)与常温黑体(295 K)作为校准信号源，通过切换冷热负载，记录超导热电子混频器输出过程中频功率随频率的变化，再通过 Y 因子方法计算得到接收机的输出噪声温度。如图 5-31 所示，接收机的最低噪声温度约为 5 000 K，中频噪声带宽为 2.8 GHz。

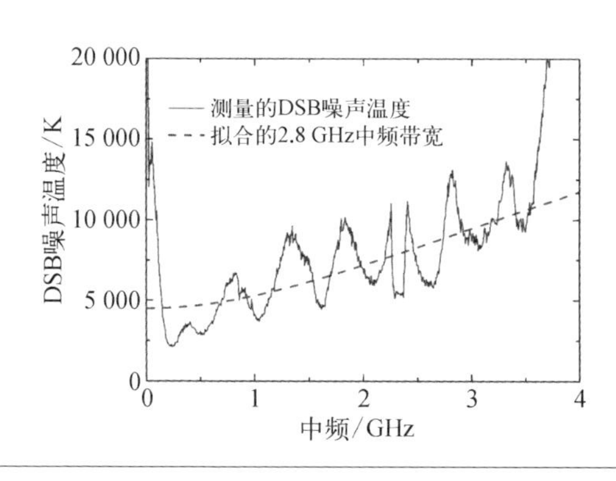

图 5-31 10.6 μm 波段超导热电子混频器噪声温度随中频频率变化曲线

5.5 小结与展望

本章主要介绍了基于太赫兹量子级联激光器和超导热电子混频器的高稳定性相干探测频谱仪。重点介绍了国际上首次实现太赫兹量子级联激光器与超导热电子混频器在 4 K 制冷环境下集成式接收机，以及在国际上首次实现了基于太赫兹量子级联激光器作为本振信号的高分辨率分子谱线的探测。此外，还介绍了国际上首次实现了频率与功率同时保持稳定的太赫兹量子级联激光器泵浦源。并且通过与超导热电子混频器以及后端 FFTS 结合成功实现了外差式高分辨率分子谱线探测。最后介绍了在中红外频段（10 μm）基于量子级联激光器与超导热电子混频器的外差式接收机工作。

总之，在 2 THz 以上的频段，量子级联激光器逐渐成为高分辨率超导接收机本振抽运源的首选。今后，太赫兹望远镜探测终端还会向超宽带和大规模阵列方向发展。超宽带不仅要求超导混频器具有超宽的射频和中频带宽，更需要本振信号源具有宽带的连续调谐能力。近年来，基于多个有源区叠加类型的量子级联激光器已经实现了倍频程以上的宽带频谱输出范围，但如何有效地进行模式选择，从而实现宽带单频连续调谐依然是今后研究的关键技术。

参考文献

[1] Zmuidzinas J, Richards P L. Superconducting detectors and mixers for millimeter and submillimeter astrophysics[J]. Proceedings of the IEEE, 2004, 92(10): 1597-1616.

[2] Richards P L. Bolometers for infrared and millimeter waves[J]. Journal of Applied Physics, 1994, 76(1): 1-24.

[3] Rohlfs K, Wilson T L. Tools of Radio Astronomy[M]. 3rd ed. Berlin: Springer, 2000.

[4] Michael T. Introduction to Superconductivity: 2nd ed[M]. New York: McGraw-Hill, 1978.

[5] Van Duzer T, Turner C W. Principles of superconductive devices and circuits[M]. 2nd ed. London: Prentice Hall PTR, 1999.

[6] Orlando T P, Delin K A. Foundations of applied superconductivity[J]. Physics Today, 1991, 44(6): 109.

[7] Meissner W, Ochsenfeld R. Ein neuer Effekt bei Eintritt der Supraleitfähigkeit[J]. Naturwissenschaften, 1933, 21(44): 787-788.

[8] Bardeen J, Cooper L N, Schrieffer J R. Theory of superconductivity[J]. Physical Review, 1957, 108(5): 1175-1204.

[9] Deaver Jr B S, Fairbank W M. Experimental evidence for quantized flux in superconducting cylinders[J]. Physical Review Letters, 1961, 7(2): 43-46.

[10] Josephson B D. Coupled superconductors[J]. Reviews of Modern Physics, 1964, 36(1): 216-220.

[11] Anderson P W, Rowell J M. Probable observation of the Josephson superconducting tunneling effect[J]. Physical Review Letters, 1963, 10(6): 230-232.

[12] Shapiro S. Josephson currents in superconducting tunneling: The effect of microwaves and other observations[J]. Physical Review Letters, 1963, 11(2): 80-82.

[13] Shi S C. A new type of SIS mixer using parallel-connected twin junctions[C]//19th International Conference on Infrared and Millimeter Waves. Sendai, 1994.

[14] Saleh A A M. Theory of resistive mixers[M]. Cambridge: The MIT Press, 1971.

[15] Mass S A. Microwave mixers[M]. 2nd ed. Boston: Artech House, 1993.

[16] Shi S C. Quantum-limited broadband mixers with superconducting tunnel junctions at millimeter and submillimeter wavelengths[D]. Miura: The Graduate University for Advanced Studies, 1996.

[17] Tong C Y E, Blundell R. Theory of series-connected distributed SIS mixers with

ultra-wide instantaneous bandwidth [C]//Proceeding of 17th International Symposium on Space Terahertz Technology, 2006.

[18] Baselmans J J A, Hajenius M, Gao J R, et al. Doubling of sensitivity and bandwidth in phonon cooled hot electron bolometer mixers[J]. Applied Physics Letters, 2004, 84(11): 1958 - 1960.

[19] Dayem A H, Martin R J. Quantum interaction of microwave radiation with tunneling between superconductors[J]. Physical Review Letters, 1962, 8(6): 246 - 248.

[20] Tien P K, Gordon J P. Multiphoton process observed in the interaction of microwave fields with the tunneling between superconductor films[J]. Physical Review, 1963, 129(2): 647 - 651.

[21] Tucker J. Quantum limited detection in tunnel junction mixers[J]. IEEE Journal of Quantum Electronics, 1979, 15(11): 1234 - 1258.

[22] Tucker J R, Feldman M J. Quantum detection at millimeter wavelengths[J]. Reviews of Modern Physics, 1985, 57(4): 1055 - 1113.

[23] Richards P L, Shen T M. Superconductive devices for millimeter wave detection, mixing, and amplification[J]. IEEE Transactions on Electron Devices, 1980, 27(10): 1909 - 1920.

[24] Shi S C, Noguchi T, Inatani J, et al. Characterization of the bandwidth performance of distributed junction arrays[J]. IEEE Transactions on Applied Superconductivity, 1999, 9(2): 3777 - 3779.

[25] Tong C E, Blundell R, Bumble B, et al. Quantum limited heterodyne detection in superconducting non-linear transmission lines at sub-millimeter wavelengths[J]. Applied Physics Letters, 1995, 67(9): 1304 - 1306.

[26] Werthamer N R. Nonlinear self-coupling of Josephson radiation in superconducting tunnel junctions[J]. Physical Review, 1966, 147(1): 255 - 263.

[27] Zmuidzinas J, LeDuc H G, Stern J A, et al. Two-junction tuning circuits for submillimeter SIS mixers[J]. IEEE Transactions on Microwave Theory and Techniques, 1994, 42(4): 698 - 706.

[28] Shi S C, Shan W L, Li J. Theoretical simulation of the mixing performance of distributed superconducting tunnel junction arrays at 1.2 THz[J]. IEICE Transactions on Electronics, 2007, 90(3): 556 - 565.

[29] Mattis D C, Bardeen J. Theory of the anomalous skin effect in normal and superconducting metals[J]. Physical Review, 1958, 111(2): 412 - 417.

[30] Dressel M, Grüner G. Electrodynamics of solids: optical properties of electrons in matter[J].American Journal of Physics, 2002, 70(12): 1269 - 1270.

[31] Li J, Takeda M, Wang Z, et al. Low-noise 0.5 THz all-NbN superconductor-insulator-superconductor mixer for submillimeter wave astronomy[J]. Applied Physics Letters, 2008, 92: 222504.

[32] Li J, Takeda M, Wang Z, et al. Characterization of the mixing performance of All-

NbN superconducting tunnel junctions at 0.5 THz[J]. IEEE Transactions on Applied Superconductivity, 2009, 19(3): 417-422.

[33] Shurakov A, Lobanov Y, Goltsman G. Superconducting hot-electron bolometer: from the discovery of hot-electron phenomena to practical applications [J]. Superconductor Science and Technology, 2015, 29(2): 023001.

[34] Gershenzon E M, Gol'tsman G N, Gogidze I G, et al. Millimeter and submillimeter range mixer based on electronic heating of superconducting films in the resistive state[J]. Soviet Physics Superconductivity, 1990, (3): 1582-1597.

[35] Prober D E. Superconducting terahertz mixer using a transition-edge microbolometer[J]. Applied Physics Letters, 1993, 62(17): 2119-2121.

[36] Arai M R. A fundamental noise limit for biased resistors at low temperatures[J]. Applied Physics Letters, 1983, 42(10): 906-908.

[37] Kittle C, Kroemer H. Thermal physics [M]. 2nd ed. San Francisco: W. H. Freeman, 1980.

[38] Zhang W, Khosropanah P, Gao J R, et al. Quantum noise in a terahertz hot electron bolometer mixer[J]. Applied Physics Letters, 2010, 96(11): 111113.

[39] Kollberg E L, Yngvesson K S. Quantum-noise theory for terahertz hot electron bolometer mixers[J]. IEEE Transactions on Microwave Theory and Techniques, 2006, 54(5): 2077-2089.

[40] Santhanam P, Prober D E. Inelastic electron scattering mechanisms in clean aluminum films[J]. Physical Review B, 1984, 29(6): 3733-3736.

[41] Gousev Y P, Gol'Tsman G N, Semenov A D, et al. Broadband ultrafast superconducting NbN detector for electromagnetic radiation[J]. Journal of Applied Physics, 1994, 75(7): 3695-3697.

[42] Kaplan S B, Chi C C, Langenberg D N, et al. Quasiparticle and phonon lifetimes in supercondcutors[J]. Physical Review B, 1976, 14(11): 4854-4873.

[43] Sergeev A V, Yu. Reizer M. Photoresponse mechanisms of thin superconducting films and superconducting detectors[J]. International Journal of Modern Physics B, 1996, 10(06): 635-667.

[44] Floet D W. Hotspot mixing in THz niobium superconducting hot electron bolometer mixers[D]. Groningen: University of Groningen, 2001.

[45] Ekström H. Antenna Integrated Superconducting Mixers[D]. Göteborg: Chalmers University of Technology, 1995.

[46] Floet D W, Miedema E, Klapwijk T M, et al. Hotspot mixing: A framework for heterodyne mixing in superconducting hot-electron bolometers[J]. Applied Physics Letters, 1999, 74(3): 433-435.

[47] Merkel H F, Khosropanah P, Floet D W, et al. Conversion gain and fluctuation noise of phonon-cooled hot-electron bolometers in hot-spot regime [J]. IEEE Transactions on Microwave Theory and Techniques, 2000, 48(4): 690-699.

[48] Miao W, Delorme Y, Feret A, et al. Comparison between hot spot modeling and

measurement of a superconducting hot electron bolometer mixer at submillimeter wavelengths[J]. Journal of Applied Physics, 2009, 106(10): 103909.

[49] Barends R, Hajenius M, Gao J R, et al. Current-induced vortex unbinding in bolometer mixers[J]. Applied Physics Letters, 2005, 87(26): 263506.

[50] Miao W, Zhang W, Zhong J Q, et al. Non-uniform absorption of terahertz radiation on superconducting hot electron bolometer microbridges[J]. Applied Physics Letters, 2014, 104(5): 052605.

[51] Mattis D C, Bardeen J. Theory of the anomalous skin effect in normal and superconducting metals[J]. Physical Review, 1958, 111(2): 412 - 417.

[52] Callen H B, Welton T A. Irreversibility and generalized noise[J]. Physical Review, 1951, 83(1): 34 - 40.

[53] Cherednichenko S, Kroug M, Merkel H, et al. Local oscillator power requirement and saturation effects in NbN HEB mixers[C]//Proceeding of 12th International Symposium on Space Terahertz Technology. California, 2001.

[54] Gubin A I, Il'In K S, Vitusevich S A, et al. Dependence of magnetic penetration depth on the thickness of superconducting Nb thin films[J]. Physical Review B: Condensed Matter and Materials Physics, 2005, 72(6): 064503.

[55] Miao W, Zhang W, Zhou K M, et al. Investigation of the performance of NbN superconducting HEB mixers of different critical temperatures[J]. IEEE Transactions on Applied Superconductivity, 2016, 27(4): 1 - 4.

[56] Martinis J M, Hilton G C, Irwin K D, et al. Calculation of Tc in a normal-superconductor bilayer using the microscopic-based Usadel theory[J]. Nuclear Instruments and Methods in Physics Research Section A: Accelerators, Spectrometers, Detectors and Associated Equipment, 2000, 444(1 - 2): 23 - 27.

[57] Anderson P W, Kim Y B. Hard superconductivity: theory of the motion of Abrikosov flux lines[J]. Reviews of Modern Physics, 1964, 36(1): 39 - 43.

[58] Kim Y B, Hempstead C F, Strnad A R. Flux-flow resistance in type-II superconductors[J]. Physical Review, 1965, 139(4A): A1163 - 1172.

[59] Zmuidzinas J, LeDuc H G. Quasi-optical slot antenna SIS mixers[J]. IEEE transactions on Microwave Theory and Techniques, 1992, 40(9): 1797 - 1804.

[60] Lefèvre R, Jin Y, Féret A, et al. Terahertz NbN hot electron bolometer fabrication process with a reduced number of steps[C]//Proceeding of 23rd International Symposium on Space Terahertz Technology. Tokyo, 2012.

[61] Zhou K M, Miao W, Lou Z, et al. A 1.4 THz Quasi-Optical NbN Superconducting HEB Mixer Developed for the DATE5 Telescope[J]. IEEE Transactions on Applied Superconductivity, 2014, 25(3): 1 - 5.

[62] Miao W, Zhang W, Zhou K M, et al. Direct Measurement of the Input RF Noise of Superconducting Hot Electron Bolometer Receivers[J]. IEEE Transactions on Applied Superconductivity, 2012, 23(3): 2300104.

[63] Day P K, LeDuc H G, Mazin B A, et al. A broadband superconducting detector

suitable for use in large arrays[J]. Nature, 2003, 425(6960): 817 - 821.

[64] Mazin B A. Microwave kinetic inductance detectors [D]. Pasadena: California Institute of Technology, 2005.

[65] Gao J. The physics of superconducting microwave resonators [D]. Pasadena: California Institute of Technology, 2008.

[66] De Visser P J. Quasiparticle dynamics in aluminium superconducting microwave resonators[D]. Delft: Kavli Institute of Nanoscience, 2014.

[67] Clarke J, Wilhelm F K. Superconducting quantum bits[J]. Nature, 2008, 453 (7198): 1031 - 1042.

[68] Shaw M D, Lutchyn R M, Delsing P, et al. Kinetics of nonequilibrium quasiparticle tunneling in superconducting charge qubits [J]. Physical Review B, 2008, 78 (2): 024503.

[69] Aumentado J, Keller M W, Martinis J M, et al. Nonequilibrium quasiparticles and 2 e periodicity in single-cooper-pair transistors[J]. Physical Review Letters, 2004, 92(6): 066802.

[70] Sergeev A V, Mitin V V, Karasik B S. Ultrasensitive hot-electron kinetic-inductance detectors operating well below the superconducting transition [J]. Applied Physics Letters, 2002, 80(5): 817 - 819.

[71] Hailey-Dunsheath S, Barry P S, Bradford C M, et al. Optical measurements of SuperSpec: A millimeter-wave on-chip spectrometer [J]. Journal of Low Temperature Physics, 2014, 176(5): 841 - 847.

[72] Endo A, Van der Werf P, Janssen R M J, et al. Design of an integrated filterbank for DESHIMA: On-Chip submillimeter imaging spectrograph based on superconducting resonators[J]. Journal of Low Temperature Physics, 2012, 167 (3): 341 - 346.

[73] Bryan S, Aguirre J, Che G, et al. WSPEC: A waveguide filter-bank focal plane array spectrometer for millimeter wave astronomy and cosmology[J]. Journal of Low Temperature Physics, 2016, 184(1): 114 - 122.

[74] Barrentine E M, Cataldo G, Brown A D, et al. Design and performance of a high resolution μ-spec: an integrated sub-millimeter spectrometer [C]//Millimeter, Submillimeter, and Far-Infrared Detectors and Instrumentation for Astronomy VIII. International Society for Optics and Photonics, 2016, 9914: 99143O.

[75] Eom B H, Day P K, LeDuc H G, et al. A wideband, low-noise superconducting amplifier with high dynamic range[J]. Nature Physics, 2012, 8(8): 623 - 627.

[76] Bockstiegel C, Gao J, Vissers M R, et al. Development of a broadband NbTiN traveling wave parametric amplifier for MKID readout [J]. Journal of Low Temperature Physics, 2014, 176(3): 476 - 482.

[77] Vissers M R, Erickson R P, Ku H S, et al. Low-noise kinetic inductance traveling-wave amplifier using three-wave mixing[J]. Applied Physics Letters, 2016, 108 (1): 012601.

[78] Endo A. Karatsu K, Tamura Y, et al. First light demonstration of the integrated superconducting spectrometer[J]. Nature Astronomy, 2019, 3: 989 - 996.

[79] Yamamoto T, Inomata K, Watanabe M, et al. Flux-driven Josephson parametric amplifier[J]. Applied Physics Letters, 2008, 93(4): 042510.

[80] Leduc H G, Bumble B, Day P K, et al. Titanium nitride films for ultrasensitive microresonator detectors[J]. Applied Physics Letters, 2010, 97(10): 102509.

[81] Gao J, Vissers M R, Sandberg M, et al. Properties of TiN for detector and amplifier applications[J]. Journal of Low Temperature Physics, 2014, 176(3): 136 - 141.

[82] Coumou P, Driessen E F C, Bueno J, et al. Electrodynamic response and local tunneling spectroscopy of strongly disordered superconducting TiN films [J]. Physical Review B, 2013, 88(18): 180505.

[83] Baselmans J J A, Bueno J, Yates S J C, et al. A kilo-pixel imaging system for future space based far-infrared observatories using microwave kinetic inductance detectors[J]. Astronomy & Astrophysics, 2017, 601(A&A): A89.

[84] Zmuidzinas J. Superconducting microresonators: Physics and applications [J]. Annual Review of Condensed Matter Physics, 2012, 3(1): 169 - 214.

[85] Chang J J, Scalapino D J. Kinetic-equation approach to nonequilibrium superconductivity[J]. Physical Review B, 1977, 15(5): 2651 - 2670.

[86] Barends R. Photon-detecting superconducting resonators [D]. Delft: Delft University of Technology, 2009.

[87] Gao J, Zmuidzinas J, Vayonakis A, et al. Equivalence of the effects on the complex conductivity of superconductor due to temperature change and external pair breaking[J]. Journal of Low Temperature Physics, 2008, 151(1): 557 - 563.

[88] Kautz R L. Picosecond pulses on superconducting striplines[J]. Journal of Applied Physics, 1978, 49(1): 308 - 314.

[89] Turneaure J P, Weissman I. Microwave surface resistance of superconducting niobium[J]. Journal of Applied Physics, 1968, 39(9): 4417 - 4427.

[90] Ramo S, Whinnery J R, Van Duzer T. Fileds and waves in communication electronics[M]. 2nd ed. Hoboken: John Wiley & Sons, 1994.

[91] Wilson C M, Prober D E. Quasiparticle number fluctuations in superconductors[J]. Physical Review B, 2004, 69(9): 094524.

[92] Owen C S, Scalapino D J. Superconducting state under the influence of external dynamic pair breaking[J]. Physical Review Letters, 1972, 28(24): 1559 - 1561.

[93] Yates S J C, Baryshev A M, Baselmans J J A, et al. Fast Fourier transform spectrometer readout for large arrays of microwave kinetic inductance detectors[J]. Applied Physics Letters, 2009, 95(4): 042504.

[94] McHugh S, Mazin B A, Serfass B, et al. A readout for large arrays of microwave kinetic inductance detectors [J]. Review of Scientific Instruments, 2012, 83 (4): 044702.

[95] Shi S C, Zhang W, Li J, et al. A THz superconducting imaging array developed for the DATE5 telescope[J]. Journal of Low Temperature Physics, 2016, 184(3): 754 - 758.

[96] Li J, Yang J P, Lin Z H, et al. Development of an 8 × 8 CPW microwave kinetic inductance detector (MKID) array at 0.35 THz[J]. Journal of Low Temperature Physics, 2016, (184): 103 - 107.

[97] Irwin K D. An application of electrothermal feedback for high resolution cryogenic particle detection[J]. Applied Physics Letters, 1995, 66(15): 1998 - 2000.

[98] McCammon D. Thermal Equilibrium Calorimeters—An introduction[M]. Berlin: Springer, 2005.

[99] Clarke J, Hoffer G I, Richards P L, et al. Superconducting bolometers for submillimeter wavelengths. Journal of Applied Physics, 1977, 48(1): 4865 - 4879.

[100] Zhang W, Miao W, Wang Z, et al. Characterization of a Free-Standing Membrane Supported Superconducting Ti Transition Edge Sensor[J]. IEEE Transactions on Applied Superconductivity, 2017, 27(4): 1 - 6.

[101] Irwin K D, Hilton G C. Transition-edge sensors [M]//Cryogenic particle detection. Berlin: Springer, 2005: 63 - 150.

[102] Zhao Y, Allen C, Amiri M, et al. Characterization of transition edge sensors for the Millimeter Bolometer Array Camera on the Atacama Cosmology Telescope [C]//Millimeter and Submillimeter Detectors and Instrumentation for Astronomy IV. International Society for Optics and Photonics, 2008, 7020: 70200O.

[103] Zhang W, Miao W, Wang Z, et al. Characterization of a free-standing membrane supported superconducting Ti transition edge sensor[J]. IEEE Transactions on Applied Superconductivity, 2017, 27(4): 1 - 6.

[104] Lita A E, Rosenberg D, Nam S, et al. Tuning of tungsten thin film superconducting transition temperature for fabrication of photon number resolving detectors[J]. IEEE Transactions on Applied Superconductivity, 2005, 15(2): 3528 - 3531.

[105] Rosenberg D, Lita A E, Miller A J, et al. Performance of photon-number resolving transition-edge sensors with integrated 1550 nm resonant cavities[J]. IEEE Transactions on Applied Superconductivity, 2005, 15(2): 575 - 578.

[106] Wang Z, Zhang W, Miao W, et al. Electron-beam evaporated superconducting titanium thin films for antenna-coupled transition edge sensors [J]. IEEE Transactions on Applied Superconductivity, 2018, 28(4): 1 - 4.

[107] Ivry Y, Kim C S, Dane A E, et al. Universal scaling of the critical temperature for thin films near the superconducting-to-insulating transition[J]. Physical Review B, 2014, 90(21): 214515.

[108] Höhne J, Altmann M, Angloher G, et al. High-resolution x-ray spectrometry using iridium—gold phase transition thermometers[J]. X-Ray Spectrometry: An International Journal, 1999, 28(5): 396 - 398.

[109] Irwin K D, Hilton G C, Martinis J M, et al. A hot-electron microcalorimeter for X-ray detection using a superconducting transition edge sensor with electrothermal feedback[J]. Nuclear Instruments and Methods in Physics Research Section A: Accelerators, Spectrometers, Detectors and Associated Equipment, 1996, 370 (1): 177-179.

[110] Irwin K D, Hilton G C, Martinis J M, et al. A Mo—Cu superconducting transition-edge microcalorimeter with 4.5 eV energy resolution at 6 keV[J]. Nuclear Instruments and Methods in Physics Research Section A: Accelerators, Spectrometers, Detectors and Associated Equipment, 2000, 444 (1-2): 184-187.

[111] Martinis J M, Hilton G C, Irwin K D, et al. Calculation of Tc in a normal-superconductor bilayer using the microscopic-based Usadel theory[J]. Nuclear Instruments and Methods in Physics Research Section A: Accelerators, Spectrometers, Detectors and Associated Equipment, 2000, 444(1-2): 23-27.

[112] Crauste O, Marrache-Kikuchi C A, Bergé L, et al. Tunable superconducting properties of a-NbSi thin films and application to detection in astrophysics[J]. Journal of Low Temperature Physics, 2011, (163): 60-66.

[113] Zhang W, Zhong J Q, Miao W, et al. Characterization of a superconducting NbSi Transition edge sensor for TESIA [J]. IEEE Transactions on Applied Superconductivity, 2014, 25(3): 1-4.

[114] Kovacs G T A, Maluf N I, Petersen K E. Bulk micromachining of silicon[J]. Proceedings of the IEEE, 1998, 86(8): 1536-1551.

[115] Doriese W B, Ullom J N, Beall J A, et al. 14-pixel, multiplexed array of gamma-ray microcalorimeters with 47 eV energy resolution at 103 keV[J]. Applied Physics Letters, 2007, 90(19): 193508.

[116] Ullom J N, Bennett D A. Review of superconducting transition-edge sensors for x-ray and gamma-ray spectroscopy[J]. Superconductor Science and Technology, 2015, 28(8): 084003.

[117] Shi S C, Paine S, Yao Q J, et al. Terahertz and far-infrared windows opened at Dome A in Antarctica[J]. Nature Astronomy, 2017, (1): 0001.

[118] Perbost C, Marnieros S, Bélier B, et al. A 256-TES array for the detection of CMB B-mode polarisation[J]. Journal of Low Temperature Physics, 2016, (184): 793-798.

[119] Miller A J, Nam S W, Martinis J M, et al. Demonstration of a low-noise near-infrared photon counter with multiphoton discrimination[J]. Applied Physics Letters, 2003, 83(4): 791-793.

[120] Rosenberg D, Lita A E, Miller A J, et al. Noise-free high-efficiency photon-number-resolving detectors[J]. Physical Review A, 2005, 71(6): 061803.

[121] Lita A E, Miller A J, Nam S W. Counting near-infrared single-photons with 95% efficiency[J]. Optics Express, 2008, 16(5): 3032-3040.

[122] Miller A J, Lita A E, Calkins B, et al. Compact cryogenic self-aligning fiber-to-detector coupling with losses below one percent[J]. Optics Express, 2011, 19(10): 9102-9110.

[123] Fukuda D, Fujii G, Numata T, et al. Titanium TES based photon number resolving detectors with 1 MHz counting rate and 65% quantum efficiency[C]// Quantum Communications Realized II. International Society for Optics and Photonics, 2009, 7236: 72360C.

[124] Fukuda D, Fujii G, Numata T, et al. Titanium-based transition-edge photon number resolving detector with 98% detection efficiency with index-matched small-gap fiber coupling[J]. Optics Express, 2011, 19(2): 870-875.

[125] Lolli L, Taralli E, Portesi C, et al. High intrinsic energy resolution photon number resolving detectors[J]. Applied Physics Letters, 2013, 103(4): 041107.

[126] Lolli L, Taralli E, Rajteri M, et al. Characterization of optical fast transition-edge sensors with optimized fiber coupling [J]. IEEE Transactions on Applied Superconductivity, 2013, 23(3): 2100904.

[127] CMB-S4 technology book[M]. New York: CMB-S4 collaboration, 2017.

[128] Tonouchi M. Cutting-edge terahertz technology[J]. Nature Photonics, 2007, 1(2): 97-105.

[129] Ward J, Maiwald F, Chattopadhyay G, et al. 1400-1900 GHz local oscillators for the Herschel Space Observatory [R]. Paris: California Institute of Technology, 2003.

[130] Maestrini A, Mehdi I, Lin R, et al. A 2.5-2.7 THz room temperature electronic source[C]// Proceeding of 22nd International Symposium on Space Terahertz Technology. Arizona, 2011.

[131] Retzloff S A, Hesler J L, Crowe T W. Solid State Terahertz Sources[C]// Proceeding of 28th International Symposium on Space Terahertz Technology. Cologne, 2017.

[132] Philipp M, Graf U U, Wagner-Gentner A, et al. Compact 1.9 THz BWO local-oscillator for the GREAT heterodyne receiver[J]. Infrared Physics & Technology, 2007, 51(1): 54-59.

[133] Matsuura S, Blake G A, Wyss R A, et al. A traveling-wave THz photomixer based on angle-tuned phase matching[J]. Applied Physics Letters, 1999, 74(19): 2872-2874.

[134] Cámara Mayorga I, Muñoz Pradas P, Michael E A, et al. Terahertz photonic mixers as local oscillators for hot electron bolometer and superconductor-insulator-superconductor astronomical receivers[J]. Journal of Applied Physics, 2006, 100(4): 043116.

[135] Faist J, Capasso F, Sivco D L, et al. Quantum cascade laser[J]. Science, 1994, 264(5158): 553-556.

[136] Köhler R, Tredicucci A, Beltram F, et al. Terahertz semiconductor-

heterostructure laser[J]. Nature, 2002, 417(6885): 156 - 159.
[137] Williams B S. Terahertz quantum-cascade lasers[J]. Nature Photonics, 2007, 1(9): 517 - 525.
[138] Kohen S, Williams B S, Hu Q. Electromagnetic modeling of terahertz quantum cascade laser waveguides and resonators[J]. Journal of Applied Physics, 2005, 97(5): 053106.
[139] Bonetti Y, Faist J. Quantum cascade lasers: Entering the mid-infrared[J]. Nature Photonics, 2009, 3(1): 32 - 34.
[140] Sirtori C, Barbieri S, Colombelli R. Wave engineering with THz quantum cascade lasers[J]. Nature Photonics, 2013, 7(9): 691 - 701.
[141] Scalari G, Ajili L, Faist J, et al. Far-infrared ($\lambda \simeq 87$ μm) bound-to-continuum quantum-cascade lasers operating up to 90 K[J]. Applied Physics Letters, 2003, 82(19): 3165 - 3167.
[142] Kumar S, Chan C W I, Hu Q, et al. Two-well terahertz quantum-cascade laser with direct intrawell-phonon depopulation[J]. Applied Physics Letters, 2009, 95(14): 141110.
[143] Lee A W M, Qin Q, Kumar S, et al. High-power and high-temperature THz quantum-cascade lasers based on lens-coupled metal-metal waveguides[J]. Optics Letters, 2007, 32(19): 2840 - 2842.
[144] Wallis R, Degl'Innocenti R, Jessop D S, et al. Efficient coupling of double-metal terahertz quantum cascade lasers to flexible dielectric-lined hollow metallic waveguides[J]. Optics Express, 2015, 23(20): 26276 - 26287.
[145] Gao J R, Hovenier J N, Yang Z Q, et al. Terahertz heterodyne receiver based on a quantum cascade laser and a superconducting bolometer[J]. Applied Physics Letters, 2005, 86(24): 244104.
[146] Maria I A. Photonics for THz Quantum Cascade Lasers [D]. Switzerland: ETH, 2010.
[147] Kumar S, Williams B S, Qin Q, et al. Surface-emitting distributed feedback terahertz quantum-cascade lasers in metal-metal waveguides[J]. Optics Express, 2007, 15(1): 113 - 128.
[148] Fan J A, Belkin M A, Capasso F, et al. Surface emitting terahertz quantum cascade laser with a double-metal waveguide[J]. Optics Express, 2006, 14(24): 11672 - 11680.
[149] Kao T Y, Hu Q, Reno J L. Phase-locked arrays of surface-emitting terahertz quantum-cascade lasers[J]. Applied Physics Letters, 2010, 96(10): 101106.
[150] Amanti M I, Fischer M, Scalari G, et al. Low-divergence single-mode terahertz quantum cascade laser[J]. Nature Photonics, 2009, 3(10): 586 - 590.

索引

Z